改訂 コンピュータ概論

工学博士　半谷　精一郎
博士（工学）　長谷川　幹　雄【共著】
博士（工学）　吉田　孝　博

コロナ社

は し が き

いまから70年以上前に誕生したコンピュータは，当初，計算のみを行わせることを目的としていた。しかし，コンピュータの性能が大きく向上し，プログラムによってさまざまな処理に対応できるようになって，もはやコンピュータが社会基盤や個人の生活を支えるうえで必要不可欠のものとなったことはだれも疑わない。その背景には，CPUやメモリの高集積化や高速化，薄型で高い解像度を持つディスプレイの登場，有線・無線のネットワークの普及，クラウドや人工知能といった新たなソリューションとそれらを利用するビジネスの拡大などがある。

コンピュータの定義も時代の変遷とともに大きく変わってきた。メインフレームとよばれた大型のコンピュータは，現在はスーパーコンピュータへと進化し，自然現象のさまざまなシミュレーションに利用されて環境変動の予測や減災に役立てられている。わが国で2012年から稼働している「京」も例外ではなく，2019年には後継のスーパーコンピュータにその役割がバトンタッチされる。一方，おおよそ40年前に市場に出てきたパーソナルコンピュータ（PC）の年間出荷台数は2018年に世界で2.7億台程度であるのに対し，だれもコンピュータとはよばないがCPUが内蔵されたモバイルデバイスの年間出荷台数は19億台にも上っている。しかし，モバイルデバイスの多くはアプリケーションプログラムをダウンロードし，タッチパネルでキーボードを操作してさまざまな処理を行わせることから，当然，コンピュータの範疇といえる。

このようなコンピュータそのものの変化は，わが国のコンピュータ産業にも大きな影響を与えた。いわゆるPCの出荷台数は激減し，製造にかかわる企業も減少した。PCの製造拠点もアジアを中心とした海外に移り，それに代わってモバイルデバイスの部品製造を担う企業やコンピュータを利用する新たなサービスに移行した企業も増えている。モバイルデバイスの普及とアプリケーションプログラムの拡大に伴って，メガ企業も生まれた。GAFA（Google，Apple，Facebook，Amazon）がそれである。Googleは検索エンジン，Appleはモバイルデバイス，FacebookはSNS（social networking service），Amazon

はネットショップでそれぞれ成功を収めた企業であるが，残念ながら日本の企業ではない。今後のわが国のIT技術者にとって，「Look forward, Reason back.（Michael Cusumano（マサチューセッツ工科大学教授））」の言葉のように，コンピュータの未来を見据えてそのためにいま何をやっていくかを考え，リスクを恐れずに実践することが重要であるといえる。

本書の初版が発行された2008年当時はPC全盛時代であり，プログラム開発はもちろんのこと，ネットワーク上での情報検索やメールのやり取りにはPCが用いられていた。その後の2011年頃よりモバイルデバイスのスマートフォン（スマホ）の利便性が社会に好感され，PCのプログラム開発用途以外の機能はスマホに引き継がれた。こうしたコンピュータの変遷をふまえこれまでも見山友裕先生（山陽小野田市立山口東京理科大学教授）および長谷川幹雄先生のご協力を頂きながら少しずつ本書の改訂を行ってきたが，IT技術の進展はハードウェアおよびソフトウェアのみならず社会構造をも急激に変化させており，大きな改訂をしなければ今後のIT技術者のための教科書にはなりえないと判断した。ただし，本書の原点である『電子計算機概論（1990年発行）』，『改訂電子計算機概論（2001年発行）』を企画された黒川一夫先生（元通商産業省工業技術院電子技術総合研究所電子計算機部長，1980年より1999年まで東京理科大学教授）の目的とされたハードウェアに重点を置いたコンピュータの入門書としての役割は引き継ぎつつ，上述したハードウェア技術の発展やアプリケーションプログラムに関する考え方の変化を含めて若い学生諸君に受け入れられように内容を一新した。そのため，新たに著者として加わっていただいた吉田孝博先生には，新しい技術にかかわるところを若い視点でご執筆いただいた。

本書の構成は半谷が担当して決めたが，その骨格は『コンピュータ概論（2008年発行）』初版の執筆時にできていたものを改訂したもので，見山友裕先生には改めて謝意を表したい。

最後に，本書の出版に際し，多くの労を取っていただいたコロナ社の方々に心から謝意を表する次第である。

2019年2月

著者を代表して　半 谷 精 一 郎

目　　　次

1. コンピュータの歴史とそれを支える基盤技術

2. 数と文字の表現法

3. 論 理 回 路

4.　コンピュータの基本構成と CPU

5. 記憶システム

6. 入出力装置

7. 入出力制御

8. オペレーティングシステム

9.　プログラム開発

10.　コンピュータネットワーク

11．新たなサービスを支える基盤技術

コンピュータの歴史とそれを支える基盤技術

コンピュータはだれかの発明によってある日突然できたものではなく，70年以上にわたり，多くの人々によって積み重ねられた技術の層の上に成長した結晶といってもよい。初期のコンピュータは物理的にも大きく存在感があり，操作するには専門の技術者が必要であったが，いまは携帯端末のようにコンピュータを意識せずにだれもが操作し，その恩恵を被っている。こうした変化は今後も持続し，さまざまな形でわれわれの生活の中に溶け込んでくるであろう。本章では，コンピュータの歴史を概観するとともに，重要と思われる基盤技術がコンピュータの発展にどのようにかかわってきたかをまとめることとした。

1.1 IT社会とコンピュータ

IT（information technology）社会とよばれるようになり，パーソナルコンピュータ（personal computer，以下**PC**）はもちろんのこと，家電製品やゲーム機，携帯機器などの中にコンピュータが組み込まれ，一気に私たちの生活の中に入り込んできた。その背景には，高性能化と小型化を果たしたハードウェア，高速化とワイヤレス化によっていつでもどこでも接続できる**ユビキタス**（ubiquitous）ネットワーク環境の整備，そしてそれらを包括的に利用して複数のコンピュータどうしが情報を交換し，用途に応じたタスクを実行するソフトウェアの普及がある。もはや後戻りできないほど現代社会はITの恩恵を被り，それが当然であるかのように私たちは生活している。

コンピュータのハードウェア技術は，さまざまな電子部品の発明がブレークスルーを引き起こすことで，発展を遂げてきた。電子管技術，半導体技術，集積技術，高周波回路技術，小型部品製造技術，多層基板技術，放熱技術などである。ネットワーク環境の変化も目を見張るものがある。電話回線を用いて行っていた1対1のコンピュータ間通信は，ネットワークとパケットの概念の導入により大きく変わった。すなわち複数のコンピュータが通信網を共用してパケットとよばれる情報の塊を流通させることが一般的になり，さらに媒体もメタルケーブルだけではなく光ファイバや自由空間まで使われるようになった。

遠距離通信は無線で，近距離通信は有線，という以前の概念は，大容量情報伝送時代を迎えたことにより，遠距離通信は中継器が少なくてすむ光ファイバに，そして近距離通信はスペクトラム拡散技術によって低電力で高速通信が行える電波にと変わりつつある。

情報の伝送速度も飛躍的に向上し，その結果として伝送される情報の中身（コンテンツ）にも大きな変化が生じてきた。すなわち，文字情報だけでなく音声情報や画像情報も含むマルチメディアコンテンツが流通情報の中心となっている。さらに，開発期間の短縮や低価格化に著しく貢献した **OS**（operating system）は，自然淘汰（とうた）によってその種類が限定され，現在ではすべてのコンピュータでさまざまなアプリケーションソフトウェア（以下，アプリケーションソフト）を動作させるためのプラットホームとしての役割を担っている。

このように，コンピュータに関連する個々の技術にはそれを支える技術があり，さらにその技術も別の技術に支えられている。つまり，IT は先人達によって積み上げられた技術であり，現在でもその進化は続いている。

1.2　コンピュータの誕生と発展

1.2.1　初期のコンピュータ

コンピュータの起源を何に求めるかは，考え方によりさまざまであるが，第2次世界大戦後の 1946 年にペンシルベニア大学のエッカート（J. P. Eckert）とモークリ（J. W. Mauchly）によって作られた世界最初の電子式ディジタルコンピュータ ENIAC（electronic numerical integrator and computer）とするのが一般的であろう。これが，いわゆる第1世代のコンピュータである。18 800 個の電子管を使用し，消費電力 120 kW，重量 30 トンもの巨大なものであった。5 000 時間といわれる当時の電子管の平均寿命から考えると，この2万本近い電子管を使った装置が，保守しながらとはいえ1955年までの10年間稼動したのは，奇跡に近く非常に幸運であったとしか考えられない。このENIACでは命令はパッチボード上で接続されるので読取りに稼動部分がなく，電子式の高速計算という特徴は発揮されたが，プログラムの変更には大きな苦労が伴った。

こうしたプログラム変更の問題を解決し，さらに複雑な計算も可能とするために，ペンシルベニア大学のフォン・ノイマン（J. von Neumann）が2進演算でプログラムを電子的な装置に記憶させておき，それから逐次読み出して実行するプログラム内蔵（stored program）方式または蓄積プログラム方式とよばれる新しい方式を1945年に提案した。これがEDVAC（electronic discrete variable calculator）とよばれるもので，1946年に開発がスタートした。しかし，1947年にイギリスのケンブリッジ大学のウィルクス（M. V. Wilks）が，プログラム内蔵式のコンピュータの製作に着手し，1949年に完成させてしまった。このコンピュータがEDSAC（electronic delay storage automatic computer）で，プログラム内蔵方式の第1号機となった。EDVACは1950年に，1年遅れで完成した。

これらのコンピュータの記憶装置としては，水銀中での超音波の伝播(ぱ)遅れを利用した水銀遅延タンク式や，ブラウン管を使用した方式などがあった。1950年にはマサチューセッツ工科大学のフォレスタ（J. W. Forrester）が，磁気コアによるコアメモリ方式を発明し，これを使ったwhirlwindコンピュータの開発プロジェクトをスタートさせている。このコアメモリ方式は，その後の実用コンピュータ時代の記憶装置として広く使用され，半導体メモリが普及するまで，メインメモリの主役となった。

日本では，1952年に電気試験所（現在の産業技術総合研究所）が，パイロットモデルETLマークⅠを，1955年には，実用機ETLマークⅡを後藤以紀，駒宮安男らが完成させた。電子管式としては富士写真フイルムの岡崎文次が，レンズの設計・計算用に開発したFUJICを1956年に完成させた。

1948年にベル研究所のショックレー（W. B. Shockley Jr.）らによって発明されたトランジスタは，1950年代の後半には，ラジオやテレビのみならず莫大な数の電子管を使っていたコンピュータへも応用され始め，第2世代コンピュータであるトランジスタ式コンピュータへと発展していった。

1.2.2　集積技術の発達とIT革命

1960年代になると，大学や研究所で科学計算（computation）を主目的として第2世代のコンピュータが開発された。こうしたコンピュータはその後，汎用化の方向に向かい，10万〜17万個ものトランジスタを用いていたハードウェアは徐々に**IC**（integrated circuit，集積回路）に置き換わり，小型化と商業化が進んでいった。

1965年，世界最大の半導体メーカであるインテルの創立者ゴードン・ムーア（G. E. Moore，当時はFairchild Semiconductorに在籍）は，集積回路のトランジスタ数が18か月ごとに2倍になるという**ムーアの法則**を提言した。1971年にインテルは4004という2 300個のトランジスタからなる4ビットのマイクロプロセッサを開発し，以後，同社はムーアの法則に沿った形で集積化を進め，8008（1972年），8080（1974年），8086（1978年），80286（1982年），80386（1985年），80486（1989年）という**CPU**（central processing unit，中央処理装置）を開発していく。

集積技術が発達し，第2世代から第3世代へと移ったコンピュータでは，一つのチップ上に1 000個以上の素子を組み込んだ**LSI**（large scale integration）が多数用いられるようになった。1980年代に現れた**VLSI**（very large scale integration，日本では超LSIとよばれた）は加工寸度（定義は明確でないが，ゲート長に相当すると考えてよい）が1〜1.2 μm以下で，実装素子数は10万個以上のものとなり，第4世代のコンピュータの実現に貢献した。第4世代の特徴は，全盛期の中の大型汎用コンピュータと黎明期のPCの混在にある。集中処理と分散処理，大型化と小型化といった2極化が始まり，その後のコンピュータの大きな二つの流れを生み出した。

大型汎用コンピュータは，数値演算を複数のデータに対して並行して行うベクトルコンピュータが1970年代に全盛期となり，その後，1980年代には複数の CPU で並列処理を行うパイプライン処理，1990 年代後半からは複数のコンピュータをネットワークで結んで一つの複合したコンピュータとするグリッドコンピュータへと発展し，第 5 世代の **HPC**（high performance computing）としての道を歩んだ。現在は，セキュリティが重要な金融系のコンピュータシステム，驚異的な計算処理能力を必要とする各種のシミュレータ，国防にかかわるシステムなどに用いられている。

一方，ユーザを個人に特定した PC は，1974 年に登場した Apple Ⅰをはじめとして，1977 年に Apple Ⅱ，1981 年には IBM-PC 5150 が登場し，1984 年の IBM PC/AT の基礎を作った。さらに 1985 年，それまでの PC 用の OS であった DOS に加えて Windows の販売が開始され，キーボードのみの操作からマウスも利用したアプリケーションソフトの普及に貢献した。

わが国では 1979 年に NEC PC 8001 が市販されて爆発的に売れ，1982 年の PC9801 とともにわが国の PC 時代の基礎を作り上げた。1986 年，世界初のラップトップ PC である東芝 J 3100 が，また，1989 年には世界初のノート PC である Dynabook が市販され，世界に向けての日本発の技術の発信となった。

コンピュータの心臓部となる CPU を形成する VLSI の集積度は日に日に上がり，1990 年代には加工寸度が 0.2 μm 以下の **ULSI**（ultra large scale integration, 日本では超超 LSI）が，2002 年には加工寸度は 130 nm となり，2007 年には 45 nm，2018 年には 10 nm となって一つの CPU（6 core からなる）の実装トランジスタ数は 5 億個に達した。ただし，電子回路構成上の理由から 2021 年頃に達成されるであろう 5 nm が限界とみられており，一つの CPU の中により多くのコアを実装し，処理を並列化して高速化するマルチ・スレッド方式が主流になると考えられている。

図 1.1 は 1 CPU 当りのトランジスタ数が年とともにどのように変化したかを示したものであるが，上述のムーアの法則に沿っていることがわかる。

一方，メモリの集積化技術も目覚しいものがある。1970 年，インテルが **DRAM**（dynamic random access memory）を開発したことにより，それまで電流を流したときに発生する磁界を使ってリング状の磁性体を磁化させ，0，1

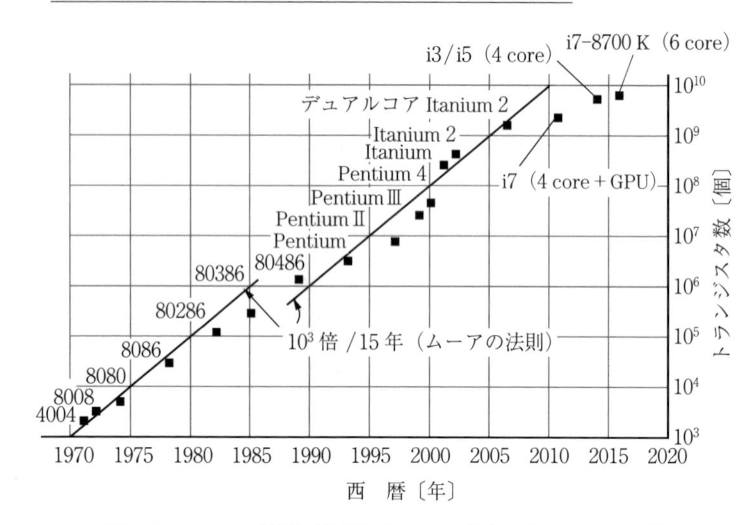

図 1.1　ムーアの法則（実線）と 1 CPU 当りのトランジスタ数
〔出典：インテル〕

を記憶させていたコアメモリの時代は幕を閉じ，半導体メモリの時代に入った。なかでも DRAM は構造が簡単なために，低価格ながら大容量化できるためにコンピュータの記憶部分の中核となっていった。当初は，1 チップの記憶容量が 1 024 bit であったものが 1973 年には 4 096 bit になり，1977 年 16 kbit（キロビット），1978 年 64 kbit と着実に集積度が上がっていった。1985 年，東芝が 1 Mbit（メガビット）の DRAM を発表，その後 1990 年代は 4 Mbit から 256 Mbit へと急激な集積化が進むが莫（ばく）大な設備投資が必要となるため，わが国の多くの企業が撤退した。21 世紀になると 512 Mbit が市場に現れ，2007 年にはエルピーダ（旧 NEC 日立メモリ株式会社，現在はマイクロン・ジャパン）が一つのチップで 1 Gbit（ギガビット）のセルを内蔵する DRAM を製品化した。しかし，2012 年にはエルピーダは経営破綻し，日本企業の DRAM 業界からの完全撤退が決まった。その後，韓国のサムスンが，2010 年に 4 Gbit，2017 年に 8 Gbit の DRAM を製品化し，DRAM 業界の先頭に立っている。

表示装置の性能も大きく進歩した。**CRT**（cathode ray tube）とよばれるディスプレイから液晶ディスプレイ **LCD**（liquid crystal display）に移行し，表示面積は変わらずに軽量化と小容積化を果たした。例えば，21 インチの CRT ディスプレイは 36 kg，0.125 m^3 であるのに対し，22 インチ LCD では 13 kg，0.015 m^3 である。LCD 普及の背景には，液晶の製造技術が進化し，いわゆる歩留まりが改善されたことによる低価格化が大きく寄与している。

また，補助記憶装置も大容量化を目指した技術が開花し，数 TB（テラバイト）までをカバーする高速アクセスが可能なハードディスク，数十 GB（ギガバイト）をカバーする Blu-Ray や HD-DVD，数 GB をカバーする DVD-ROM や DVD-R，1 GB 弱をカバーする CD-ROM や CD-R がそれぞれ速度や価格での棲(す)み分けが進んだ。なお，2012 年頃よりハードディスクの欠点であるデータアクセス速度を大幅に改善できる **SSD**（solid state drive）が内蔵されたコンピュータが主流となり，当初は 128 GB であった容量は 2017 年時点で 512 GB 以上になっている。

ネットワークの進歩も著しい。1969 年，**ARPA**（advanced research projects agency）とよばれるアメリカ国防総省管轄の高等研究計画局によって，インターネットの原型ともいえる ARPANET が構築された。それまでの 1 対 1 の専用回線通信ではなく，パケット交換技術を取り入れて自動的に迂回路を選択する通信技術の始まりであった。1972 年には，電子メールが ARPANET を構成する 4 か所の研究施設の研究者間でやり取りされるようになった。この頃の ARPANET には，25 台のコンピュータが接続され，**IMP**（interface message processors）とよばれる交換機が 15 台接続されていた。1982 年にはインターネットの重要な基盤技術である **TCP/IP**（transmission control protocol/internet protocol）が，1983 年には **DNS**（domain name system）が導入され，コンピュータを表現する際の階層構造（例えば，abc.co.jp）が用いられるようになった。わが国でも，1984 年に JUNET が形成され，1985 年に国際接続が実現した。1989 年，東京大学，東京工業大学，慶應義塾大学が構築した WIDE とよばれるネットワークが国際接続され，学術ネットワークの国際化が進んだ。その後，インターネットが爆発的に利用されるようになるのは 1995 年からである。この頃から，携帯電話サービスも開始され，携帯電話を利用す

る **WWW**（world wide web）へのアクセスが可能となった。

公衆回線におけるディジタル伝送の技術も，1976 年にアメリカのベル研究所が世界初のディジタル交換機を実用化し，1980 年代の **ISDN**（integrated service digital network）へと発展していった。その後，わが国では 1997 年に **ADSL**（asymmetric digital subscriber line）の実験が伊那市で行われ，2000 年からは ADSL サービスが市場に投入されて 1.5 Mbps の伝送速度が公衆回線で確保された。さらに，1998 年に **FTTH**（fiber to the home）の実験が金沢市で行われ，光ファイバの実用化時代を迎えている。2001 年からは 100 Mbps のサービスが市場に投入され，現在ではその速度も 10 Gbps にまで達している。

今後，光ネットワーク技術の進歩により，ネットワークの速度が 6 か月で 2 倍になるとする Gilder の法則が成り立つならば，すべての技術の牽（けん）引力はネットワークにあるといえる。

コンピュータごとのさまざまなソフトウェアが林立している状況から，OS（operating system）とよばれる共通プラットホームが構築され，その上でアプリケーションソフトが稼動するようになったのは 1964 年に IBM の System/360 で採用した OS/360 からである。一方，1969 年に開発されたマルチプロセスとマルチユーザを特徴とした OS である UNIX はさまざまな変遷を経てバージョンが 4.2 BSD となり，1982 年に TCP/IP がこの 4.2 BSD に移植されてからはネットワーク機能をサポートする OS の中核となった。価格も高く，ソースも公開されない UNIX は，高嶺（ね）の花となっていたが，オランダのテネンバウム（Tanenbaum）教授が教育用に公開した Minix がもととなって 1991 年 9 月，ヘルシンキ大学の学生であったリーナス・トーバルズ（L. B. Torvalds）によって Linux が公開され，現在に至るまで進化を続けている。

一方，1984 年の PC/AT に導入された OS であるマイクロソフト（1975 年にビル・ゲイツ（W. H. Gates Ⅲ）とポール・アレン（P. G. Allen）が設立）の MS-DOS は PC/AT 互換機の普及とともに利用者が拡大し，1993 年に Windows NT 3.1，1995 年に Windows 95，1998 年に Windows 98，2000 年に Windows 2000，2001 年に Windows XP，2006 年に Windows Vista，2015 年に

Windows 10 の販売によって，世界の PC の OS 市場の 84 %以上を手中に収めている。

わが国におけるアプリケーションソフトの先駆となったのは，ワードプロセッサである。タイプライタに代わって，PC とワードプロセッサ（以下，ワープロ）のソフトウェアがつぎつぎとオフィスに導入されていった。1985 年に一太郎が，1995 年に MS-Word がその中心となった。一方，アメリカでは家計簿をコンピュータでつける人が多く，1979 年には Visicalc，1982 年には Multiplan，1983 年には Lotus 1-2-3，1985 年には MS-Excel といった表計算ソフトウェアが普及する。インターネット時代を迎えると，1991 年に Eudra そして 1995 年に Outlook Express といったメール管理ソフトウェアが市場に出回った。また，1993 年に Mosaic，1994 年に Netscape Navigator，1995 年に Internet Explorer がそれぞれウェブブラウザとして普及した。

1994 年，ビル・ゲイツは「マイクロプロセッサの能力が 2 年ごとに倍増するのなら，ある意味で，コンピュータの計算能力はほとんどタダになるといえる。だから私はこう考えた。タダで手に入れられるものを提供するビジネスを続ける意味はあるのか？ もっと価値の高い，稀少なリソースは何か？ 無限のコンピューティング・パワーから価値を引き出すうえでの制約になっているものは何か？ その答えはソフトウェアだ。」と語り，これを実現して，現在のマイクロソフト帝国を築き上げた。

1.3　21 世紀のコンピュータと社会革命

21 世紀になり，高機能な CPU と大容量メモリが低価格で提供され，ネットワークのデータ転送速度が高速になった結果，個人の持つスマートフォンやタブレットといった携帯端末はもちろんのこと，多くのデバイスにコンピュータが内蔵されるようになった。一つの携帯端末には無線通信機能に加え，タッチスクリーン，カメラ，スピーカ，GPS センサ，加速度センサなどが付属し，いつでもどこでも必要な情報にアクセスできるとともに，インタラクティブな振舞いやさまざまな情報の可視化が行えるようになった。また，アプリケーションプログラムを個人の携帯端末にダウンロードし，ネットワークを介して情報共有を行う利用形態が一般的となった。

こうした流れを生み出したのは，2007年1月に発表されたAppleのiPhoneである。生みの親であるスティーブ・ジョブズ（S. P. Jobs）は，発表日の45分間のキーノートスピーチで，「iPhoneは携帯型ディジタル音楽プレーヤiPod（2001年にオリジナルモデルが発表された）と携帯電話，2メガ画素のカメラ，インターネット通信回路を組み合わせた超最先端の製品（leapfrog product）」と紹介した†。一方，Googleは2005年にAndroid社を買収して独自の携帯端末を発表する予定であったがその後アライアンスを作り，2007年末にプラットフォームとしてのAndroidを発表，2008年からこの規格に沿った端末が市販されるようになった。2010年には，AppleはiPhoneの音声通話機能を取り除いて画面を大型化したiPadを発表し，タブレット型PCという新分野を切り開いた。このように，コンピュータのインタラクティブ性を重要視したプラットフォームのデザインが新たな市場を形成することを実証し，21世紀の個人用コンピュータのあるべき姿を示した。

一方，アプリケーションプログラムにも大きな変化が起こりつつある。光ファイバによるGbpsの回線速度を持つブロードバンドサービスが開始された2001年頃からは，インタラクティブ性の高いゲームアプリやSkype（2004年）のようなインターネット通話アプリ，YouTube（2005年）などの動画アプリ，Google Map（2005年）などの地図アプリが登場した。また，スマートフォンが登場する2007年頃からはFacebook（2004年）やTwitter（2006年）といったSNS（social networking service）アプリがマルチプラットフォーム対応になり，新たにLINE（2011年）も加わった。2012年頃からはワンクリックで企業と個人をつなぐB2C（business to customer）アプリが登場し，EC（electronic commerce）サイトへのアクセスが簡単になって実社会の商業形態に大きな影響を与えるようになった。さらに，Airbnb（2008年）やUber（2009年）と

† https://www.zdnet.com/article/jobs-today-apple-is-going-to-reinvent-the-phone/（2018年12月現在）

いったシェアリング・エコノミーと密接に関連するアプリも登場し，社会改革の一端を担いつつある。

今後のコンピュータの進化は，メモリから命令を読み出す時間がCPUの実行時間よりもはるかに遅いというボトルネックの解消に向かい，別の基本設計に基づく「非ノイマン型」が実現したときに大きく加速されるであろう。具体的には，脳神経回路をモデルとしたニューロコンピュータ，量子力学の素粒子の振舞いを応用した量子コンピュータ，DNAを計算素子に利用するDNAコンピュータなどが非ノイマン型コンピュータとしてすでに検討されつつある。また，センサの小型化・高精度化やネットワークの高速化によって**IoT**（internet of things）という概念が一般的となり，さまざまなモノに装着されたセンサからの大量のデータが人を介在せずにやり取りされ，そのデータを利用する多くのアプリケーションソフトが新たな社会革命につながっていくと予想される。

1.4　コンピュータの基本構成

21世紀となった今日のPCは，どこまで進化したであろうか。たしかに，IT革命によって個別の部品や装置は進歩を遂げ，処理速度の向上，記憶容量の増加，コンピュータ間通信の増加，マンマシンインタフェースの改善を果たし，流通するコンテンツもマルチメディア化して，経済，文化，コミュニケーションのグローバル化に貢献してきた。しかし，1945年にノイマンが提唱したプログラムを蓄えてそれを実行していくという考え方は，70年以上経ったいまも踏襲されており，外観を形成するハードウェアが多様化したことと，多くのアプリケーションプログラムが利用されるようになったこと以外の本質部分は変わっていない。**図1.2**は，一般的なデスクトップ型PCの外観とその構成の一例である。持ち運びながらさまざまな情報にアクセスすることが目的のタブレット型PCでは，軽量化や小型化のためにディスプレイにタッチパネルを一体化させ，キーボードやマウスをなくすとともに，必要な電力は内蔵のバッテリから供給する。各部の役割と動作は以下のとおりである。

〔1〕 **入力装置（入力機能）**　人間もしくは外部の機器からの情報を受け

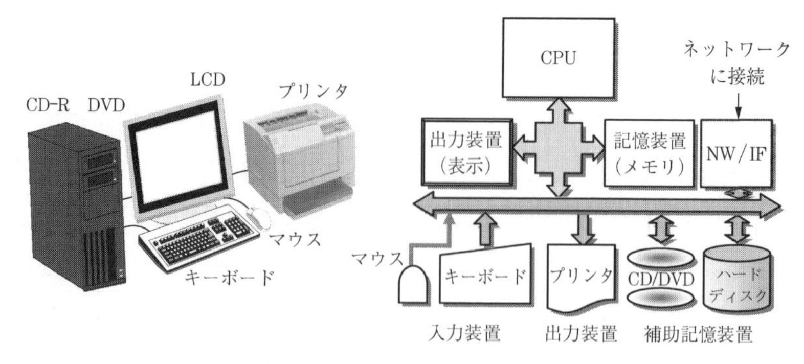

図 1.2　デスクトップ型 PC の外観（左）とその構成（右）

取って，CPU に転送する。ここでいう情報とは，キーボードを押したときに与えられる文字情報，マウスを動かしたときの移動情報，マウスのボタンをクリックしたときの ON-OFF 情報などである。近年は音声認識精度が向上したため，マイクロフォンを入力装置として付加し音声認識プログラムを起動して，キーボードの代わりに単語や文書を情報入力することも多くなってきた。

〔2〕 **記憶装置**　　電源を切ると内容が消えてしまう主記憶装置と電源を切っても内容が保存される補助記憶装置からなる。コンピュータを動作させるための基本ソフトである OS や用途に応じて利用されるアプリケーションソフトは補助記憶装置の中に格納されており，電源投入後，主記憶装置に転送され実行される。OS は主記憶装置に常駐するが，アプリケーションソフトなどは利用されるときだけ主記憶装置に転送される。主記憶装置は一般にはメモリとよばれ，DRAM とよばれる高速なメモリが用いられる。これに対し，補助記憶装置には，ハードディスク，DVD ドライブ，CD-ROM ドライブがある。近年は，ハードディスクの代わりに SSD（solid state drive）とよばれるシリコンディスクに OS やアプリケーションソフトを格納しておいて，電源投入時の待ち時間をなくして操作性を上げる工夫がなされている。

〔3〕 **CPU**　　主記憶装置にある OS やアプリケーションソフトを実行し，入力装置や出力装置と連携をとりながら要求された処理を行っていく装置である。複数の CPU を一つのチップに含めるマルチコア化が進み，処理を並列的

に行って速度を改善するマルチスレッド方式を採用することが多くなっている。**図 1.3** は，初期の二つのコアを持つ CPU の透視図である。2018 年 10 月には第 9 世代の CPU として，8 コア，16 スレッドのものが公表されている。

図 1.3 Core2 Duo の透視図〔出典：インテル〕

〔4〕 **出力装置** 人間もしくは外部の機器に情報を渡すための装置である。OS やアプリケーションソフトが CPU によって実行された際に生じる情報を表示するディスプレイ，音として出力するスピーカ，紙にプリントアウトするプリンタも出力装置である。

〔5〕 **ネットワークインタフェース** ネットワークは，ほかのコンピュータと情報をやりとりするうえで欠くことのできない構成要素である。現在は，無線を利用する Wi-Fi 接続が使い勝手がよいために一般的となったが，Wi-Fi 接続を提供するルータは同軸ケーブルや光ファイバで構成される基幹の有線ネットワークに接続されている。複数のネットワークどうしを接続したものをインターネットとよび，逆に，閉じたネットワーク構造のネットワークをイントラネットとよぶ。

コンピュータが動作するためには，ハードウェアのほかにソフトウェアが必要である。ソフトウェアは，ハードウェアを動かすための基本ソフトである OS と利用目的に合せたアプリケーションソフトとがある。コンピュータ向けの OS としては Windows，Linux，macOS が，スマートフォン向けの OS としては Android や iOS が有名である。多くのアプリケーションソフトは，こうした OS の動作中に起動され，OS の助けを借りて，ユーザとのインタラクション，ネットワークを介してのデータのやり取りを行うことができる。

2 数と文字の表現法

コンピュータ内では実行のための命令もデータもすべて0，1のパターンで表される。本章では，ビットの概念とコンピュータ内でのデータ，具体的には数値と文字の表現法について解説する。

2.1 整数データの表現法

2.1.1 自然2進表現

いま，12345という5桁の整数を10進法で表すとすれば

$$12345 = 1\times10^4 + 2\times10^3 + 3\times10^2 + 4\times10^1 + 5\times10^0 \tag{2.1}$$

であることは周知のことである。一般に10進法では数値を10のべき乗に展開したとき，それぞれの係数を指数の大きなほうから，順次，左から右に書き並べたものと考えられる。この法則をさらに拡張して，2進法で $(n+1)$ 桁の数を表現するものとすれば，任意の正の整数 X はつぎのように与えられ

$$X = d_n 2^n + d_{n-1} 2^{n-1} + \cdots + d_1 2 + d_0 \tag{2.2}$$

2のべき乗の大きいほうから順に並べて記したものが整数 X の2進表現となる。

$$d_n d_{n-1} d_{n-2} \cdots d_1 d_0$$

このときの各 d_i は以下のようになる。

$$d_i = 0 \quad \text{または} \quad d_i = 1$$

式 (2.1) の10や式 (2.2) の2を**基数** (base または radix) とよぶ。現在のコンピュータでは基数を2とした，いわゆる2進数が数の表現に用いられている。

0と1で表された2進数の各1桁を**ビット**（**bit**：binary digit の略語）とよび，一番左側のビット（桁の高いところ）を **MSB**（most significant bit），また一番右側のビットを **LSB**（least significant bit）とよぶ。式 (2.2) では，整数が $(n+1)$ 桁で表されているので，$(n+1)$ ビットで表現された整数とよぶ。

表2.1に10進数の0～19を5ビットの2進数で表現した例を示す。

表 2.1　10 進 -2 進対応表

10 進法	2 進法	10 進法	2 進法
0	00000	10	01010
1	00001	11	01011
2	00010	12	01100
3	00011	13	01101
4	00100	14	01110
5	00101	15	01111
6	00110	16	10000
7	00111	17	10001
8	01000	18	10010
9	01001	19	10011

例えば，10001 という 2 進法で表された数値は

$$1\times 2^4+0\times 2^3+0\times 2^2+0\times 2+1\times 2^0$$
$$= 16 + 0 + 0 + 0 + 1 = 17$$

となるから，10 進法表記では 17 となり，MSB および LSB ともに 1 である。

1　0　0　0　1

↓　　　　　↓

MSB　　　　LSB

このように，正の整数に対応付けられる表現方法を**自然 2 進表現**（natural binary representation）とよぶ。なお，$(n+1)$ ビットで表現できる整数 X はつねにつぎのような値となる。

$$0 \leqq X < 2^{n+1} \tag{2.3}$$

例えば，8 ビットで表現できる整数は 0～255 である。

一方，式（2.2）は下記のように書き換えられ，この式から，①～③のことがわかる。

$$X = ((((\cdots(2d_n + d_{n-1}) \times 2 + d_{n-2}) \times 2 + d_{n-3}) \times 2 \cdots \\ \cdots + d_2) \times 2 + d_1) \times 2 + d_0 \tag{2.4}$$

①　X が奇数ならば d_0 は 1，偶数ならば 0 である。

②　d_0 は X を 2 で割ったときの剰余である。

③　$X/2$ の整数部分は残りのビットの値になる。

一例として10進数1235を，剰余を用いて2進数で表してみよう。

	剰余	d_i
2) 1235	1	d_0 ↑
2) 617	1	d_1
2) 308	0	d_2
2) 154	0	d_3
2) 77	1	d_4
2) 38	0	d_5
2) 19	1	d_6
2) 9	1	d_7
2) 4	0	d_8
2) 2	0	d_9
2) 1 →	1	d_{10}

以上の計算から，$1235_{(10)}$（または $1235_{(\mathrm{base10})}$ と書く）は，2進法では $10011010011_{(2)}$ となる。

逆に2進数を10進数に直すには，式（2.2）を直接用いればよい。例えば，2進数 $1010111001_{(\mathrm{base2})}$ を10進数に変換するには以下のようになる。

$$
\begin{aligned}
1010111001_{(2)} &= 1\times2^9+0\times2^8+1\times2^7+0\times2^6+1\times2^5 \\
&\quad +1\times2^4+1\times2^3+0\times2^2+0\times2^1+1\times2^0 \\
&= 1\times512+0\times256+1\times128+0\times64+1\times32+1\times16 \\
&\quad +1\times8+0\times4+0\times2+1\times1=697_{(10)}
\end{aligned}
$$

2.1.2　2の補数表現

いままでは正の整数について述べたが，負の整数はどのように表されるのだろうか。大きく分けると，自然2進表現に符号用ビットを最上位桁に1ビット追加する**符号絶対値法**と式（2.2）に負の値 $-d_{n+1}2^{n+1}$ を表すビットを最上位桁に追加する**2の補数**（two's complement）**表現法**とがある。

前者は，MSBが“0”ならば+，“1”ならば−を対応させて，残りのビットで絶対値を表現する方法である。例えば$15_{(10)}$を，符号用ビットを含めて6ビットで表す場合には，表2.1を参考にして001111となり，−15は101111となる。これに対し，後者は，正負の整数を次式で表現する方法である。

$$X = -d_{n+1}2^{n+1} + d_n 2^n + d_{n-1}2^{n-1} + \cdots + d_1 2 + d_0 \tag{2.5}$$

負の整数の作り方は以下のように簡単である。

① 原数の2進表示の“1”を“0”に，“0”を“1”に書き換える。

② その変換したもののLSBに1を加える。

例えば，6ビットで表現された$15_{(10)}$は001111と符号絶対値の場合と同じとなるが，$-15_{(10)}$は110001になる。多くのコンピュータでは減算処理の効率化から，正負の整数を表すのにこの2の補数表現が用いられている。

表2.2に，2種類の表現法を4ビットを前提にして比較したものを示す。表2.2より，2の補数表現法は符号絶対値法よりも同じ4ビットを使ったときに一つ余分に数を表すことができることがわかる。その理由は符号絶対値法では+0と−0が存在するのに対し2の補数表現法ではそれがないためである。

表2.2　負の整数の表現法による違い（4ビットの場合）

10進	2進	10進	符号絶対値法	2の補数
0	0000	−0	1000	0000
1	0001	−1	1001	1111
2	0010	−2	1010	1110
3	0011	−3	1011	1101
4	0100	−4	1100	1100
5	0101	−5	1101	1011
6	0110	−6	1110	1010
7	0111	−7	1111	1001
8		−8		1000

2.1.3　2進数の加減算

2進数の加算は比較的に簡単に求めることができる。10進数の43と25とを2進数で加算してみよう。

$43_{(10)}=101011_{(2)}$　　$25_{(10)}=11001_{(2)}$

10進	2進
43	101011
+ 25	+ 011001
68	1000100

$1000100_{(2)}=68_{(10)}$ であることはすでに学んだ。したがって，2進数の加算は原理的には10進数の加法と違うところはなく，下のビットから順につぎの規則によって和をとって，桁上げがあったらそれを上の桁に加えればよい。

① **LSBの計算**

$0+0=0$　　$0+1=1$　　$1+0=1$

$1+1=10$（上のビットへ桁上げ）

② **LSB以外の計算（下のビットからの桁上げがない場合）**

$0+0=0$　　$0+1=1$　　$1+0=1$

$1+1=10$（上のビットへ桁上げ）

③ **LSB以外の計算（下のビットからの桁上げがある場合）**

$0+0+1=1$

$0+1+1=10$（上のビットへ桁上げ）

$1+0+1=10$（上のビットへ桁上げ）

$1+1+1=11$（上のビットへ桁上げ）

減算は特殊な場合を除き加算を用いる。代数でも $x-y$ の計算を実行するとき x から y を引くことをせず，x に $-y$ を加える方法を用いる。式で示せば

$$x-y=x+(-y) \tag{2.6}$$

というよく知られた関係式である。この $-y$ を作るのに用いられるのが先に説明した2の補数の考え方である。

10進で $43-25=18$ を8ビットの2の補数を使って計算してみよう。

$43_{(10)}=00101011_{(2)}$　　$25_{(10)}=00011001_{(2)}$

であるから，$-25_{(10)}$ の2の補数表現は11100111である。したがって，2の補数での計算は

$$
\begin{array}{r}
00101011 \\
+\,11100111 \\
\hline
\mathbf{100010010}
\end{array}
$$

となり，太数字の個所は10進法の18になるから，この2の補数を用いて得られた答えは18の2進数に**桁上げ**（carry）を加えたものが最終結果として得られることを示している。

数式を使ってこの計算法を示せば，式（2.7）のようになる。x，yが8ビットの2進数で表現されたものとすれば

$$
\left.
\begin{aligned}
x-y &= x+(11111111-y)+1-100000000 \\
&= x+\underbrace{(100000000-y)}_{2\text{の補数}}-100000000 \\
\therefore\ x-y+\underbrace{100000000}_{\text{carry}} &= x+\underbrace{(100000000-y)}_{2\text{の補数}}
\end{aligned}
\right\}
\tag{2.7}
$$

2.1.4 2進数の乗除算

コンピュータの基本的な演算はいうまでもなく四則演算である。したがって加減演算のほかに乗除演算ができなくてはならない。乗除演算の原理は手計算の方法と同様で，乗算は加算の繰返し，除算は減算の繰返しによって行われる。

いま，mビット符号なし2進数A（$A_{m-1}A_{m-2}\cdots A_1A_0$）と$n$ビット符号なし2進数$B$（$B_{n-1}B_{n-2}\cdots B_1B_0$）のつぎのような乗算を考える。

$$
\begin{array}{rcccccccc}
 & & & & A_{m-1} & A_{m-2} & \cdots & A_1 & A_0 \\
\times & & & & & B_{n-1} & B_{n-2}\ \cdots & B_1 & B_0 \\
\hline
 & & & & A_{m-1}B_0 & A_{m-2}B_0 & \cdots & A_1B_0 & A_0B_0 \\
 & & & A_{m-1}B_1 & A_{m-2}B_1 & \cdots & A_1B_1 & A_0B_1 & \\
 & & & \vdots & \vdots & & \vdots & & \\
 & & A_{m-1}B_{n-2} & A_{m-2}B_{n-2} & \cdots & A_1B_{n-2} & A_0B_{n-2} & & \\
+ & A_{m-1}B_{n-1} & A_{m-2}B_{n-1} & \cdots & A_1B_{n-1} & A_0B_{n-1} & & & \\
\hline
 & P_{m+n-1} & P_{m+n-2} & \cdots & & & & P_1 & P_0
\end{array}
$$

このように，被乗数 A を左にシフトさせながら，乗数 B の各ビット位の値との積を求め，最後に同じビット位にある値の和を求める。ただし，2 進数であるので B の各ビット位は 0 または 1 であるから，おのおのの行は A 自身または 0 となる。結果は（$m+n$）桁となる。例えば，10 進の 19 である 10011 と 10 進の 6 である 110 との積は，以下のように

```
          1 0 0 1 1
×             1 1 0
-------------------
          0 0 0 0 0
        1 0 0 1 1
+     1 0 0 1 1
-------------------
      1 1 1 0 0 1 0
```

となって，10 進の 114 になることがわかる。

$A \div B$ の除算の場合は，除数をシフトしながら上位桁から引く際に，借りが必要な場合には 0，不要な場合には 1 を立てて商とする。例えば，10 進の 19 である 10011 と 10 進の 6 である 110 との商は，以下のように 011 すなわち 10 進の 3 となり，剰余は 1 となる。

```
          0 1 1
        -----------
1 1 0 ) 1 0 0 1 1
        0 0 0
        -----------
        1 0 0 1 1
          1 1 0
          ---------
            1 1 1
            1 1 0
            -------
                1
```

2.2　小数データの表現法

2.2.1　固定小数点表現と浮動小数点表現

〔1〕 **固定小数点表現**　　10 進法で 0.345 という数値は

$$0.345 = 3\times10^{-1} + 4\times10^{-2} + 5\times10^{-3}$$

を意味する。これとまったく同様に 2 進法では，例えば $0.1011_{(2)}$ は

$$0.1011_{(2)} = 1\times2^{-1} + 0\times2^{-2} + 1\times2^{-3} + 1\times2^{-4} \quad (2.8)$$

$$= 0.5 + 0.125 + 0.0625 = 0.6875_{(10)}$$

である。また整数と小数が組み合わされているときも，10 進法と同じに考えればよい。例えば，$101.101_{(2)}$ は式（2.9）のようになる。

$$101.101_{(2)} = 1\times2^2 + 1\times2^0 + 1\times2^{-1} + 1\times2^{-3} = 5.625_{(10)} \quad (2.9)$$

このような小数データの表現方法を**固定小数点**（fixed-point number）**表現**とよぶ。

1 よりも小さい小数の 10 進数を 2 進数に変換するには，以下のように行う。任意の 1 よりも小さい 10 進数を $X_{(10)}$ とすれば

$$X_{(10)} = d_{-1}\times2^{-1} + d_{-2}\times2^{-2} + d_{-3}\times2^{-3} + \cdots + d_{-m}\times2^{-m} \quad (2.10)$$

この式（2.10）の両辺を 2 倍すれば

$$2\times X_{(10)} = d_{-1} + d_{-2}\times2^{-1} + d_{-3}\times2^{-2} + \cdots + d_{-m}\times2^{-m+1} \quad (2.11)$$

となるので，もし $2\times X_{(10)}$ が

$2\times X \geqq 1$ ならば d_{-1} は 1

$2\times X < 1$ ならば d_{-1} は 0

となる。さらに d_{-2} は，式（2.11）を 2 倍して同様の判別法を用いれば定められる。以下，同様の手法を繰り返して d_{-i} を求めることができる。この方法で上述の $0.6875_{(10)}$ の固定小数点表示を求めてみる。

$X_{(10)} = 0.6875_{(10)}$

$2\times X = 1.375 \quad >1 \quad d_{-1} = 1$

$2\times 0.375 = 0.75 \quad <1 \quad d_{-2} = 0$

$2\times 0.75 = 1.5 \quad >1 \quad d_{-3} = 1$

$2\times 0.5 = 1.0 \quad =1 \quad d_{-4} = 1$

ゆえに，下記のように求められる。

$$0.6875_{(10)} = 0.1011_{(2)}$$

コンピュータの内部では，すべてのデータは 2 進数に変換されて処理され

る。10 進数の小数は上例のようにつねに有限の 2 進数に変換できるとは限らない。むしろ 10 進数の小数は有限のビットで表現しえない場合のほうが普通である。24 桁の 2 進数で 10 進数の小数を表すと**表 2.3** のようになる。

表 2.3　24 桁の 2 進数と 10 進数の小数の対応

10 進	2 進
0.1	0.0001 1001 1001 1001 1001 1001
0.2	0.0011 0011 0011 0011 0011 0011
0.3	0.0100 1100 1100 1100 1100 1100
0.4	0.0110 0110 0110 0110 0110 0110
0.5	0.1000 0000 0000 0000 0000 0000

表 2.3 に示した 24 ビットの 2 進数を 10 進数に直すと

(10 進数)	(24 ビットの 2 進数を 10 進数に変換した値)
0.1	0.099999962
0.2	0.199999982
0.3	0.299999954
0.4	0.399999977
0.5	0.5

となる。ここで一般的にいえることは，小数は循環 2 進数になるので，2 進表示では正確には表すことができないということである。もちろん，無限に長い 2 進数を使用すればより正確な値を 2 進数で表示することができるが，実際上は不可能でコンピュータでは有限長の桁数（ビット数）を使用するので，特別な数（この例では 0.5）を除いて小数の 10 進-2 進変換は誤差を含む。コンピュータが用いるビット数が有限であることに起因するこの誤差を**丸め誤差**（round-off error）とよぶ。24 ビットの例では丸め誤差 ε は 2^{-24} より小さい。このように n ビットの場合の丸め誤差 ε は式（2.12）のようになる。

$$\varepsilon \leqq 2^{-n} \tag{2.12}$$

したがってコンピュータによっては，0.1 を 10 回加えても 1.0 にはならないが，これを 1.0 にするために種々な工夫を凝らしているのが現状である。

〔2〕 **浮動小数点表現**　　これまで述べてきた小数の表現法は固定小数点表

現法とよばれるもので，その基本はある物理量Xを表すとき，その物理量の単位 u を定めておき

$$\frac{X}{u}=p \tag{2.13}$$

の p をもって，単位 u での物理量として定義してきた。この基本則は物理量の量的表現の基本である。この固定小数点表現に対してコンピュータでは浮動小数点表現とよばれる小数の表現法を使用することが一つの特色になっている。

絶対値が1よりも小さい**仮数**（mantissa）とそれに乗ずる**指数**（exponent，整数のべき乗）の形式で表す方式を**浮動小数点**（floating point number）**表現**という。10進法を例にとれば，電子の持つ電荷の量 e は固定小数点表現では

$$e=0.0000000000000000001602 \quad \text{coulomb}$$

と表現されるが，浮動小数点表現では

$$e=1.602\times10^{-19} \quad \text{coulomb} \tag{2.14}$$

と表されることは周知のことであろう。2進法の場合も原理はまったく同様で，$10101000_{(2)}$ は浮動小数点表現では

$$10101000=1.0101\times2^{7}$$

また0.00010101は下記のように書かれる。

$$0.00010101=1.0101\times2^{-4}$$

浮動小数点をコンピュータの中でどのように扱っているのかはコンピュータによって異なるので，それらの中で代表的なIEEE 754の規格について述べる。

アメリカの電気電子系学会IEEE（The Institute of Electrical and Electronics Engineers）754委員会によって決められた標準的な表し方で，単精度計算用には32ビットを使用する（**図2.1**）。

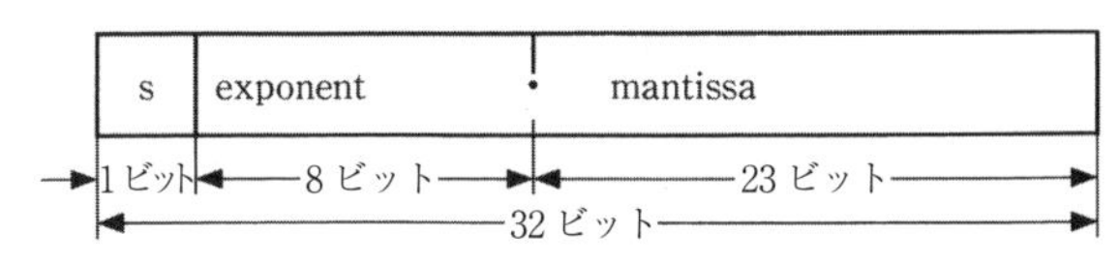

s：符号ビット＝1ビット　　mantissa：仮数部ビット＝23ビット
exponent：指数部ビット＝8ビット　　浮動小数点表現値＝±1.M×2^{E-127}

図2.1　IEEE単精度浮動小数点用フォーマット

はじめの1ビットは仮数部の符号を示すところで，0ならば＋(正)，1ならば－(負)である。つぎの8ビットは指数部で，8ビットで表しうる数の範囲は0～255までであるが，ここでは**エクセスコード**（excess code）†を使っているので－126～127になる。したがって，指数部では2^{-126}から2^{+127}の数値を表しうることになる。

終わりの23ビットは**仮数部**（mantissa fraction）に用いる部分で$2^{-23} \fallingdotseq 10^{-7}$となり，10進法で7桁の数値を扱うことが可能である。この規格では仮数部が必ず1.…という形で表記されるので注意が必要である。

倍精度用の浮動小数点表示法はIEEEでは64ビットを用いて，**図2.2**のように決められている。

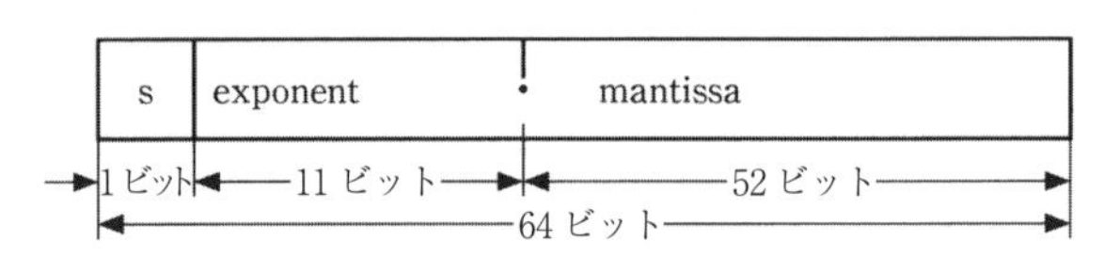

s：符号ビット＝1ビット　　mantissa：仮数部ビット＝52ビット
exponent：指数部ビット＝11ビット　　浮動小数点表現値＝$\pm 1.\mathrm{M} \times 2^{\mathrm{E}-1\,023}$

図2.2　IEEE倍精度浮動小数点用フォーマット

倍精度では指数部が11ビットとなっているので，ここで扱いうる数の範囲は0～2 047であるが，0点をずらすことにより－1 022～1 023までの範囲になる。したがって，指数としての範囲は$2^{-1\,022}$～$2^{+1\,023}$で，これを10進に直すと約$10^{\pm 308}$となる。仮数部は52ビットであるから15桁の表示ができる。なお，コンピュータによっては倍精度にしても指数部の範囲は拡張されずに仮数部の桁数だけが増える形式を採用している場合があるが，それは指数部の長さが単精度と同じように決められているからである。

† エクセスコードには負がない。上述の8ビットでは0～255までの数値の対応が得られるだけである。したがって，負数を扱うためには中間の値を0にし255/2＝127.5が0の点になるが，このビットは指数用であるから整数でなければならない。
そこで端数を切り捨てて127が0点に対応するように選定している。また，この場合の最大値128と最小値－127に関しては定められていないが，最大値は無限大に，最小値は0に対応させるのが普通である。

2.2.2 小数データの演算

固定小数点のデータ演算は10進と同じで，加減算では小数点の位置を合わせればよく，乗除算の場合には小数点以下の桁数を考慮すればよい。しかし，浮動小数点の演算は固定小数点演算よりも多少面倒である。簡単な例として二つの浮動小数点の足し算を考えてみる。二つの浮動小数点の数を

$$1.0101\times 2^7 \text{ と } 1.0101\times 2^4$$

とすれば，まず両方の桁を合わせる必要がある。そこで桁の大きなほう，この例では 2^7 に合わせる。実際の演算は

$$\begin{array}{r} 1.0101\times 2^7 \\ +0.0010101\times 2^7 \\ \hline 1.0111101\times 2^7 \end{array}$$

ただし，ここでMSBに桁上がりがある場合には仮数部を右シフトして指数部をプラス1する**正規化**（normalize）が必要になる。以上の計算経過を例えば仮数部が9ビットの浮動小数点数についてまとめるとつぎのようになる。

① 原　数（original operand）　1.11010100×2^4

$+1.10101101\times 2^2$

② 配　列　1.11010100×2^4

$+0.0110101101\times 2^4$

③ 加　算　10.0011111101×2^4

（末尾の01：切捨て）

④ 丸　め　この操作はコンピュータによりいろいろな方法が採用されている。ここでは説明を簡単にするために，仮数部には8ビットしかないと仮定して9ビット以下は切り捨てた。

⑤ 正規化　加算の結果，仮数部には桁上げを生じたのでこれを標準型の浮動小数点表示に直す必要がある。

$$10.00111111\times 2^4 = 1.00011111\times 2^5$$

この 1.00011111×2^5 が最終結果である。

浮動小数点の減算は上記の「② 配列」ののち，符号ビット s に基づいて減

数の仮数部を2の補数表現にしてから「③ 加算」によって行われる。

乗除演算に関しては，仮数部どうしの乗除算と指数部どうしの加減算によって行われるが，ここでは詳細については省略する。

2.3 文字データの表現法

これまでは，種々な数値の取扱い方を述べてきた。しかし，コンピュータで使用するのは数値だけではない。数値のほかにアルファベットや数字，各種の記号（, ; : + *…）といった文字も用いられる。

したがって，コンピュータとしてはこれらの文字も0，1の組合せで表現できなくてはならない。文字を複数ビットからなる0，1のパターンにすることを**符号化**（encoding）とよび，逆に0，1のパターンを文字に対応付けることを**復号化**（decoding）とよんでいる。文字と0，1のパターンを対応付ける表を符号化テーブルとよび，さまざまなものが存在する。

代表的なものとして，英数字，制御記号を対象とした7ビットのASCIIコード，ASCIIコードをもとに作られたISOコードを基準にした8ビットJISコード，漢字も含めた16ビットJISコード，世界共通のUNICODEなどがある。

〔1〕 **8ビット　JISコード**（JIS X 0201）　**表2.4**に，ローマ字・カタカナ用8ビットJISコードを示す。表の左半分は，もともとは**ASCII**（American Standardization Code for Information Interchange）とよばれる7ビットのコードで，これに各国の文字を定義できるようにしたISOコードにわが国独自のカタカナ文字を対応させてJISコードとしたものである。いわゆる半角文字とよばれるものが，このコードである。

例えば，Tokyoは，01010100，01101111，1101011，01111001，01101111という40ビットで表現できるし，トウキョウは，11000100，10110011，10110111，10101110，10110011という40ビットで表現できる。

〔2〕 **16ビット　JISコード**　日本人にとって，電子的に情報交換を行ううえでは，漢字やひらがな，さらには句読点などが扱えることが前提となる。そのために，JISでは16ビットを用いるコードが用いられる。

表 2.4　ローマ字・カタカナ用 8 ビット JIS コード

上位4ビット / 下位4ビット	0000	0001	0010	0011	0100	0101	0110	0111	1000	1001	1010	1011	1100	1101	1110	1111
0000	NUL	DLE	(SP)	0	@	P	`	p				ー	タ	ミ		
0001	SOH	DC 1	!	1	A	Q	a	q			。	ア	チ	ム		
0010	STX	DC 2	”	2	B	R	b	r			「	イ	ツ	メ		
0011	ETX	DC 3	#	3	C	S	c	s			」	ウ	テ	モ		
0100	EOT	DC 4	$	4	D	T	s	t				エ	ト	ヤ		
0101	ENQ	NAK	%	5	E	U	e	u			・	オ	ナ	ユ		
0110	ACK	SYN	&	6	F	V	f	v			ヲ	カ	ニ	ヨ		
0111	BEL	ETB	’	7	G	W	g	w			ァ	キ	ヌ	ラ		
1000	BS	CAN	(	8	H	X	h	x			ィ	ク	ネ	リ		
1001	HT	EM	)	9	I	Y	i	y			ゥ	ケ	ノ	ル		
1010	LF	SUB	*	:	J	Z	j	z			ェ	コ	ハ	レ		
1011	VT	ESC	+	;	K	[	k	{			ォ	サ	ヒ	ロ		
1100	FF	FS	,	<	L	¥	l	|			ャ	シ	フ	ワ		
1101	CR	GS	−	=	M	]	m	}			ュ	ス	ヘ	ン		
1110	SO	RS	.	>	N	^	n	‾			ョ	セ	ホ	゛		
1111	S I	US	／	?	O	_	o	DEL			ッ	ソ	マ	゜		

具体的には，記号などの特殊文字 147 文字，数字 10 文字，ローマ字 52 文字，ひらがな 83 文字，カタカナ 86 文字，ギリシャ文字 48 文字，ロシア文字 66 文字，罫(けい)線素片 32 文字，第一水準漢字 2 965 文字，第二水準漢字 3 390 文字が定義されている。

表 2.5 に，16 ビット JIS コードを示す。表は，上位バイト（上位 8 ビット）と下位バイト（下位 8 ビット）を 16 進表記してどのような領域にこれら文字

表 2.5　16 ビット JIS コード

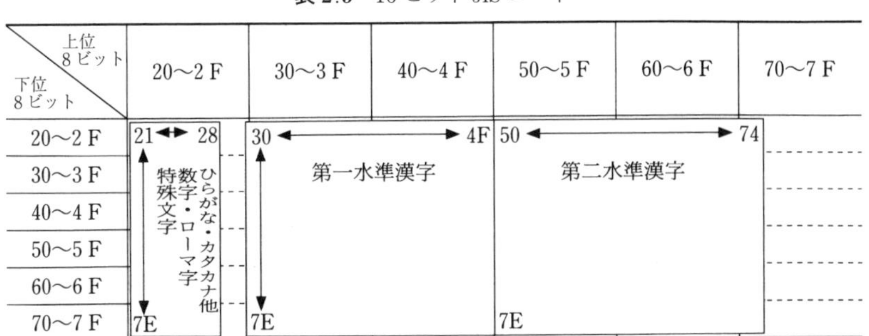

が割り当てられているかを示している。

例えば，〒（郵便番号）は2228$_{(16)}$の2バイト（16ビット）であり，とうきょうは2448$_{(16)}$，2426$_{(16)}$，242D$_{(16)}$，2463$_{(16)}$，2426$_{(16)}$であり，東京は456C$_{(16)}$，357E$_{(16)}$である。

このほかにも，表2.4のJIS 8ビットコードで空欄となっていて定義されていない領域である80$_{(16)}$〜9F$_{(16)}$の範囲とE0$_{(16)}$〜FF$_{(16)}$の範囲を上位バイトとするシフトJISコードがある。PCでは，シフトJISコードが一般的である。**表2.6**に，16ビットシフトJISコードを示す。

表2.6　16ビットシフトJISコード

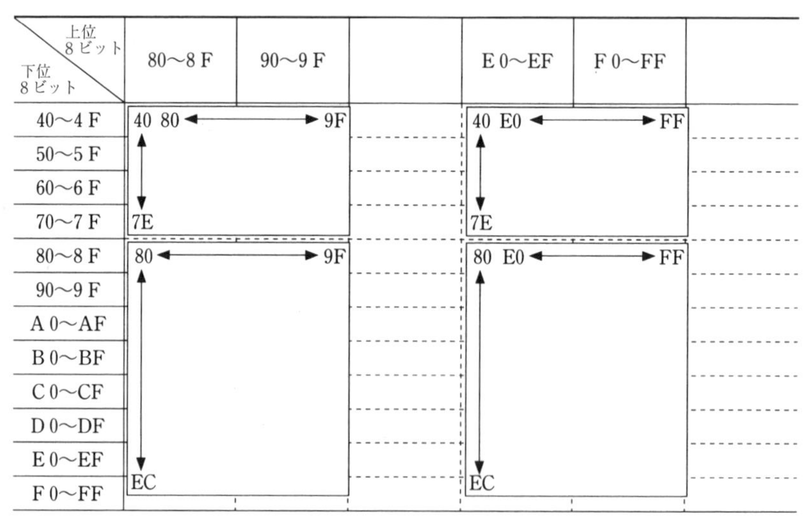

〔3〕 **ユニバーサルコード**　　全世界の主要な文字を包含した文字コードで，16ビットで表現される。コード範囲と内容は**表2.7**のとおりである。

表2.7　ユニバーサルコードの範囲と内容

コード範囲	内容
0000$_{(16)}$〜33FF$_{(16)}$	各種文字（アルファベット，組合せ型ハングル，仮名など）領域，記号領域
3400$_{(16)}$〜4DFF$_{(16)}$	空き領域
4E00$_{(16)}$〜9FFF$_{(16)}$	漢字用領域
A000$_{(16)}$〜DFFF$_{(16)}$	拡張用予約領域，完成型ハングル領域，サロゲートペア領域
E000$_{(16)}$〜FFFF$_{(16)}$	私用予約領域，互換用文字領域

2.4 マルチメディアデータの表現法

文字，音声，静止画，動画のデータを一般にはマルチメディアデータとよぶ。文字データは，前節で述べたとおり，文字コードに基づいて0と1の並びが決められており，1文字を8ビット，16ビットで表現するが，音声や画像のデータはどのように表現されるのだろうか。本節では，コンピュータでよく利用される音声データ形式と画像データ形式についてまとめる。

〔1〕 **音声データ**　音声データには，MP3のような人間の聴覚特性を考慮したデータ形式や記録方式を考慮したデータ形式があるが，ここでは2進数で表現されたバイナリデータからなるwavファイル形式について述べる。wavファイルは，**図2.3**（a）のようにヘッダ領域，音声データ領域，付加情報領域の大きく三つの領域から構成される。

ヘッダ領域（44バイト）	音声データ領域（Nバイト）	付加情報領域

（a） データ全体構造

RIFF	ファイルサイズ	WAVE	fmt_	情報領域サイズ	チャンネル数	サンプリング周波数	データ転送レート	データ転送最小単位	量子化ビット数	data

（b） ヘッダ領域の構造

図2.3 wavファイルのデータ構造

ヘッダ領域は，さらに同図（b）のように割り当てられており，チャンネル数（モノラル・ステレオの区別），サンプリング周波数，データ転送レート，データ転送のための最小単位，量子化ビット数，音声データ領域のサイズなどを定義する。図中，RIFF，WAVE，fmt_，dataはASCII文字列である。なお，wavファイルにはヘッダ領域と実データ領域の間にfactチャンクというデータサイズやサンプル数を格納する領域を付けた変形型も存在する。

音声データ領域のサイズであるNは，ヘッダ領域で定義された条件によって定まる。例えば，チャンネル数1，サンプリング周波数Fs，量子化ビット数16ビット（2バイト）の条件で録音されたT秒分の音声データのNは

$2FsT$ バイトとなる。

付加情報領域は，作成日や使用機器の情報などが ASCII 文字列として記録されている。この領域は省略されることがある。

〔2〕 **画像データ**　一般的によく知られている画像のデータ形式としては静止画像のための JPEG フォーマットと動画像のための MPEG フォーマットがある。これらのデータ形式はデータの圧縮を伴っており，コンピュータ上で加工などを行う際には非圧縮データで扱われることが多い。以下では，画素単位でデータを扱える静止画データ形式である，bmp ファイル形式について述べる。

図 2.4 に bmp ファイルのデータ構造を示す。同図（a）のように，ファイルヘッダ領域，情報ヘッダ領域，画像データ領域の 3 領域からなる。

ファイルヘッダ領域 （14 バイト）	情報ヘッダ領域 （40 バイト＋カラーパレットデータ）	画像データ領域 （N バイト）

（a） データ全体構造

ヘッダサイズ	画面幅	画面高	プレーン数	1 画素のビット数	圧縮方式	データサイズ	横方向解像度	縦方向解像度	パレット数	重要パレット

（b） 情報ヘッダ領域（カラーパレットデータ以外の部分）

図 2.4　bmp ファイルのデータ構造

ファイルヘッダ領域は，ファイルタイプ（BM という ASCII 文字列），ファイルサイズ（4 バイト），予約領域（4 バイト），ファイル先頭から画像データまでのオフセット情報（4 バイト）からなる。

情報ヘッダ領域は同図（b）のように画像 1 枚の仕様を決定する多くの情報が含まれる。具体的には，画面の幅や高さ，1 画素当りのビット数，圧縮形式，解像度などである。また，各画素の 0 および 1 のパターンに応じてどのような色を表現するかを決めるカラーパレットデータが追加されることもある。

画像データ領域には，画素ごとのデータが画面の左下から右上に向かって配置される。なお，画像 1 ライン当りのデータ数は 4 バイトの整数倍である必要があり，それが満たされない場合にはパディングという 0 のデータ並びが追加される。また，1画素当り24ビット（R：8ビット，G：8ビット，B：8ビット）のカラー画像の場合にはカラーパレットデータはないが，BGRの順でデータが並ぶので注意を要する。

演　習　問　題

1） つぎの2進数を10進数に変換せよ。

（1） $110101_{(2)}$　（2） $110001.011_{(2)}$

2） つぎの10進数を2進数に変換せよ。

（1） $105_{(10)}$　（2） $25.6_{(10)}$

3） つぎの負の10進数を2の補数表示により2進数で表せ。

（1） $-87_{(10)}$ （8ビット表示）　（2） $-173_{(10)}$ （10ビット表示）

4） つぎの10進数を16進数に変換せよ。

（1） $150_{(10)}$　（2） $234_{(10)}$

5） つぎの16進数を10進数に変換せよ。また，表2.4のJISコードでは何という文字に対応するか。

（1） $6\mathrm{B}_{(16)}$　（2） $\mathrm{DD}_{(16)}$

6） つぎの2進数の加算を行え。

（1） $10101_{(2)}+1101_{(2)}$　（2） $11011_{(2)}+10101_{(2)}$

7） つぎの2進数の減算を2の補数を用いて行え。

（1） $11011_{(2)}-10101_{(2)}$　（2） $10010_{(2)}-01111_{(2)}$

8） IEEE方式の単精度浮動小数点表現では－15.65はどのような形でメモリ中に格納されているか。

3 論　理　回　路

コンピュータを構成しているのは，CPU，メモリ，入出力装置であるが，それらはさらにダイオードやトランジスタといった電子部品が集積化された集積回路（IC，integrated circuit）の動作の上に成り立っている。本章では，初期のコンピュータを支えた電子部品であるリレーをもとに，0，1が電気信号としてどのように表されているかを説明することにする。

3.1　電気回路による0と1の表現

電気回路ではスイッチを入れると電流が流れ，スイッチを切ると電流が0になるから，電気回路の電流の有無によって，ちょうど2進法の1と0に対応を付けることが可能になる。**図3.1**はリレーとよばれる電子部品の構造を示したもので，C_1-C_0間に電流を流すと電磁コイルが磁化されて金属片が下に引っ張られ，**NO**（normally open）端子と**COM**（common）端子が短絡され，外部の回路の電流を流すことができる。逆に，

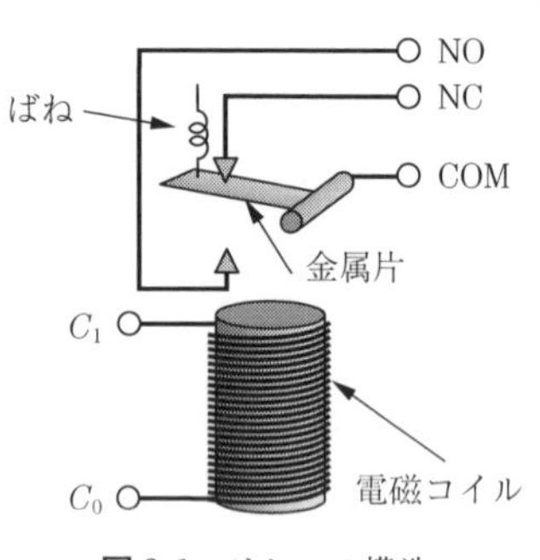

図3.1　リレーの構造

NC（normally closed）端子とCOM端子間は，C_1-C_0間に電流が流れていないと短絡されており，C_1-C_0間に電流が流れると開放となる。これら二つの機能をもとにシンボルを用いて電気回路を書き直したものを**図3.2**に示す。

同図（a）より，左側の一次回路に電流を流すと右側の二次回路に電流が流れることがわかる。すなわち，一次回路の電流I_1の有無と二次回路の電流I_2の有無は完全に一致するので，2進法の0，1に対応させると**表3.1**（a）のように表すことができる。このことを式で表現するとつぎのようになる。

$$I_2 = I_1$$

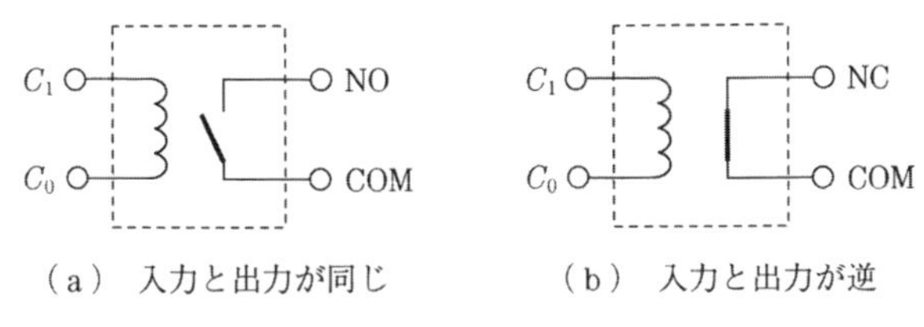

（a）　入力と出力が同じ　　（b）　入力と出力が逆

図 3.2　2 種類のリレー

表 3.1　2 種類のリレーの入力と出力の関係

（a）

入力 I_1	出力 I_2
0	0
1	1

（b）

入力 I_1	出力 I_2
0	1
1	0

一方，同図（b）の場合には，I_1 と I_2 は逆の関係となるので，表 3.1（b）のように表すことができる。

このような逆の関係は文字の上に－を付けてつぎのように表現できる。

$$I_2 = \bar{I_1}$$

3.2　ブール代数と論理回路

3.2.1　ブ ー ル 代 数

ブール代数（Boolean algebra）は 1854 年にジョージ・ブール（G. Boole）が記号論理学的に**命題論理**（propositional logic）を扱うための基本的な法則を探求したもので，集合論がその基礎になっている。このブール代数による式表現は論理回路と 1 対 1 で対応するので，コンピュータ内部の信号や回路を表すためによく用いられる。

〔1〕　**論理積**（**AND**）　$Z = A \cdot B$　　二つの信号 A，B がともに 1 になったときだけ信号 Z が 1 になる論理を与える。3.1 節に示したリレー回路を用いると**図 3.3** のように書くことができ，A，B のスイッチと NO-COM 間のスイッチとは同じ動きをするので**図 3.4** のように書き直せる。

このような回路を AND（論理積（logical product））回路とよぶ。A，B のスイッチを閉にすると I_A，I_B は 1 となるので，スイッチの閉を 1，開を 0 に対応

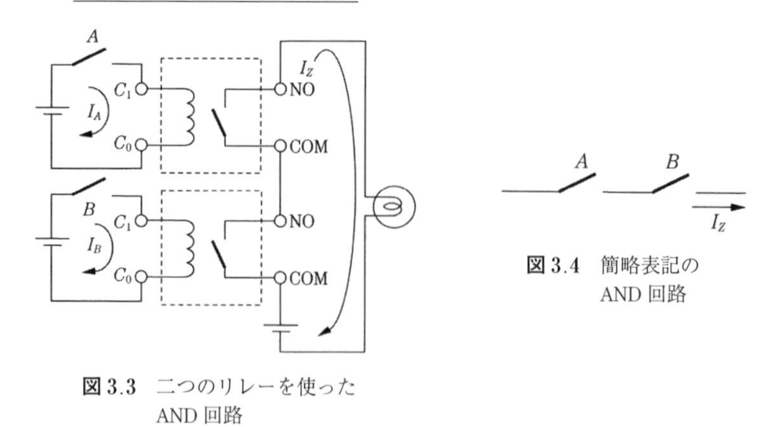

図 3.3　二つのリレーを使った AND 回路

図 3.4　簡略表記の AND 回路

させて，A，B と I_Z の関係を与える真理値表で表すと**表 3.2**（a）のようになり，便宜的に I_Z を Z で置き換えれば（I_Z で別のスイッチ Z を閉にすることもできる），同表（b）のようになる。

表 3.2　AND の真理値表

（a）

A	B	I_Z
0	0	0
0	1	0
1	0	0
1	1	1

（b）

A	B	Z
0	0	0
0	1	0
1	0	0
1	1	1

〔2〕 **論理和（OR）**　$Z=A+B$　　二つの信号のどちらかが 1 になったときに，信号 Z が 1 になる論理を与えるブール代数表現である。二つのリレーを AND 回路のように直列に接続するのではなく，並列に接続すると実現できる。**図 3.5** に二つのリレーを使った OR 回路を，**図 3.6** に簡略表記の OR 回路を示す。真理値表は**表 3.3** のようになる。

〔3〕 **否定（NOT）**　$Z=\overline{A}$　　**図 3.7** で与えられるように NC 端子を持つリレーを使うことで，信号 Z が A の反対の論理を与える。このようなブール代数表現を否定とよぶ。図 3.7 に NC 端子を持つリレーを使った NOT 回路を，**図 3.8** に簡易表記の NOT 回路を示す。NOT の真理値表は**表 3.4** のようになる。

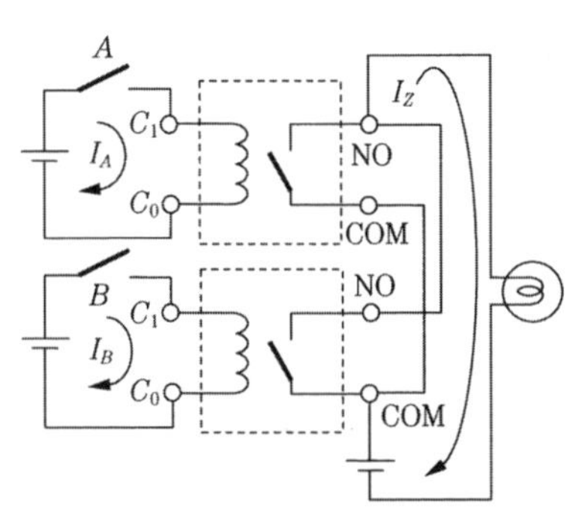

図 3.5　二つのリレーを使った OR 回路

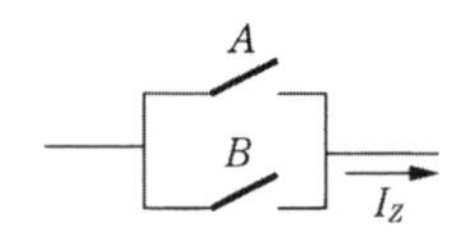

図 3.6　簡略表記の OR 回路

表 3.3　OR の真理値表

A	B	Z
0	0	0
0	1	1
1	0	1
1	1	1

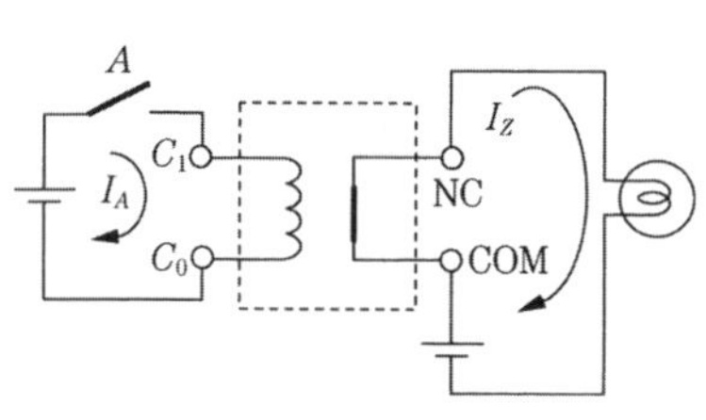

図 3.7　NC 端子を持つリレーを使った NOT 回路

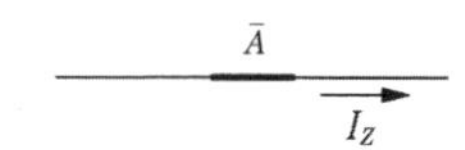

図 3.8　簡略表記の NOT 回路

表 3.4　NOT の真理値表

A	Z
0	1
1	0

ここで述べた AND，OR，NOT の 3 種類の論理を組み合わせて，複雑な論理を実現することができるのであるが，現在の入力に対する論理回路の出力状態が過去の履歴とは無関係に，そのときの入力だけの関係で定まる回路を**組合せ回路**（combinational circuit）という。

これに対して，現在の入力に対する論理回路の出力が，いまの入力だけで定まらず回路の過去の履歴に依存するものを**順序回路**（sequential circuit）とよぶ。

3.2.2　論理式と回路構成

上述した論理回路の特性を使用して，基本的な論理式（3.1 a）～（3.4 b）を導くことができる。真理値表と回路を併記しておく。

① $Z=A\cdot 1=A$　　(3.1 a)

真理値表　　回路図

A	1	Z
0	1	0
1	1	1

② $Z=A\cdot 0=0$　　(3.1 b)

A	0	Z
0	0	0
1	0	0

③ $Z=A+1=1$　　(3.2 a)

A	1	Z
0	1	1
1	1	1

④ $Z=A+0=A$　　(3.2 b)

A	0	Z
0	0	0
1	0	1

⑤ $Z=A\cdot A=A$　　(3.3 a)

A	A	Z
0	0	0
1	1	1

⑥ $Z=A+A=A$　　(3.3 b)

A	A	Z
0	0	0
1	1	1

⑦ $Z=A\cdot\overline{A}=0$　　(3.4 a)

A	$\bar{A}$	Z
0	1	0
1	0	0

⑧ $Z=A+\overline{A}=1$　　(3.4 b)

A	$\bar{A}$	Z
0	1	1
1	0	1

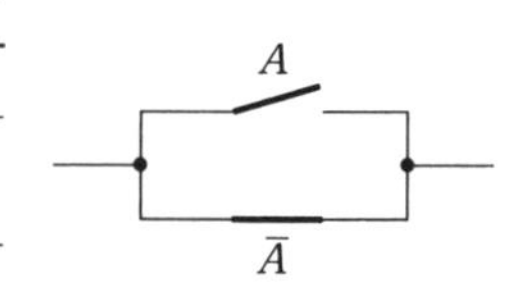

二つ以上の入力に対しては, つぎの公式が誘導される（式（3.5 a）～（3.13））。

$$A+B=B+A \tag{3.5 a}$$

$$A\cdot B=B\cdot A \tag{3.5 b}$$

$$(A+B)+C=A+(B+C) \tag{3.6 a}$$

$$(A\cdot B)\cdot C=A\cdot(B\cdot C) \tag{3.6 b}$$

$$\overline{A}\cdot B+A\cdot B=B \tag{3.7}$$

$$\overline{A+B}=\overline{A}\cdot\overline{B} \tag{3.8 a}$$

$$\overline{A\cdot B}=\overline{A}+\overline{B} \tag{3.8 b}$$

$$A+A\cdot B=A \tag{3.9 a}$$

$$A\cdot(A+B)=A \tag{3.9 b}$$

$$A+\overline{A}\cdot B=A+B \tag{3.10 a}$$

$$A\cdot(\overline{A}+B)=A\cdot B \tag{3.10 b}$$

$$(A+B)\cdot(\overline{A}+C)=A\cdot C+\overline{A}\cdot B \tag{3.11}$$

$$\overline{(A\cdot C+B\cdot\overline{C})}=\overline{A}\cdot C+\overline{B}\cdot\overline{C} \tag{3.12}$$

$$\overline{(A+C)\cdot(B+\overline{C})}=(\overline{A}+C)\cdot(\overline{B}+\overline{C}) \tag{3.13}$$

式（3.8 a），（3.8 b）の両式は**ド・モルガンの定理**（De Morgan's theorem）といわれる公式で，直列回路と並列回路の変換に関する基本的な公式である。ド・モルガンの定理を**表 3.5** によって証明することにしよう。

表 3.5 ド・モルガンの定理の証明

（a） $\overline{A+B}=\overline{A}\cdot\overline{B}$

A	B	$A+B$	$\overline{A+B}$	$\overline{A}$	$\overline{B}$	$\overline{A}\cdot\overline{B}$
0	0	0	1	1	1	1
1	0	1	0	0	1	0
0	1	1	0	1	0	0
1	1	1	0	0	0	0

（b） $\overline{A\cdot B}=\overline{A}+\overline{B}$

A	B	$A\cdot B$	$\overline{A\cdot B}$	$\overline{A}+\overline{B}$
0	0	0	1	1
1	0	0	1	1
0	1	0	1	1
1	1	1	0	0

表 3.5 は A，B 二つの変数に関しての証明であるが，まったく同様の手法によりこの定理は多変数に拡張しうることは比較的容易に理解できるであろう。

すなわち，変数 A，B，C，D，… があったとき

$$\overline{A+B+C+D+\cdots}=\overline{A}\cdot\overline{B}\cdot\overline{C}\cdot\overline{D}\cdots \tag{3.14 a}$$

および

$$\overline{A\cdot B\cdot C\cdot D\cdot\cdots}=\overline{A}+\overline{B}+\overline{C}+\overline{D}+\cdots \tag{3.14 b}$$

が成立する。これが直列回路と並列回路の最も一般的な変換公式であり，電気回路を扱うときに非常によく用いられる重要な関係式である。

ほかの式の証明も割合，簡単に求めることができる。例えば，式（3.11）は

$$\begin{aligned}(A+B)\cdot(\overline{A}+C)&=A\cdot\overline{A}+A\cdot C+B\cdot\overline{A}+B\cdot C\\&=A\cdot C+\overline{A}\cdot B+B\cdot C(A+\overline{A})\\&=A\cdot C+\overline{A}\cdot B+A\cdot B\cdot C+\overline{A}\cdot B\cdot C\\&=A\cdot C(1+B)+\overline{A}\cdot B(1+C)\\&=A\cdot C+\overline{A}\cdot B\end{aligned}$$

$$\therefore\quad (A+B)\cdot(\overline{A}+C)=A\cdot C+\overline{A}\cdot B$$

3.2.3　論理式と真理値表

論理式が与えられたとき，真理値表を求める方法はこれまでの例題から簡単に理解できることと思う。すなわち，論理式の変数に 0，1 の考えられる組合せを作り，その組合せで得られる結果を求めて真理値表を埋めていけばよい。一方，真理値表から論理式を求めるにはつぎのようにすればよい。

具体的な例として，AND，OR，NOT といった基本的な回路素子と同様に使用される論理素子として**排他的論理和素子**（exclusive OR）がある。これは二つの入力 A，B が与えられたとき，その入力が一致しているとき（1，1 または 0，0）には出力を 0 にし，2 入力が一致していないときには不一致を示すために出力を 1 にする関数関係を持つ論理素子である。したがって，排他的論理和の真理値表は**表 3.6** になる。

表 3.6　排他的論理和の真理値表

A	B	Z
0	0	0
0	1	1
1	0	1
1	1	0

この論理式は，出力が真であるときはその論理は真であるから $Z=1$ になっている行の入力のそれぞれの状態の積を求め，それらを各行ごとに和として加えていけばよい。排他的論理和についての論理式は，表 3.6 を見れ

ばZ=1になるのは2，3行目で

　　2行目　　$A=0,\ B=1,\ Z=1,\ \overline{A}\cdot B$

　　3行目　　$A=1,\ B=0,\ Z=1,\ A\cdot\overline{B}$

したがって，求める論理式は

$$Z=\overline{A}\cdot B+A\cdot\overline{B} \tag{3.15}$$

になる。一般にこの排他的論理和を

$$Z=A\oplus B \tag{3.16}$$

の記号で示している。式（3.15）は以下のように変換することができる。

$$\begin{aligned}Z&=\overline{A}\cdot B+A\cdot\overline{B}=\overline{A}\cdot B+A\cdot\overline{A}+A\cdot\overline{B}+B\cdot\overline{B}\\&=\overline{A}(A+B)+\overline{B}(A+B)=(A+B)\cdot(\overline{A}+\overline{B})\end{aligned} \tag{3.17}$$

または，ド・モルガンの定理より

$$Z=\overline{A}\cdot B+A\cdot\overline{B}=\overline{\overline{A\cdot\overline{B}}\cdot\overline{\overline{A}\cdot B}} \tag{3.18}$$

となる。この例からもわかるが，式（3.17）と式（3.18）とはまったく同一の入出力特性を示すが，これを実現する回路は，全然別の論理回路である。論理回路の設計では同じ特性を持つ回路が1種類にとどまらず，何種類かの回路が存在し一義的に決定することが困難であることに留意しておく必要がある。

したがって，動作速度，消費電力，スペースのことを考慮するとブール代数表現を簡素化して，可能な限り小規模な回路で実現することが望ましい。

3.2.4　トランジスタ回路と集積回路による論理回路の実現

これまで述べてきた基礎的な論理回路は，トランジスタを用いるスイッチング回路により実現され，さらに集積回路（integrated circuit）技術によって極めて小さな領域に集積化されてICとよばれる電子部品として市販されている。

図3.9は，トランジスタ回路によるNOT回路の原理図である。トランジスタのコレクタ端子の電圧 V_{out} は次式で与えられ

$$V_{\mathrm{out}}=V_{CC}-R_CI_C$$

V_{in} の電圧が十分小さいとベース電流 I_B が流れないために，コレクタ電流 I_C が流れず，$V_{\mathrm{out}}\fallingdotseq V_{CC}$ となる。一方，V_{in} にある閾（いき）値電圧 V_{th} 以上の電圧 V_{on} が

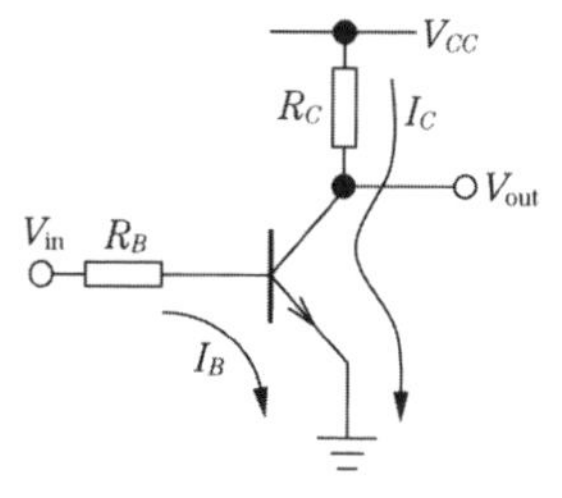

図 3.9　トランジスタ回路による NOT 回路の原理図

表 3.7　NOT 回路の入出力特性

V_{in}	V_{out}
0	V_{CC}
V_{on}	0

加わるとベース電流 I_B が流れ，トランジスタが ON となってコレクタ電流 I_C が流れる。R_C がトランジスタ内のコレクタ－エミッタ間抵抗よりも十分大きいと，$V_{out}\fallingdotseq 0$ となり，**表 3.7** のような入出力特性を得られる。

このことから，トランジスタで構成される論理回路の電圧の有無を信号の 1，0 に読み替えれば，この回路の真理値表は NOT の真理値表である表 3.4 と等しいことがわかる。

図 3.10 は，ダイオードとトランジスタを用いた NOR 回路の原理図である。入力端子 V_{in}_A および V_{in}_B に閾値以上の電圧を加えるか否かを 1，0 と見なすと，**表 3.8** のような NOR 回路の真理値表が得られる。図中のダイオードは，二つの入力端子間に異なる電圧を加えたときに，電流が入力端子側に逆流しないようにするためのものである。

図 3.11 は，AND 回路の原理図である。NOR 回路の入力端子の前段に，図 3.9 の NOT 回路を設けることで，**表 3.9** のような AND 回路と同等の真理値表

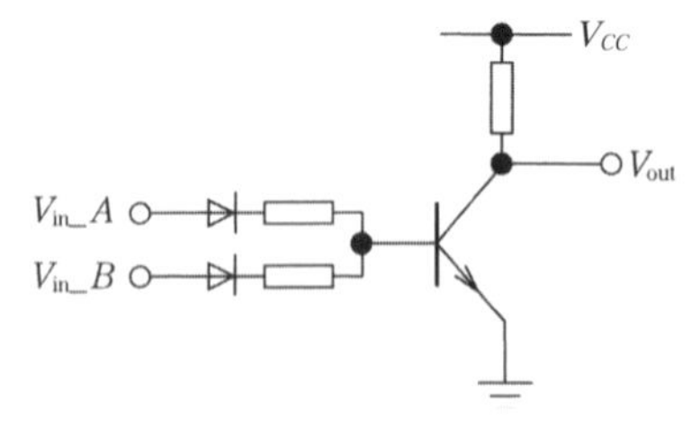

図 3.10　トランジスタ回路による NOR 回路の原理図

表 3.8　NOR 回路の真理値表

V_{in}_A	V_{in}_B	V_{out}
0	0	1
0	1	0
1	0	0
1	1	0

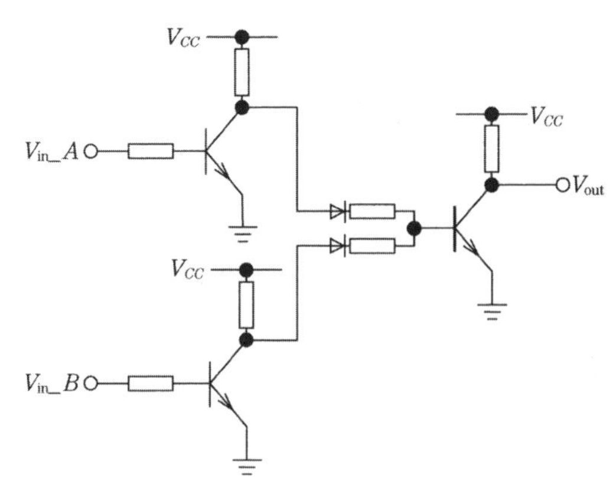

図 3.11　トランジスタ回路による AND 回路の原理図

表 3.9　AND 回路の真理値表

V_{in}_A	V_{in}_B	V_{out}
0	0	0
0	1	0
1	0	0
1	1	1

が得られる。NAND 回路は，この回路出力に図 3.9 の NOT 回路をカスケード接続することで実現できる。

3.2.5　基本論理回路のシンボル

表 3.10 に基本論理回路のシンボル，関数形，および真理値表を示す。

表 3.10　基本論理回路のシンボル，関数形および真理値表

名　称	シ ン ボ ル	関数形	真理値表
論　理　積 AND	A, B → Z	$Z=A \cdot B$	A B | Z 0 0 | 0 0 1 | 0 1 0 | 0 1 1 | 1
論　理　和 OR	A, B → Z	$Z=A+B$	A B | Z 0 0 | 0 0 1 | 1 1 0 | 1 1 1 | 1
否　　　定 NOT	A → Z	$Z=\bar{A}$	A | Z 0 | 1 1 | 0

表 3.10　基本論理回路のシンボル，関数形および真理値表（つづき）

名　称	シンボル	関数形	真理値表
バッファ		$Z=A$	A Z: 0 0 / 1 1
NAND		$Z=\overline{A\cdot B}$	A B Z: 0 0 1 / 0 1 1 / 1 0 1 / 1 1 0
NOR		$Z=\overline{A+B}$	A B Z: 0 0 1 / 0 1 0 / 1 0 0 / 1 1 0
排他的論理和 EXOR		$Z=A\cdot\overline{B}+\overline{A}\cdot B$ $=A\oplus B$	A B Z: 0 0 0 / 0 1 1 / 1 0 1 / 1 1 0
XNOR		$Z=\overline{A}\cdot\overline{B}+A\cdot B$ $=\overline{A\oplus B}$	A B Z: 0 0 1 / 0 1 0 / 1 0 0 / 1 1 1

3.3　組合せ論理回路の設計（AND–OR 形式による設計法）

現在の入力の状態だけにより出力状態が決定される組合せ回路の設計法はいろいろあるが，ここでは AND–OR 形式による方法を全加算器を例にして説明する。その一般的な手順は下記のようになる。

① 与えられた論理条件から，その条件を満足する論理式を求める。

② ① で得られた論理式を簡単化する。簡単化はただひと通りではなく何通りもの解があることに留意しなければならない。

③ 簡単化された論理式をもとに前述の基本論理回路を組み合わせて要求された特性を満足する回路を作製する。

3.3.1　基本論理式の求め方

全加算器（full adder）はコンピュータの四則演算を行う最も基本的な加算器の構成素子であり，これに関して具体的な設計法を述べる。全加算とはコンピュータが加算演算を行うとき，LSB のビット以外の任意の 1 ビットどうしの加算を実行するための最小機能単位の要素である。したがって入力としては，ある指定されたビットの全加算器の入力は指定されたビットの入力（A, B）とそのビットに下の桁から上がってくる**桁上げ**（carry）（Z）の和からなる。出力はこれら入力の和（S）とこのビットから上のビットに送る桁上げ（C）の二つである。**図 3.12** に全加算器の入出力の関係を示した。

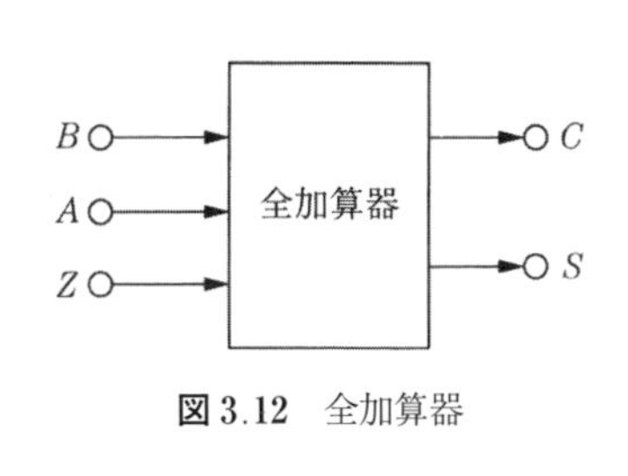

図 3.12　全加算器

表 3.11　全加算器の真理値表

A	B	Z	S	C
0	0	0	0	0
0	0	1	1	0
0	1	0	1	0
0	1	1	0	1
1	0	0	1	0
1	0	1	0	1
1	1	0	0	1
1	1	1	1	1

また，全加算器であることから当然，**表 3.11** の真理値表が求められる。

S が 1 になるのは 2, 3, 5, 8 行目であるから，その論理式を $S=f_1$（A, B, Z）とすれば以下を得る。

$$S=f_1(A,\ B,\ Z)=\overline{A}\cdot\overline{B}\cdot Z+\overline{A}\cdot B\cdot\overline{Z}+A\cdot\overline{B}\cdot\overline{Z}+A\cdot B\cdot Z \tag{3.19}$$

また，桁上げの C が 1 になるのは 4, 6, 7, 8 行目であり，論理式を $C=f_2$（A, B, Z）とすれば

$$C=f_2(A,\ B,\ Z)=\overline{A}\cdot B\cdot Z+A\cdot\overline{B}\cdot Z+A\cdot B\cdot\overline{Z}+A\cdot B\cdot Z \tag{3.20}$$

一般に，この例のように論理式は論理積（AND）だけを用いて作った**論理積項**（product term）をさらに論理和（OR）で結合した**積和の型**（sum of product form）で表すことができる。これを**加法標準型**（disjunctive canonical form）の展開という。

3.3.2　論理式の簡略化

〔1〕 論理式による簡略化　　3.3.1 項で得られた論理式は冗長な入力変数を含んでいるのが普通で，論理素子数をなるべく減らすことがコンピュータの小形化，軽量化，高速演算化およびコストの低減化に対して有効であるため，与えられた論理式の簡略化を計る必要がある。論理式の簡単化の基本的な原理は $A+\overline{A}=1$ の形の統合により冗長性を減じていく方法である。式（3.20）を例にとればつぎのように変換することができる。ただし，以後，論理積を与える「・」は省略する。

$$
\begin{aligned}
C=f_2(A,\ B,\ Z) &= \overline{A}BZ+A\overline{B}Z+AB\overline{Z}+ABZ+\underbrace{ABZ+ABZ}_{\text{統合のために用意した項}}\\
&= AB(Z+\overline{Z})+BZ(A+\overline{A})+AZ(B+\overline{B})\\
&= AB+BZ+ZA
\end{aligned}
\tag{3.21}
$$

この例のように，比較的簡単な論理式の場合には視察により簡単化ができるが，簡単化の有効な手段として表を利用したクワイン-マクラスキー（Quine-McCluskey）法や図を使うカルノー（Karnaugh）法がある。紙面の制約上，ここではカルノー図に関して述べる。

〔2〕 カルノー図による簡略化　　**カルノー図**（Karnaugh map）はブール代数で表現された論理式を簡単化し最小化するのに有効な方法であり，比較的理解しやすいことも利点の一つである。カルノー図は真理値表の行と1対1の対応関係を持つブロック（ます目）からなる。**図 3.13** は一番簡単な1変数の真理値表とカルノー図の関係を示した図である。

図 3.13（b）のカルノー図のブロック中にある数値 ①，② は，真理値表の左側に割り当てられた行番号に相当する数である。

つぎに具体的な2変数の例として，XNOR のカルノー図を求めてみよう。この

行の No.	A	$f(A)$
①	0	$f(0)$
②	1	$f(1)$

（a） 1変数の真理値表

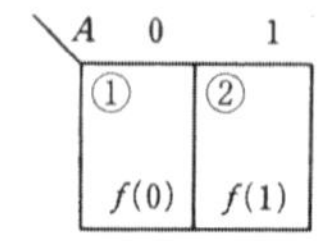

（b） 1変数のカルノー図

図 3.13　真理値表とカルノー図（1変数）

行の No.	A	B	$f(A,\ B)$
①	0	0	1
②	0	1	0
③	1	0	0
④	1	1	1

（a） XNOR の真理値表

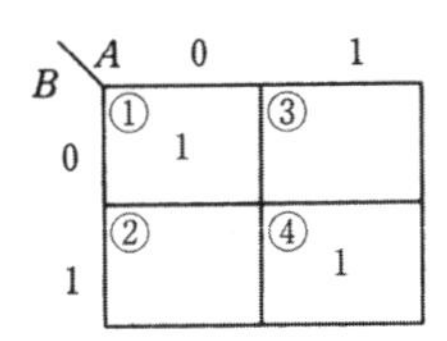

（b） XNOR のカルノー図

図 3.14　2 変数の真理値表とカルノー図

論理式は表 3.10 より次式となる。よって，その真理値表は**図 3.14**（a）になる。

$$f(A,\ B)=AB+\overline{A}\,\overline{B} \tag{3.22}$$

論理式が与えられたとき，加法標準形で表すとすれば各項はすべて変数の積になる。この変数の積の項，$ABC\cdots N$ を**最小項**（minterm）とよぶ。カルノー図は隣接している最小項を簡略化していくので，隣接最小項はカルノー図上でもたがいに隣り合うように図上の配列を工夫している。4 変数の場合になるとこのことは明確になる。いま例題として**表 3.12** の真理値表が与えられたとする。これを加法標準形の論理式で表せば，式（3.23）のようになる。

$$\begin{aligned}f(A,\ B,\ C,\ D)=&A\overline{B}\,\overline{C}\,\overline{D}+AB\overline{C}\,\overline{D}+\overline{A}\,\overline{B}C\overline{D}+A\overline{B}C\overline{D}+\overline{A}BC\overline{D}\\&+ABC\overline{D}+A\overline{B}\,\overline{C}D+\overline{A}\,\overline{B}CD+\overline{A}BCD+ABCD\end{aligned} \tag{3.23}$$

表 3.12　4 変数の真理値表

No.	D	C	B	A	$f(A,B,C,D)$
①	0	0	0	0	0
②	0	0	0	1	1
③	0	0	1	0	0
④	0	0	1	1	1
⑤	0	1	0	0	1
⑥	0	1	0	1	1
⑦	0	1	1	0	1
⑧	0	1	1	1	1
⑨	1	0	0	0	0
⑩	1	0	0	1	1
⑪	1	0	1	0	0
⑫	1	0	1	1	0
⑬	1	1	0	0	1
⑭	1	1	0	1	0
⑮	1	1	1	0	1
⑯	1	1	1	1	1

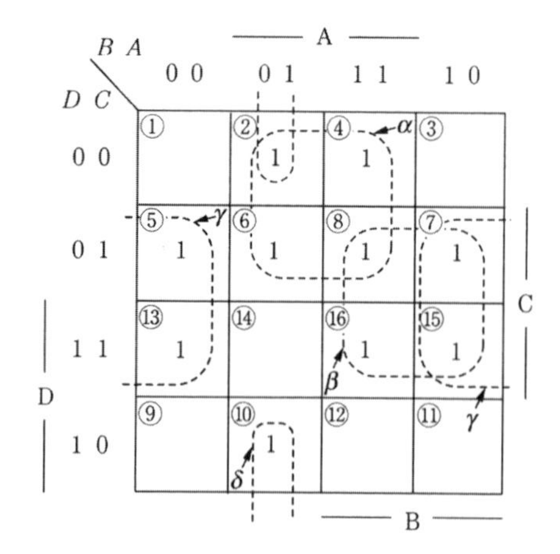

図 3.15　式（3.23）に対応するカルノー図

式（3.23）を簡単化していくのは式の形を見ても，やや面倒であることがわかる。それで式（3.23）に対応するカルノー図を求めると**図 3.15** になる。

なお，普通はカルノー図の中にます目の番号は書かないが表 3.12 との対応を示し，理解しやすくするために番号を付記しておいた。このカルノー図の“1”の存在している範囲を点線のようにくくってまとめてみる。もちろん，まとめ方はここに示した方法だけでなく，ほかのくくり方も考えられる。ほかのくくり方をすれば，それによって最終的に得られる回路も異なってくることになるが表 3.12 の条件は満足する。

すなわち，論理回路の設計においては与えられた条件を満足する回路はひと通りに決定するものではなく，何通りもの解が存在するのである。

図では α，β，γ，δ の四つの部分に分けている。α の範囲は $A=1$，$D=0$ とが共通している部分であるから，$A\overline{D}$ の成立する領域である。つぎに β は A，D には関係なく，B，C においてすべてが 1 になっていることは容易に理解できるであろう。このようにして各部の成立範囲と論理式の関係をまとめると**表 3.13** のようになる。

これより表 3.13 に対する論理式 $f(A,\ B,\ C,\ D)$ は

$$f(A,\ B,\ C,\ D)=A\overline{D}+BC+\overline{A}C+A\overline{B}\overline{C} \tag{3.24}$$

となる。この結果が表 3.12 を満たすことは読者自ら試みてほしい。

表 3.13 図 3.15 の範囲と論理関係

範囲	ます目番号	論 理 関 係	
α	②,④,⑥,⑧	$A=1,\quad D=0$	$A\overline{D}$
β	⑦,⑧,⑮,⑯	$B=1,\quad C=1$	BC
γ	⑤,⑦,⑬,⑮	$A=0,\quad C=1$	$\overline{A}C$
δ	②,⑩	$A=1,\quad B=0,\quad C=0$	$A\overline{B}\overline{C}$

さて，ここで全加算器を与える式（3.19），（3.20）の設計をカルノー図を使って行ってみることにする。この両式は 3 入力であるから，そのカルノー図は**図 3.16**（a），（b）になることはこれまでの説明から理解できるであろう。

$$S=f_1(A,\ B,\ Z)=\overline{A}\overline{B}Z+\overline{A}B\overline{Z}+A\overline{B}\overline{Z}+ABZ$$

$$C=f_2(A,\ B,\ Z)=\overline{A}BZ+A\overline{B}Z+AB\overline{Z}+ABZ$$

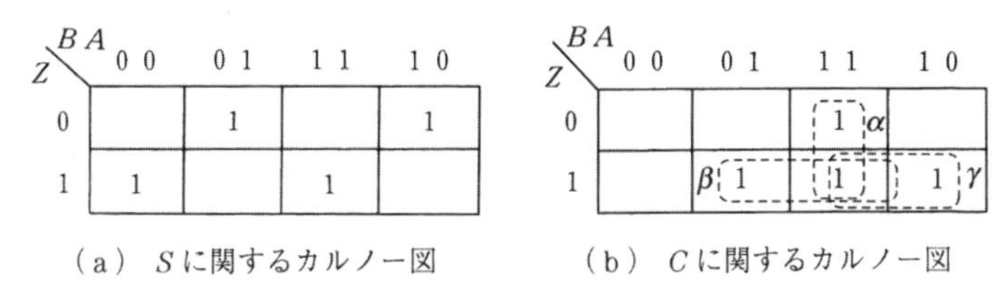

（a） S に関するカルノー図　（b） C に関するカルノー図

図 3.16 全加算器のカルノー図

同図（a）より，S では 1 が隣り合わせに存在しているものが一つもない。したがって式（3.19）以上に簡略化することはできないことを示している。

同図（b）より C は α，β，γ の 3 部分に分けることができるから

範囲	論理関係
α	$A=1,\quad B=1$
β	$A=1,\quad Z=1$
γ	$B=1,\quad Z=1$

となる。したがって，その論理式 $f_2(A,\ B,\ Z)$ は式（3.21）で導いた結果と同様になる。以上の全加算器に対するカルノー図より得られた論理式をまとめると次式のようになり，ここで得られた論理式より論理回路は**図 3.17** になる。

$$S=f_1(A,\ B,\ Z)=\overline{A}\overline{B}Z+\overline{A}B\overline{Z}+A\overline{B}\overline{Z}+ABZ$$

$$C=f_2\ (A,\ B,\ Z)\ =AB+BZ+ZA$$

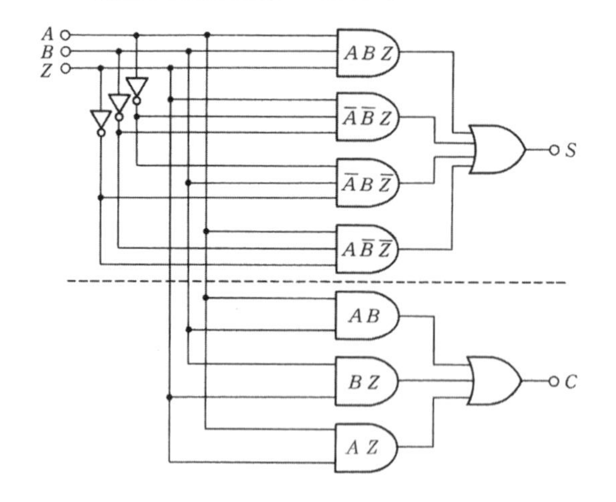

図 3.17　全加算器の論理回路図

3.4 組合せ回路

コンピュータ内部では，さまざまな組合せ回路が使われている。代表的な組合せ回路について学ぶ。

3.4.1 エンコーダ

エンコーダ（encoder）は 10 進数，文字など，人間にわかりやすい形態のものをコンピュータが理解できる 2 進符号に変換（コード化）する回路であり，キーボード上のキーに対応した 2 進符号を生成するときなどに使用される。エンコーダの例として 16 進キーエンコーダを**図 3.18** に示す。X，Y の入力端子の交点に置かれた 16 個のキーのうちの 1 個を押すと，X，Y それぞれ 4 本のうちの 1 本が選択され，その組合せによりどのキーが押されたかがわかる。出力 A，B，C，D（A が LSB）に 2 進 4 桁の 16 進コードとして出力される。

3.4.2 マルチプレクサとデマルチプレクサ

マルチプレクサ（multiplexer）は 2^n 本の入力信号線のうち，指定された 1 本を選別し出力する機能を持った装置であり，日本語では多重化装置とよばれる。見方を変えると，多数の入力データから選択用の信号（またはアドレス信

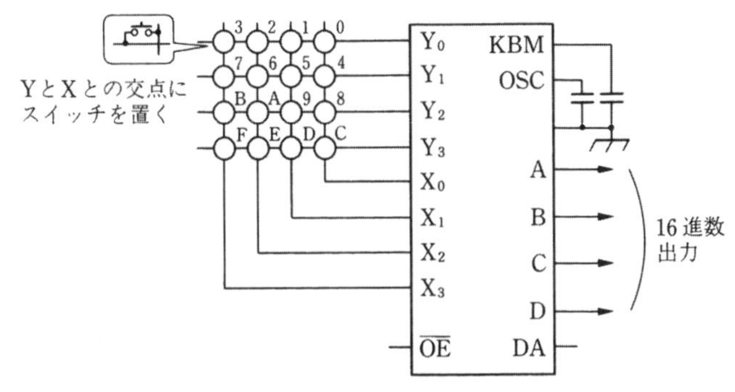

DA：データアベイラブル　　　OSC：オシレータ用コンデンサ端子
KBM：キーバウンスマスク　　$\overline{\text{OE}}$：アウトプットイネーブル

スイッチ		0	1	2	3	4	5	6	7	8	9	A	B	C	D	E	F	キーが押されないとき
16進出力	A	0	1	0	1	0	1	0	1	0	1	0	1	0	1	0	1	*
	B	0	0	1	1	0	0	1	1	0	0	1	1	0	0	1	1	*
	C	0	0	0	0	1	1	1	1	0	0	0	0	1	1	1	1	*
	D	0	0	0	0	0	0	0	0	1	1	1	1	1	1	1	1	*
DA		1	1	1	1	1	1	1	1	1	1	1	1	1	1	1	1	0

図 3.18　16進キーエンコーダ

号ともいう）を用いて，指定されたデータを取り出す目的に使うとも考えられるので，**データセレクタ**（data selector）とも呼称する。また，多重化された信号を再びそれぞれの信号に戻すために振り分ける装置を**デマルチプレクサ**（demultiplexer）という。

ここで信号の選択という意味で半導体スイッチについてふれる。半導体スイッチは**図 3.19** に示すように入力端子と出力端子のほかに制御用端子を持っている。この制御端子の電圧により出力に入力を伝えるか否かを決定するものであり，機械的な接点を持たない高速なスイッチとして動作する。制御入力として正論理入力のものと，負論理入力のものがある。

マルチプレクサ，デマルチプレクサに話を戻し，4 ビット 2 進入力に対するマルチプレクサ，デマルチプレクサの場合を例にとって説明する。その必要な信号関係をシンボル図によって表現してみると，**図 3.20** のように書くことができる。4：1 マルチプレクサの真理値表は**表 3.14** になる。また選択部の 4：1

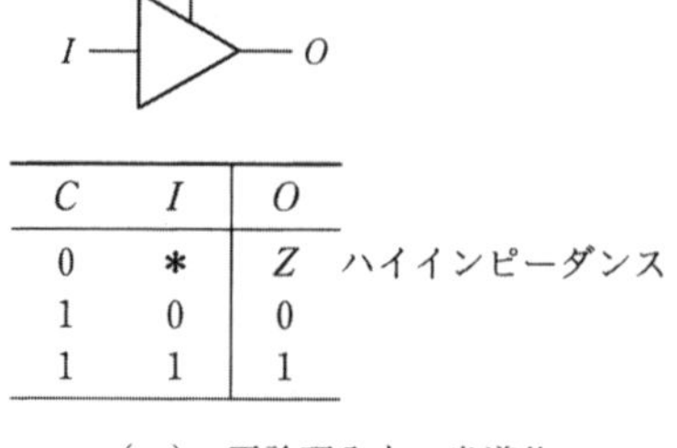

C	I	O	
0	*	Z	ハイインピーダンス
1	0	0	
1	1	1	

（a）　正論理入力の半導体スイッチ

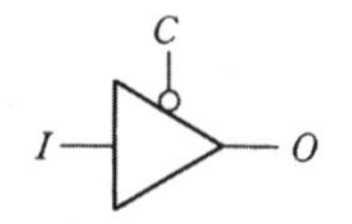

C	I	O	
1	*	Z	ハイインピーダンス
0	0	0	
0	1	1	

（b）　負論理入力の半導体スイッチ

図 3.19　半導体スイッチ

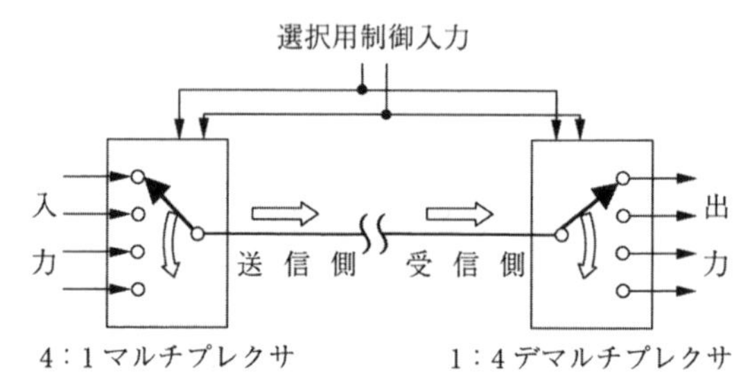

図 3.20　マルチプレクサとデマルチプレクサのシンボル図

表 3.14　4：1 マルチプレクサの真理値表

S_1	S_0	I_3	I_2	I_1	I_0	OUTPUT
0	0	*	*	*	I_0	I_0
0	1	*	*	I_1	*	I_1
1	0	*	I_2	*	*	I_2
1	1	I_3	*	*	*	I_3

（注）　* は任意の意味。

マルチプレクサの論理回路を示すと**図 3.21** となる。選択信号（SELECT）S_0, S_1 の組合せにより半導体スイッチの制御信号が作られ，出力端子 O には I_0〜I_3 のうち目的とする入力信号が現れる。例えば，S_0, S_1 がともに 0 であれば，I_0 を入力とするスイッチの制御信号のみが 1 となり，送信部の出力には I_0 が現れることになる。デマルチプレクサでは同様な組合せ回路により制御信号が作られ，O_3 から O_1 のうち，1 本のみに信号が現れる。**図 3.22** に 1：4 デマルチプレクサの論理回路を示す。

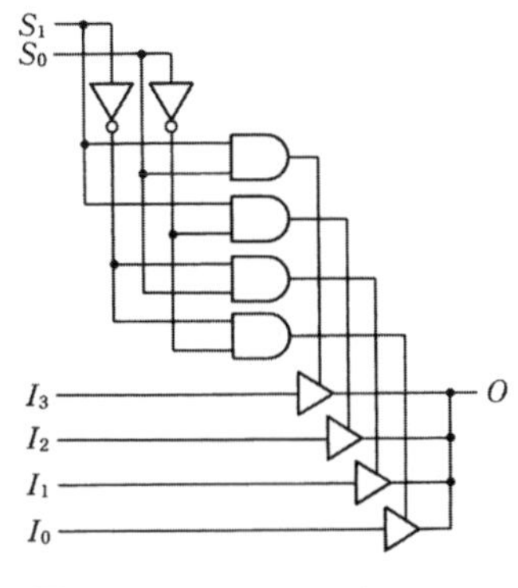

図 3.21　4：1 マルチプレクサの論理回路

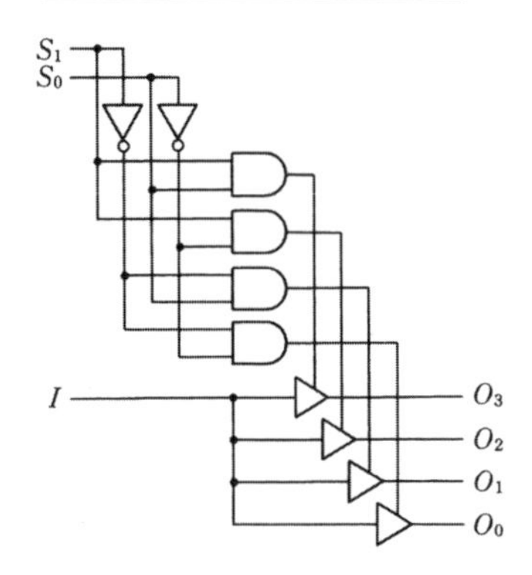

図 3.22　1：4 デマルチプレクサの論理回路

3.4.3 比　　較　　器

コンピュータは判断機能を持っていることがその能力を高めるのに役立っている。その判断機能の中心が**比較器**（comparator）である。比較器での動作原理は**図 3.23** のように二つの入力 A, B の大小関係により図の 3 通りに分けられる。A, B が 1 ビットの比較器の真理値表を書くと，**表 3.15** のようになる。

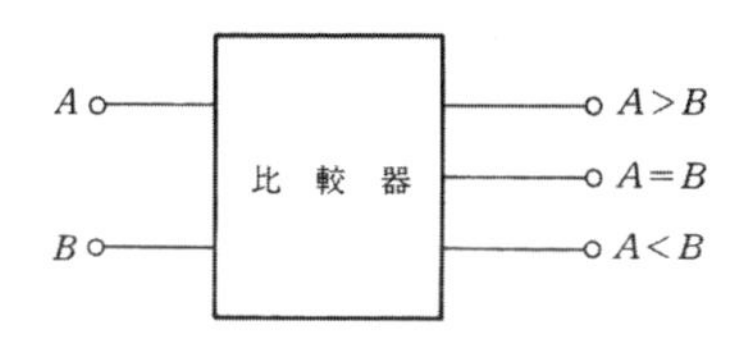

図 3.23　比較器の動作原理図

表 3.15　1 ビット比較器の真理値表

A	B	$A>B$	$A=B$	$A<B$
0	0	0	1	0
0	1	0	0	1
1	0	1	0	0
1	1	0	1	0

これを実現する論理回路は，1 ビットとしてはやや複雑な**図 3.24** になる。$A=B$ は二つの AND ゲートと 1 個の OR ゲートより構成することができる。不等号の回路は，それぞれ 1 個の AND ゲートで簡単に作ることができる。いうまでもなく実際のコンピュータでは 1 ビットの比較器はなく，普通，1 語の長さを持っているので，この 1 ビットの比較器を必要な数だけ並べればよいが，下位ビットの影響を考慮しなければならないために，ほかに余分なゲートを付けなければならない。そこで 2 ビットの比較器について考察してみよう。

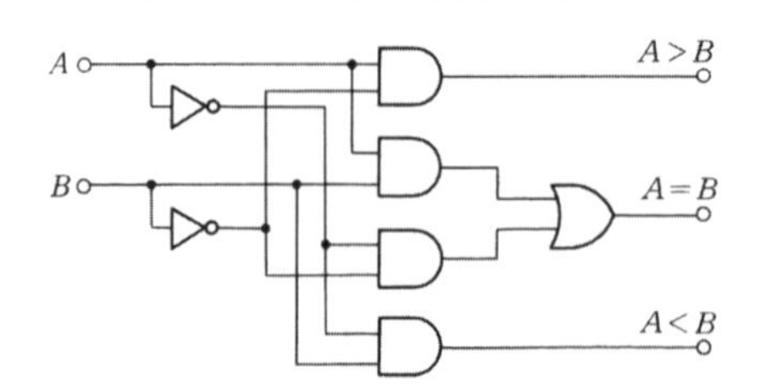

図 3.24　1ビット比較器の論理回路図

いま A_0 と B_0 が 2^0（LSB）に対応し，A_1 と B_1 とがその上位ビット 2^1 に対応しているものとする。もし $A_1>B_1$ ならば A_0，B_0 に関係なく出力は $A>B$ である。同様に $A_1<B_1$ ならば $A<B$ と決定することができる。$A_1=B_1$ のときは下位ビットにより定まる。すなわち，$A_0>B_0$ ならば $A>B$，逆に $A_0<B_0$ ならば $A<B$ であり，$A_0=B_0$ では $A=B$ になる。以上のことをまとめれば**表 3.16** になる。

表 3.16　2ビット比較器の動作表

$A_1>B_1$		$A>B$
$A_1<B_1$		$A<B$
$A_1=B_1$のとき		
	$A_0>B_0$	$A>B$
	$A_0<B_0$	$A<B$
	$A_0=B_0$	$A=B$

このように多数ビットになると，MSB だけの大小関係からだけで簡単に比較結果を得ることができず，下位ビットの情報をとらなければならない。

表 3.16 の動作を満足させるためには図 3.24 に示した1ビット比較器を二つ用意し，**図 3.25** のようにゲート回路を加えればよい。

ビット数が増すにつれて下位ビットの影響は複雑になるが，比較器構成の基

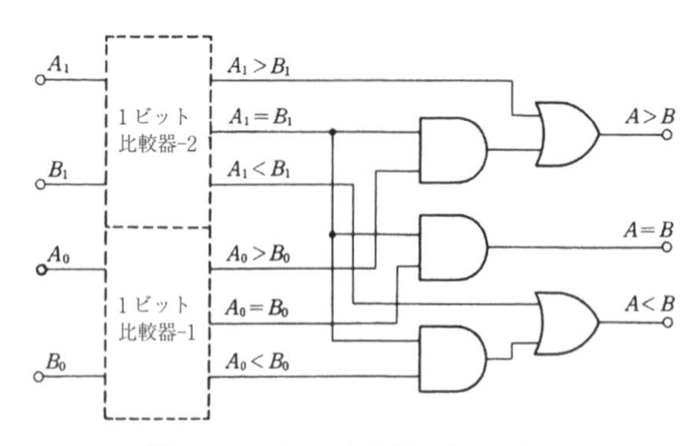

図 3.25　2ビット比較器の論理回路図

本はここに示した方法で拡張していくことができる。ここでは A, B の大きさに関して動作を説明したが，この特性を利用していろいろな判断機能として用いることができる。

3.5 順 序 回 路

CPU 内部の構成要素であるカウンタやレジスタとなる**順序回路**（sequential circuit）の特徴はその論理回路中に記憶素子を含むことである。この記憶素子を有する回路では過去からの入力系列が回路の状態として蓄積され，その状態と現在の入力状態によって回路の出力や新しい記憶状態が決定される。すなわち，出力や記憶状態が入力の順序に依存するということが順序回路の定義である。この原理を示したのが**図 3.26** である。

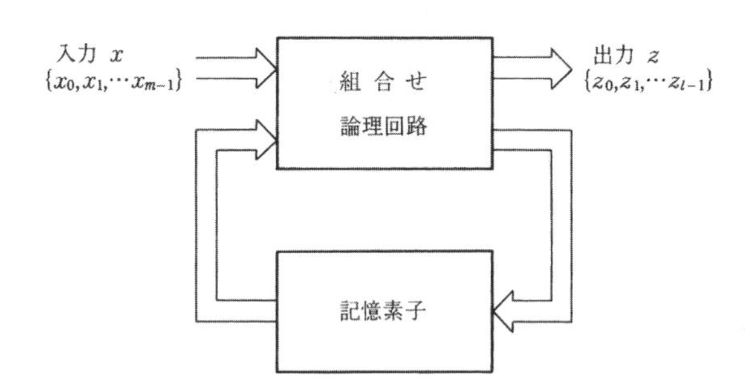

図 3.26 順序回路の原理図

この記憶素子として代表的なものが**フリップフロップ**（flip-flop：略して FF と書かれることもある）**回路**である。そこで，まずフリップフロップ回路について学び，その後，複数のフリップフロップ回路からなるカウンタやレジスタの具体例を学ぶことにする。

3.5.1 フリップフロップ回路

フリップフロップ回路には，記憶状態（内部状態）を変えるための入力の形態でいくつかの種類がある。

〔1〕 **R-S 形フリップフロップ** R-S 形（reset-set）フリップフロップは出力をリセット（R）するためと，セット（S）するための二つの入力端子と，

二つの出力端子 Q, $\overline{Q}$（Qの反転出力）を持つ。セット信号（S=1, R=0）が加えられると Q=1 となり，またリセット信号（S=0, R=1）が加えられると Q=0 となる。

一般に順序回路では入力信号（入力パルス）の印加される前の状態によって同一入力信号を加えても出力信号が異なってくる。順序回路のこのような動作の解析や設計には，時刻 t_n における入力 R, S によって t_n 以前の出力 $Q(n-1)$ が変化し，新しい出力 $Q(n)$ がどのようになるのかを示す特性方程式，およびそれを表にした特性表を使用する。**表 3.17** に R-S 形フリップフロップの特性表を示す。

表 3.17　R-S 形フリップフロップの特性表

R	S	$Q(n)$	$\bar{Q}(n)$	備　考
0	0	$Q(n-1)$	$\bar{Q}(n-1)$	ホールド状態
0	1	1	0	セット状態
1	0	0	1	リセット状態
1	1	#	#	禁止状態

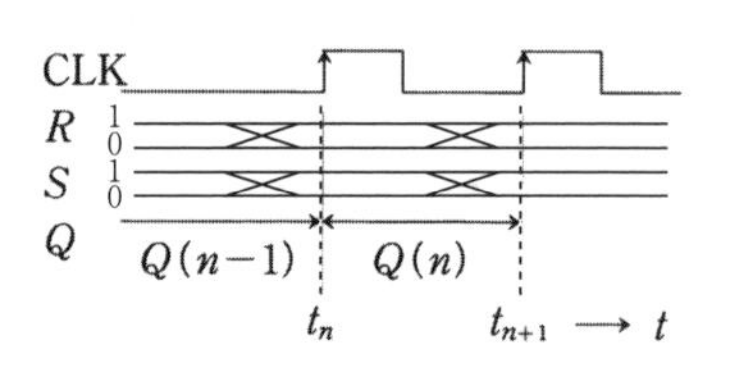

表 3.17 のうち R=1, S=1 とすると $Q(n)$ および $\overline{Q}(n)$ がともに 1 となって論理矛盾を起こすので，セット，リセット入力をともに 1 にすることは禁じられている。

R-S 形フリップフロップのシンボルは**図 3.27** に示すように書かれる。同図（a）はクロック入力がないもの，同図（b）はクロック入力があり，クロック入力の立上がり（ポジティブエッジ）時の R, S 入力の状態で出力が変化する（クロック入力に同期するという）。**図 3.28**（a）は R-S 形フリップフロッ

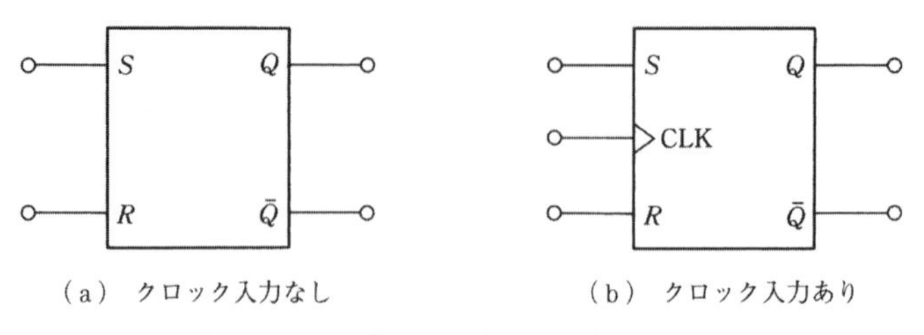

図 3.27　R-S 形フリップフロップのシンボル

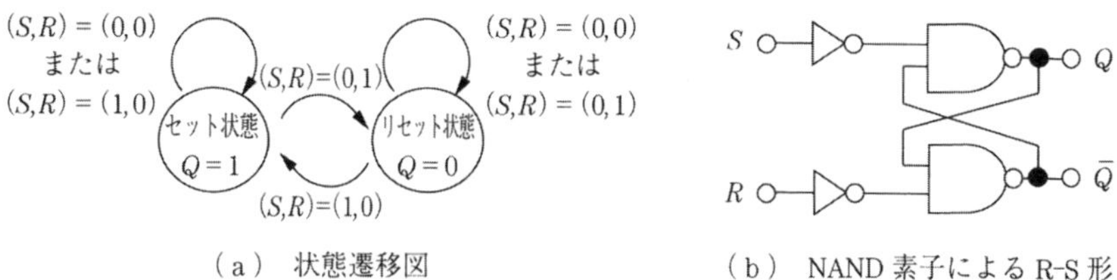

（a） 状態遷移図

（b） NAND 素子による R-S 形フリップフロップ

図 3.28 R-S 形フリップフロップの状態遷移図および NAND 素子での回路

プの動作を状態遷移図で表したものである。

また R-S 形フリップフロップの論理式（特性方程式）は

$$Q(n)=\overline{R}\cdot\overline{S}\cdot Q(n-1)+\overline{R}\cdot S \tag{3.25}$$

となる。禁止状態を表す $R\cdot S=0$ を利用すると

$$Q(n)=S+\overline{R}\cdot Q(n-1) \tag{3.26}$$

と変形できる。式（3.26）を

$$Q(n)=\overline{\overline{S}\cdot(\overline{\overline{R}\cdot Q(n-1)})} \tag{3.27}$$

と変形することで，NAND 素子を用いて R-S 形フリップフロップを作成すると図 3.28（b）に示すような回路で実現可能なことがわかる。

〔2〕 **D 形フリップフロップ**　　**図 3.29** の記号で示される D 形フリップフロップ（delayed flip-flop）では，クロックパルスが加わったときの D 入力端子のデータが出力 Q に現われる。特性方程式は $Q(n)=D$ となる。

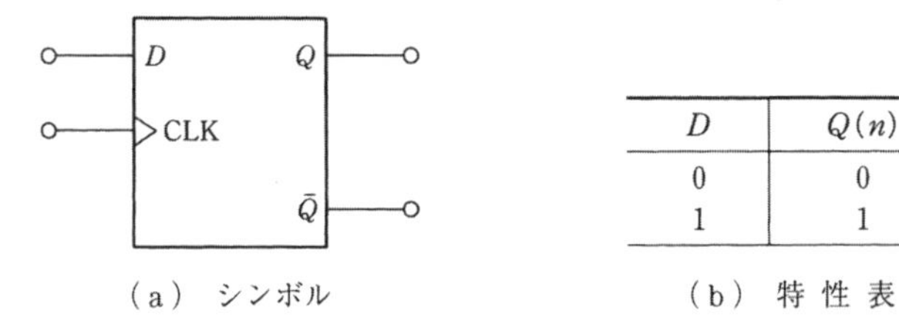

D	$Q(n)$
0	0
1	1

（a） シンボル　　（b） 特 性 表

図 3.29 D 形フリップフロップのシンボルと特性表

〔3〕 **J-K 形フリップフロップ**　　〔1〕で示した R-S 形フリップフロップにおいて禁止されていた $R=S=1$ の場合も許可するようにしたもので，J 入力が S 入力に相当し，K 入力が R 入力に相当する。禁止されていた $R=S=1$

($J=K=1$) に対しては，出力 $Q(n)$ は $Q(n-1)$ を反転したものになる。J-K 形フリップフロップのシンボルと特性表を**図 3.30** に示す。また特性方程式は

$$Q(n)=\overline{K}\cdot Q(n-1)+J\cdot\overline{Q(n-1)} \tag{3.28}$$

で表される。

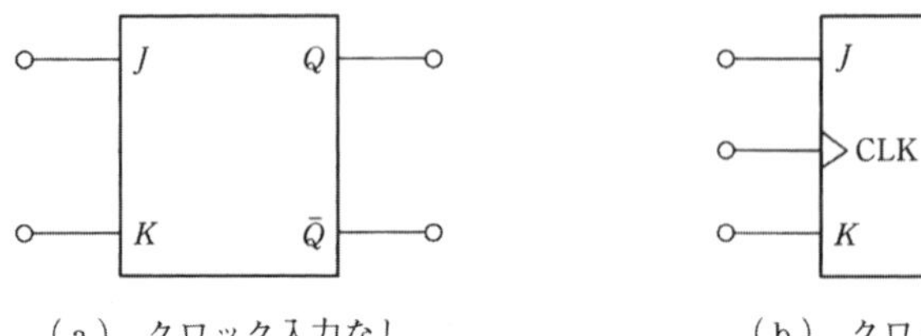

(a) クロック入力なし　　　(b) クロック入力あり

J	K	$Q(n)$	備　考
0	0	$Q(n-1)$	無変化
0	1	0	
1	0	1	
1	1	$\overline{Q(n-1)}$	反　転

(c) J-K 形フリップフロップの特性表

図 3.30　J-K 形フリップフロップのシンボルと特性表

〔4〕 **T 形フリップフロップ**　　このフリップフロップ（**図 3.31**）は J-K 形フリップフロップの $J=K=1$ の場合を取り出したようなもので，クロック入力時の T 端子（トリガ端子）の状態を見て，T 端子に入力があれば（1 であれば）出力が反転し，入力がないと出力は変化しないという動作をする。その特性方程式は式（3.29）と表される。

$$Q(n)=\overline{T}\cdot Q(n-1)+T\cdot\overline{Q(n-1)} \tag{3.29}$$

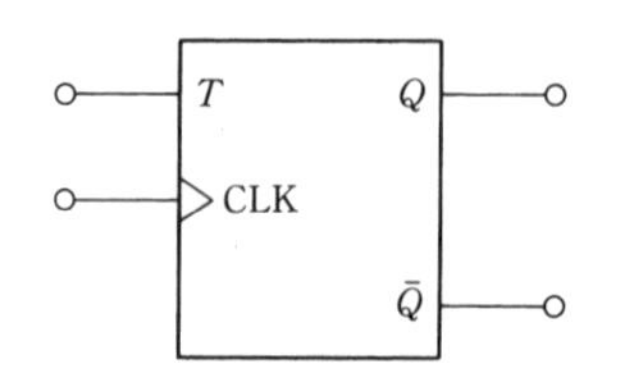

T	$Q(n)$	備　考
0	$Q(n-1)$	無変化
1	$\overline{Q(n-1)}$	反　転

(a) シンボル　　　(b) 特 性 表

図 3.31　T 形フリップフロップのシンボルと特性表

3.5.2 レ ジ ス タ

日本語で置数器と書かれるが，一般的には英語のカタカナ表示である**レジスタ**（register）が使用される。コンピュータには種々のレジスタが使用されているが，共通した定義は「1ビットまたは目的に合致したビット数の情報を保持する装置であって，必要に応じて随時，その内容を利用できるようになっているもの」である。与えられた情報を保持していなければならないので，基本となる回路構成はD形フリップフロップになる。nビットのレジスタであればn個のD形フリップフロップが必要になる。

レジスタの例として，並列ロードレジスタについて説明する。**ロード**（LOAD）とは入力データをこのレジスタに取り入れることを意味している。コンピュータはクロックに同期して動作しているが，コンピュータが要求する時刻に入力データをレジスタに取り入れるためには，その時刻にレジスタを制御するためのパルスが加えられなければならない。**図3.32**（a）は4ビットの並列ロードレジスタの回路図である。

入力信号はI_1，I_2，I_3およびI_4で，これに対応する出力はO_1，O_2，O_3とO_4である。制御信号のうちCLEARが1であればクロックに関係なく，フリップ

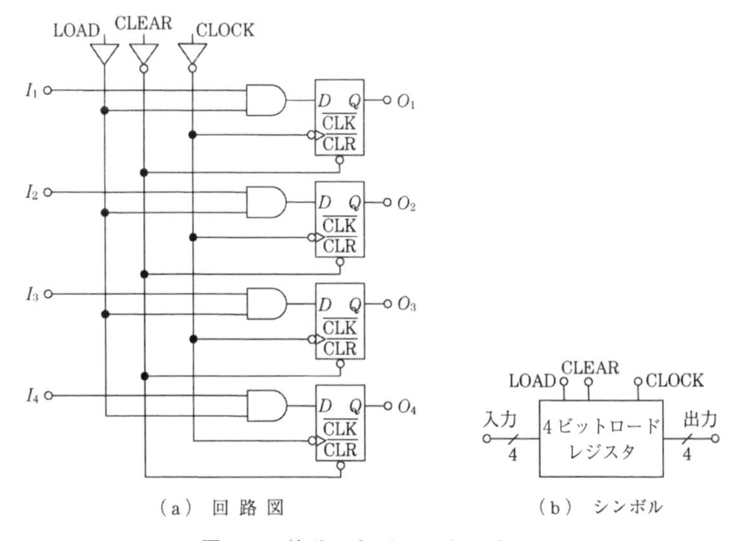

（a） 回 路 図　　（b） シンボル

図3.32 並列4ビットロードレジスタ

フロップはつねにリセット状態になる。したがって，この制御信号はフリップフロップの初期状態を設定する。

CLOCK 信号はこれまでの説明のクロックと同じものである。ただしフリップフロップのクロック信号の入力端子の前に反転記号の小丸があるので，パルスの立下がり（パルス終端部あるいはパルスの降下側）でフリップフロップの入力信号に対応して出力の状態が決定されることを意味している。本回路では入力直後に NOT 回路（インバータともいう）が入っているので，クロックパルスの立上がり（パルス前端部あるいはパルス上昇側）で出力が決定される。

つぎに LOAD 信号が 0 であれば各フリップフロップに接続されている AND ゲートはすべて 0 であるから，D 形フリップフロップには何の変化も生じない。LOAD と CLOCK とがともに 1 になると，入力信号 I_i によってフリップフロップの状態は決まる。例えば，I_1 が 1 であれば 1 番目のフリップフロップの D 端子に接続されている AND ゲートは 1 になる。したがって $O_1=1$ となり I_1 が O_1 に移動したことになる。

2 番目の入力 I_2 が 0 であれば 2 番目のフリップフロップでは $D=0$ になり出力 $O_2=0$ となる。その結果，入力信号は出力に移ったことになる。以下，同様である。

このようにロードレジスタでは LOAD 信号により，入力信号を出力側に移動させることが可能であるが，並列というのは入力から出力側に同時に信号が移動し，さらにこの出力側の信号は次段の装置に並列（この例では 4 ビット）に送りうることを示している。

実際の IC では 8 ビット（1 バイト），16 ビット，32 ビットや 64 ビットといったロードレジスタが使われている。

レジスタはコンピュータとくに CPU で汎用レジスタ，**MAR**（memory address register，記憶番地指定用レジスタ），**MDR**（memory data register，記憶データ用レジスタ）としてよく用いられる。IC で作られた要素を使用するときは図 3.32（a）のような詳細な回路図を必要としないので，例えば，この並列 4 ビットレジスタを同図（b）のようにシンボル化して表記される。

3.5.3 シフトレジスタ

ロードレジスタを基本として，コンピュータでは各種のレジスタが使用されている。**シフトレジスタ**（shift register）はデータ処理を実行するのに不可欠な要素である。シフトレジスタ内に保持されたデータはクロックパルスにより，直列に接続されたD-FF（D形フリップフロップ）内を1ビットずつ，いっせいに隣にシフトする。したがって，一つのクロックでフリップフロップの最終段より1ビットのデータが出力として押し出されてくる。**図3.33**を用いて4ビットのシフトレジスタの動作について述べよう。

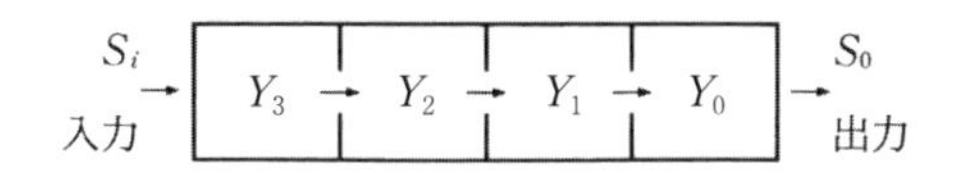

クロックパルスの順序	直列入力 S_i	シフトレジスタ Y_3	Y_2	Y_1	Y_0	出力（直列） S_0
0		0	1	0	1	
1	1	1	0	1	0	1
2	0	0	1	0	1	0
3	1	1	0	1	0	1
4	1	1	1	0	1	0
5	0	0	1	1	0	1
⋮						

図3.33　シフトレジスタの説明図

シフトレジスタの初期状態は0101であったと仮定する。このレジスタの入力として端子 S_i に直列パルスの形で10110…の順で入ってくるものとする。1番目のクロックパルスによってレジスタの内容は1ビットずつ右に移動して1010となり，はじめに Y_0 にあった1はレジスタの出力となる。以下，同様である。

D形フリップフロップを使ったシフトレジスタの回路を**図3.34**に示す。

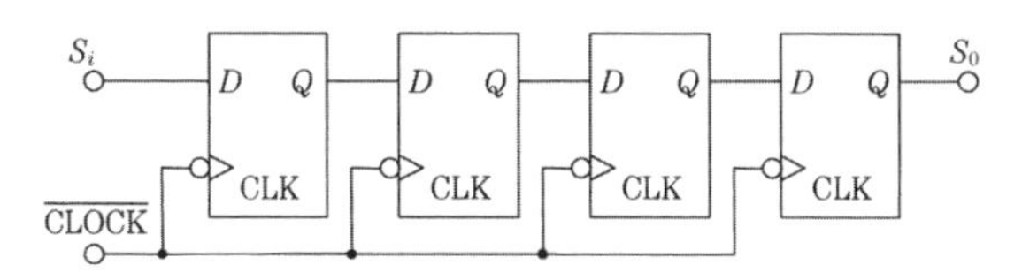

図3.34　D形フリップフロップを使ったシフトレジスタの回路

以上は直列出力形シフトレジスタについて説明したが，図3.34の各フリップフロップのQ出力からそれぞれの出力端子を取り出せば，並列出力形シフトレジスタとなる。1個のレジスタで左右に信号を移動させる場合には左右の制御回路を持った，いわゆる左右シフトレジスタを用いなければならない。**図3.35**はD形フリップフロップで構成した左右シフトレジスタの例である。基本原理は図3.34のシフトレジスタと同じである。

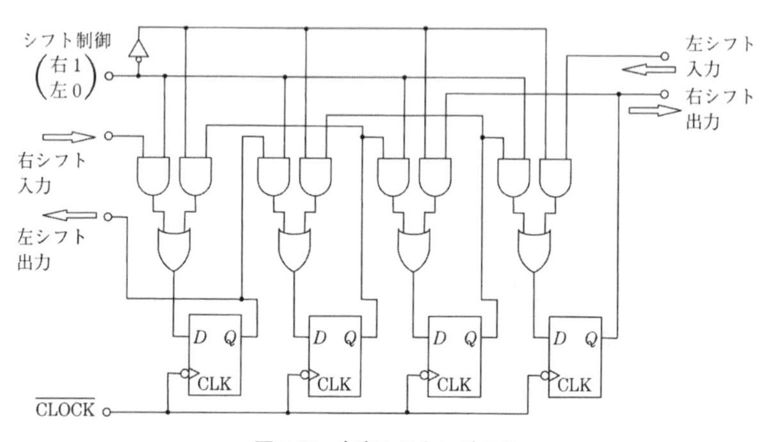

図3.35　左右シフトレジスタ

このようなシフトレジスタは，CPU内部の汎用レジスタとして多く用いられるほか，CPU内部の**ALU**（arithmetic and logic unit）でも用いられ，算術演算で重要な役割を果たす。

入力出力の形式から見ると，以下の4形式のレジスタが考えられる。

① 並列入力-並列出力形式（3.5.2項で述べたレジスタ）

② 並列入力-直列出力形式

③ 直列入力-並列出力形式

④ 直列入力-直列出力形式（3.5.3項で述べたシフトレジスタ）

3.5.4 カ　ウ　ン　タ

カウンタ（counter）の基本動作はその名のとおり，入力としてカウンタに入ってくる入力信号パルスの数をかぞえることを基本としている。この際，カウンタのゲートが開いている時間の間パルス数を計測する方法と，入力信号でカウンタのゲートを制御し，ゲートが開いている間のクロックパルスの数より入力信号の周期を求めるものがある。この原理によりカウンタの用途はつぎの4種類に分類することができる。

① パルス数の計数

② 時間の計時

③ パルス列信号の周波数を $1/N$ にする分周

④ タイミング信号の発生

〔1〕 **2進カウンタ（バイナリカウンタ，2^n 進カウンタ）**　カウンタの基本ともいえるものに2進カウンタがある。ここまでに述べた種々のフリップフロップ（FF）を使って構成することができる。**図3.36** はT形フリップフロップ（T-FF）による4ビット2進カウンタの例である。

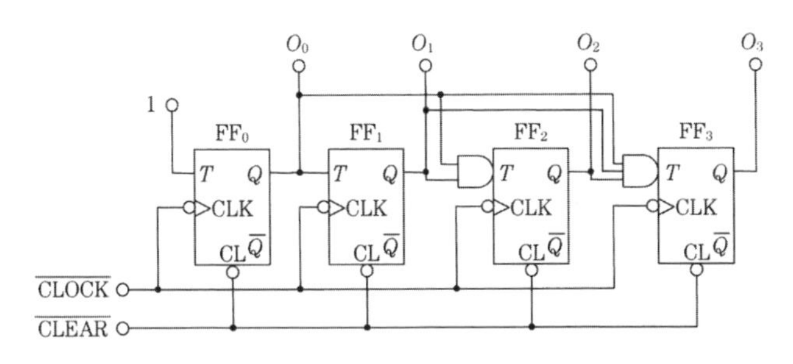

図3.36　4ビット2進カウンタ（同期式）

4個のフリップフロップを使っているので，$2^4=16$ 通りの状態が存在し，カウントしうる数は0～15 まである。まずクリアパルスによりすべてのT形フリップフロップを0状態（$Q=0$，$\overline{Q}=1$：リセット状態）にする。はじめの T-FF_0 では $T=1$ にしておき，クロックパルスがくるたびに，このフリップフロップはクロックの立下がり（降下部分）で出力が反転する。

表3.18 の4ビット2進カウンタ動作表から n 段目以降（$n=2$～4）のT形フリップフロップでは，それより前の段のフリップフロップがすべて $Q=1$ の

表3.18　4ビット2進カウンタ動作表

入力パルス	O_3	O_2	O_1	O_0	入力パルス	O_3	O_2	O_1	O_0
0	0	0	0	0	8	1	0	0	0
1	0	0	0	1	9	1	0	0	1
2	0	0	1	0	10	1	0	1	0
3	0	0	1	1	11	1	0	1	1
4	0	1	0	0	12	1	1	0	0
5	0	1	0	1	13	1	1	0	1
6	0	1	1	0	14	1	1	1	0
7	0	1	1	1	15	1	1	1	1

状態であるとき出力が反転するようにすれば目的の動作をすることがわかる。これから n 段目のフリップフロップの T 入力の信号をどのようにして作るかがわかる。この動作表に対応するカウンタ各部の波形は**図3.37**になる。図ではパルスを理想化して完全な矩形で書いているが，実際のパルスは立上がり時間と立下がり時間を有していることに注意しておかなければならない。

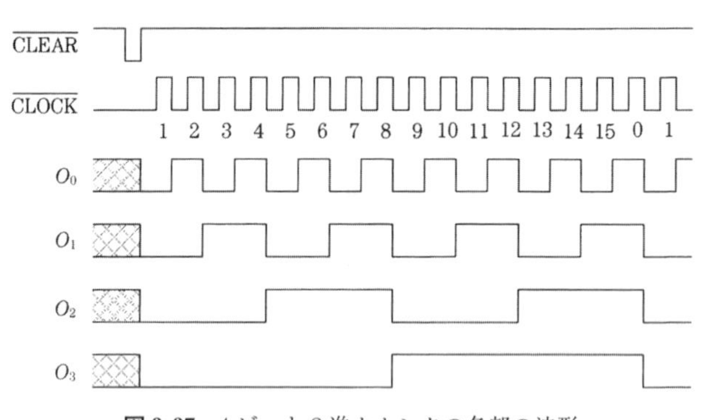

図3.37　4ビット2進カウンタの各部の波形

〔2〕 **n 進シフトカウンタ**　　**シフトカウンタ**（shift counter）はシフトレジスタを使って構成することができる便利なカウンタで，ジョンソンカウンタともよばれる。ここでは10進シフトカウンタを示す。一般には n 個のフリップフロップを用いることで $2n$ 進カウンタが構成できる。10進シフトカウンタでは5個のフリップフロップを必要とする。

表3.19が10進のシフトカウンタの動作表である。このD形フリップフロップを使用した10進シフトカウンタの例を**図3.38**に示す。

表 3.19　10 進シフトカウンタ（ジョンソンカウンタ）の動作表

	現在の状態					つぎの状態				
入力パルス	O_4	O_3	O_2	O_1	O_0	O_4	O_3	O_2	O_1	O_0
0	0	0	0	0	0	0	0	0	0	1
1	0	0	0	0	1	0	0	0	1	1
2	0	0	0	1	1	0	0	1	1	1
3	0	0	1	1	1	0	1	1	1	1
4	0	1	1	1	1	1	1	1	1	1
5	1	1	1	1	1	1	1	1	1	0
6	1	1	1	1	0	1	1	1	0	0
7	1	1	1	0	0	1	1	0	0	0
8	1	1	0	0	0	1	0	0	0	0
9	1	0	0	0	0	0	0	0	0	0

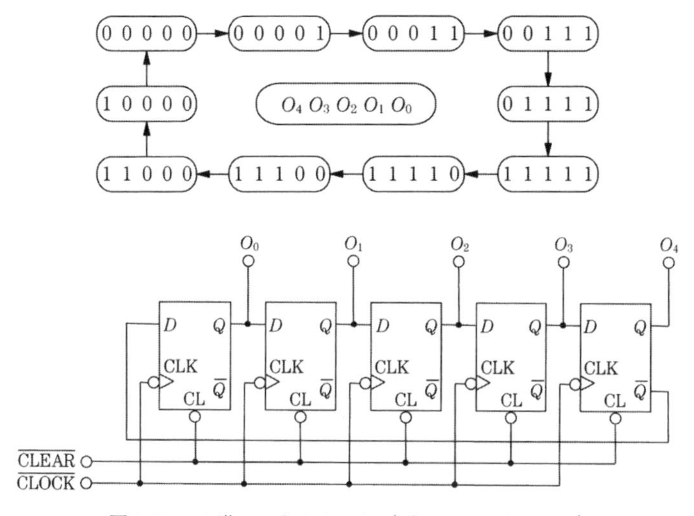

図 3.38　10 進シフトカウンタ（ジョンソンカウンタ）

〔3〕 **可逆カウンタ**　　すでに 2 進カウンタでは入ってくるパルスの数を加算することを示した。逆に減算を行う減算用のカウンタもあり，両者を用いれば加減算を実行しパルスに関しての計数が可能になる。これが**可逆カウンタ**（up-down counter）で**図 3.39** に IC 化された可逆カウンタの回路図およびタイミング図を示す。

同図（b）をもとに動作の概要を以下に示す。

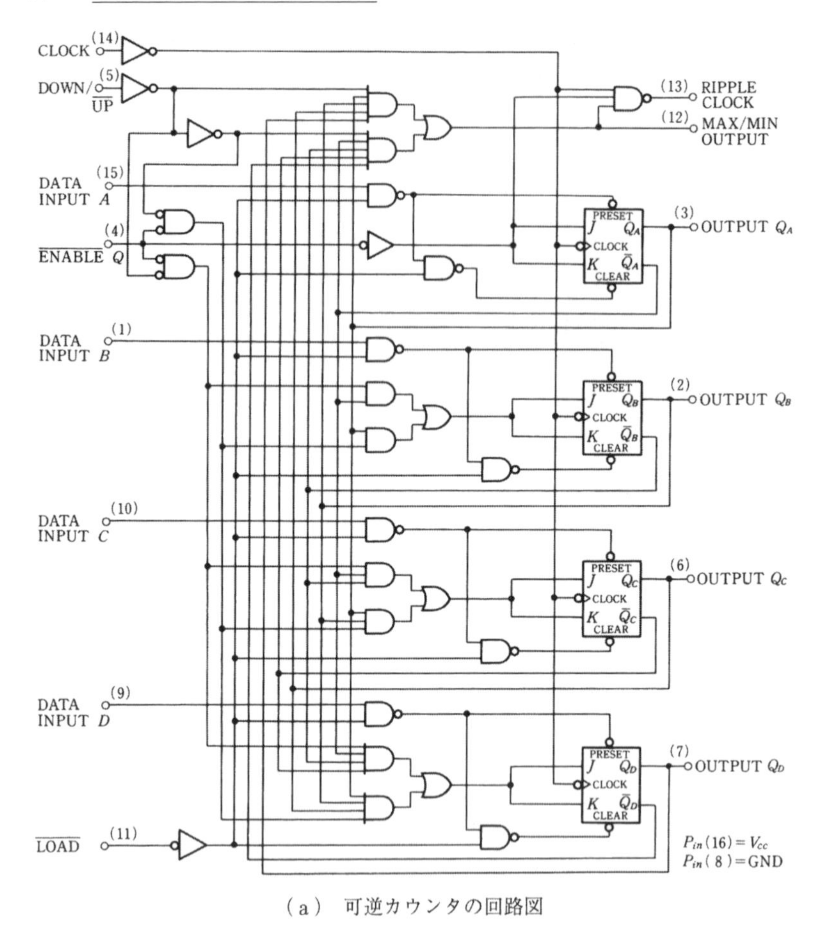

（a） 可逆カウンタの回路図

図 3.39 IC 化された可逆カウンタの回路図およびタイミング図

① $\overline{\text{ENABLE}}$ 信号と $\overline{\text{UP}}$ 信号によりカウンタを待機状態におく。

② $\overline{\text{LOAD}}$ 信号により入力信号，同図（b）の例では $13_{(10)}=1101_{(2)}$ をプリセットする。

③ 13，14，15，0，1，2 と加算していく。

④ $\overline{\text{ENABLE}}$ 信号が切れると（この例では 1 になると）禁止状態になる。

⑤ $\overline{\text{ENABLE}}$ 信号と DOWN 信号により 2，1，0，15，14，13 と減算を行う。

同図（a）に示した回路は 4 ビットの同期式 2 進カウンタの代表的な例

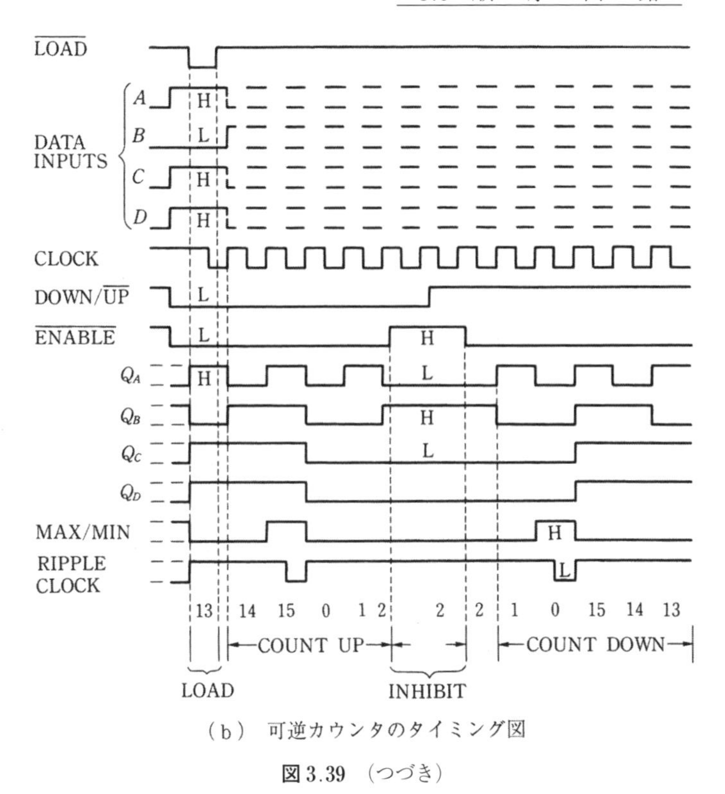

（b） 可逆カウンタのタイミング図

図 3.39 （つづき）

(74HC191）として取り上げたものであるが，CMOS で構成されていて 16 ピン配置である。もちろん 10 進のカウンタもあることはいうまでもない。

3.5.5 基本記憶素子

コンピュータの高速な主記憶を構成するキャッシュメモリの単位が**基本記憶素子**（basic memory cell, **BMC**）である。**主記憶**（main memory）の目的は命令やデータを 1 語（1 word）単位で**書込み**（WRITE）を行ったり，**読出し**（READ）を実行することにある。この基本記憶素子のアレイを作り，大容量の **RAM**（random access memory）を構成することができる。RAM という名前は記憶装置の任意の番地にあるメモリセルに対して書込みや読出しが可能であるという意味である。

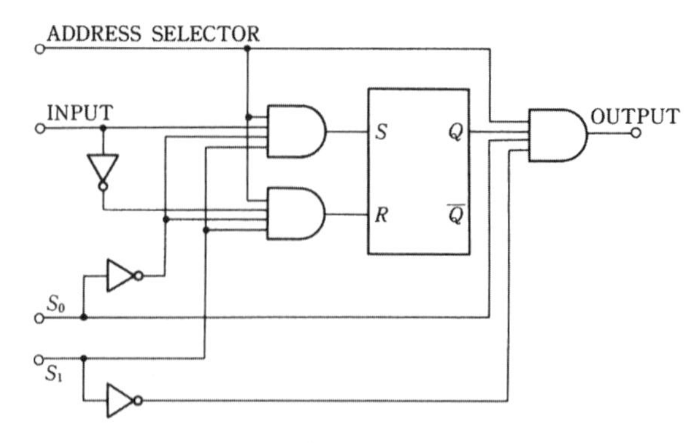

図 3.40　BMC（基本記憶素子）の回路図

BMC のある種のものは R-S 形フリップフロップ（または J-K 形フリップフロップ）を使って**図 3.40** の回路図で作られている。S_0 と S_1 とは書込みと読出しの選択用の信号で，その真理値表は**表 3.20** のように簡単である。このタイプのメモリは電源をオンしている間は安定して情報内容を保持しうるので，静的という意味で **SRAM**（static random access memory）とよばれている。

表 3.20　READ & WRITE 選択用真理値表

S	READ	WRITE
S_0	1	0
S_1	0	1

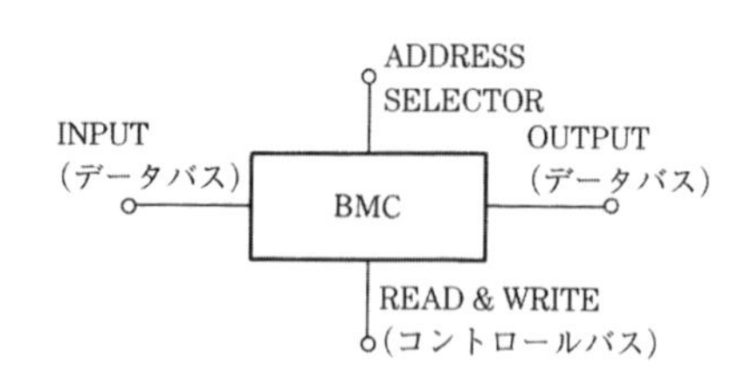

図 3.41　BMC のブロック図

図 3.40 の機能を抽象化して信号の流れを中心にしてブロック図で示すと，**図 3.41** で代表することができる。

コンピュータの主要構成要素の一つであるキャッシュメモリは，以上で述べた BMC をアレイ状に配列すればよい。すなわち，BMC を n 行 m 列（$n \times m$）に配置すると行のほうは番地に対応し，列がビット単位を示す。ただし，通常は 1 バイト（8 ビット）もしくは数バイト（1 語単位）になっている。この状態を**図 3.42** に示す。

記憶装置の特定の番地を選択するには **MAR**（memory address register，記

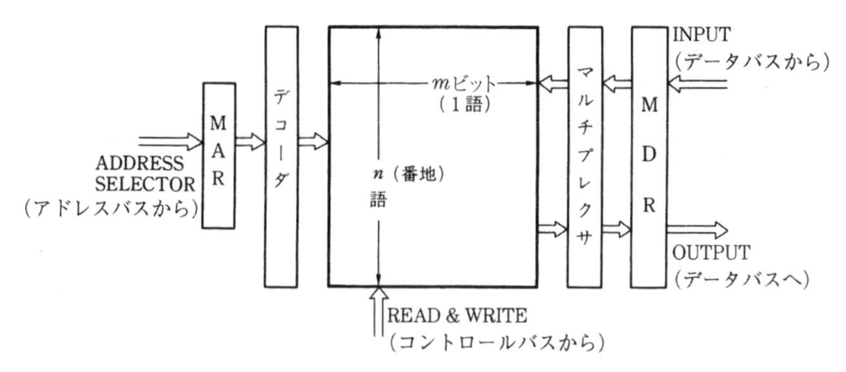

図 3.42　メモリのブロック図

憶番地選定用レジスタ）に番地の値を送る。もちろん，この値は2進数であるから指定できる番地はMARがkビットであれば，$0 \sim 2^k-1$番地になる。特に$k=10$のとき，$2^{10}=1\,024$を1kとする。例えば，1語が32ビット（4バイト）のコンピュータでその主記憶装置が語（ワード）構成になっているとし，最大記憶番地が64kとすれば$64 \times 1\,024 = 65\,536$ワードの記憶容量になる。

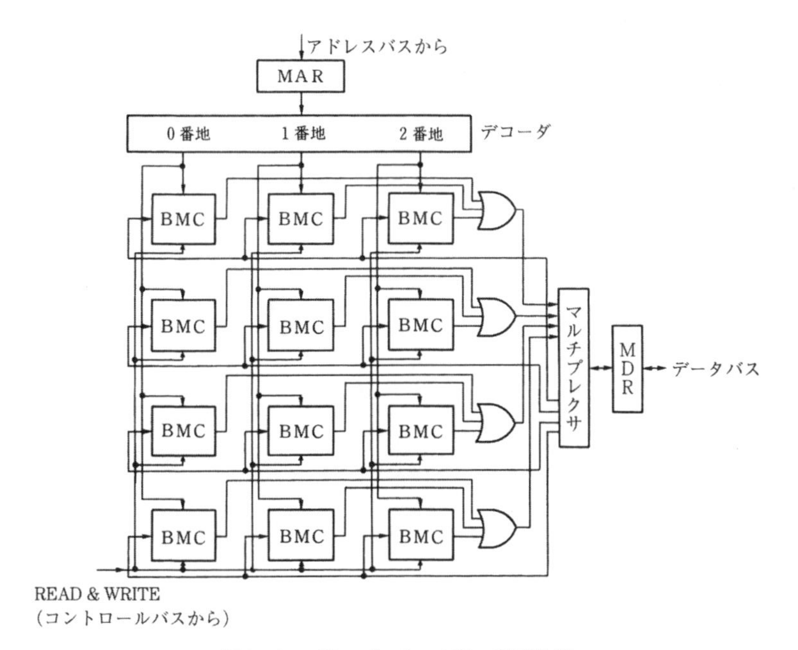

図 3.43　1語4ビット×3語の記憶装置

具体的な主記憶装置の動作を説明するために1語が4ビットで3語からなるRAMの回路図を**図3.43**に示した。

説明をはじめに戻して，MARで指定された2進数は，デコーダにより指定された番地を選択し準備状態になる。二つの信号READとWRITEは記憶装置の制御部に相当する部分で，READ信号は記憶装置内に格納されているデータを読み出して出力とする。WRITE信号は記憶装置に新しいデータを格納するための信号であり，1語4ビットのデータを指定された番地に記憶させる。READ信号に対してもまったく同様の機能で読出しを行うことは容易に理解しうる。

演　習　問　題

1）　つぎの式を証明せよ。

（1）　$\overline{(A\cdot C+B\cdot \overline{C})}=\overline{A}\cdot C+\overline{B}\cdot \overline{C}$

（2）　$\overline{(A+C)\cdot(B+\overline{C})}=(\overline{A}+C)\cdot(\overline{B}+\overline{C})$

2）　つぎの論理式を証明せよ。

（1）　$\overline{A\overline{B}+\overline{A}B}=AB+\overline{A}\,\overline{B}$

（2）　$(A+B)(B+C)(C+\overline{A})=(A+B)(C+\overline{A})$

3）　カルノー図を用いてつぎの論理式を簡単化せよ。

（1）　$Z=\overline{A}\,\overline{B}C+\overline{A}B\overline{C}+\overline{A}BC+A\overline{B}C+ABC$

（2）　$Z=\overline{A}\,\overline{B}\,\overline{C}D+\overline{A}B\overline{C}D+\overline{A}BCD+A\overline{B}\,\overline{C}D+A\overline{B}C\overline{D}+A\overline{B}CD+ABC\overline{D}$
　　$+ABCD$

4）　カルノー図を用いて，つぎの式を和積の形（論理和を論理積で結合した式，乗法標準形）に直せ（ヒント：$\overline{f}$をカルノー図を用いて簡単化した加法標準形にし，ド・モルガンの式により，fの乗法標準形にする）。

（1）　$f=\overline{A}\,\overline{B}C+\overline{A}B\overline{C}+\overline{A}BC+A\overline{B}C+ABC$

（2）　$f=A\overline{B}\,\overline{C}\,\overline{D}+AB\overline{C}\,\overline{D}+\overline{A}\,\overline{B}C\overline{D}+A\overline{B}C\overline{D}+\overline{A}BC\overline{D}+ABC\overline{D}+A\overline{B}\,\overline{C}D$
　　$+\overline{A}\,\overline{B}CD+\overline{A}BCD+ABCD$　　〔式（3.23）〕

5）　賛成，反対の多数決をとるとき，3人の票A，B，Cに対して，出力を与える論理関数を求めよ。ただし，賛成のときを1とした論理で考えよ。

6）　4入力A，B，C，Dにおいて，三つ以上が1のとき出力が1となる場合の真理値表を作り，簡単化して論理式を導け。

7）　入出力の形態で分類した4種類の各種シフトレジスタが，実際のコンピュータではどのような場所で使用されているか。

8）n 進カウンタを作るのに最低いくつのフリップフロップを必要とするか。

9）3ビットからなる2進数の入力に対して，0〜7までの8本の出力を与えるデコーダを構成せよ。ただし，E_n の入力に対し，$E_n=0$ のとき，その出力はすべて0になるとする。

10）7セグメント表示素子（**図3.44**）は数字を表示する素子で，4ビットの2進数（16進数で0〜F）を表示するために使用される（**図3.45**）。これを駆動するために必要な論理回路は4入力7出力のデコーダと考えられる（**図3.46**，点灯が論理1）。4ビット入力を A，B，C，D（A が最下位，D が最上位），出力を a，b，〜g として真理値表を作れ。ただし，ONしているセグメントが多いので実際は負論理出力 $\overline{a}$，$\overline{b}$，〜$\overline{g}$ を考えよ。

11）全加算器が半加算器2個とORゲート1個とで構成できることを論理式を用いて説明せよ。

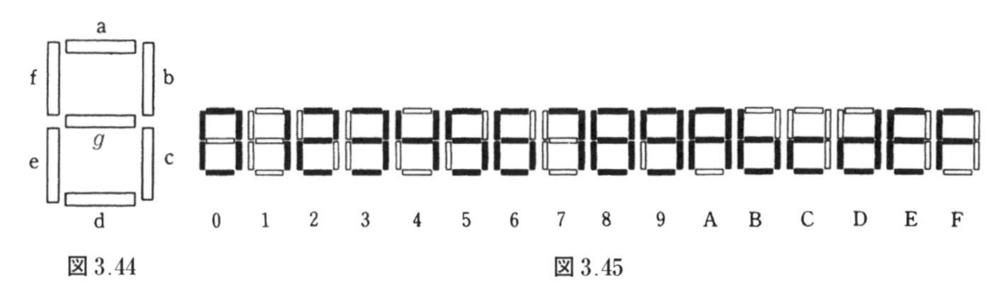

図3.44　　図3.45

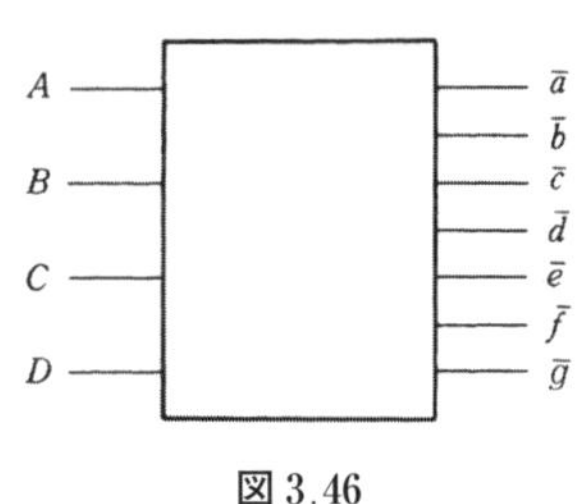

図3.46

4 コンピュータの基本構成と CPU

3章までででコンピュータに用いられるおもな構成要素について，その概略を説明してきた。それらの要素を組み合わせることによって，コンピュータやその核となる **CPU**（**中央処理装置**）が組み立てられる。その構成方法は，使用目的や設計方針によって千差万別ではあるが，基本的な動作原理は大きくは変わらない。本章では，一般的な構成をしている CPU の例として，基本情報技術者試験で用いていられている **COMET Ⅱ** という仮想的な CPU，およびその上で動作する **CASL Ⅱ** というアセンブリ言語を中心に，コンピュータと CPU の基本的な動作原理を説明する。

4.1 コンピュータの基本構成

4.1.1 コンピュータの基本的な動作

コンピュータの処理における命令やデータの流れをまとめるとつぎのようになる。

① 入力装置より送られた命令やデータは主記憶装置に転送される。

② 主記憶装置に記憶された命令やデータは主記憶装置より読み出されて，指定した命令が CPU により実行される。

③ 命令の実行に伴って生じたデータは再び主記憶装置に格納される。

④ 出力装置に送るべきデータは主記憶装置より出力装置に転送される。

⑤ これらコンピュータ中のデータの流れや処理は CPU の中にある**制御装置**（control unit）により制御される。

CPU と主記憶装置とを結ぶバスには，**図 4.1** に示すように**アドレスバス**，**データバス**，および**コントロールバス**がある。アドレスバスは，CPU から主記憶装置にアクセスする際に，読出しや書込みを行う番地を指定するためのバスである。データバスは，CPU と主記憶装置との間で，実際にデータがやり

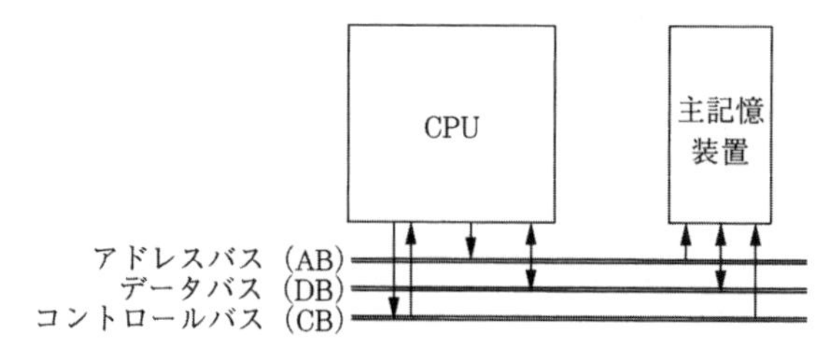

図 4.1　アドレスバス，データバス，コントロールバスの基本的な構成

取りされるバスである。コントロールバスは，CPU が主記憶装置を制御するための信号を出力したり，入出力装置と制御信号をやり取りしたりするために用いられる。

通常，コンピュータのプログラムやデータは**外部記憶装置**（ハードディスクなど）に記憶されている。プログラムを動作させる際には，まず外部記憶装置から主記憶装置へとプログラムを読み込み，CPU は主記憶装置に読み込んだプログラムを逐次実行する。入力装置や外部記憶装置からの入力データがあれば，そのつど読み込み，結果は出力装置へ出力するか，外部記憶装置に記憶させる。

例えば，**図 4.2** のような一般的な構成のコンピュータの動作は以下のとおりである。

①　電源を入れるとハードディスクにある **OS**（オペレーティングシステム）

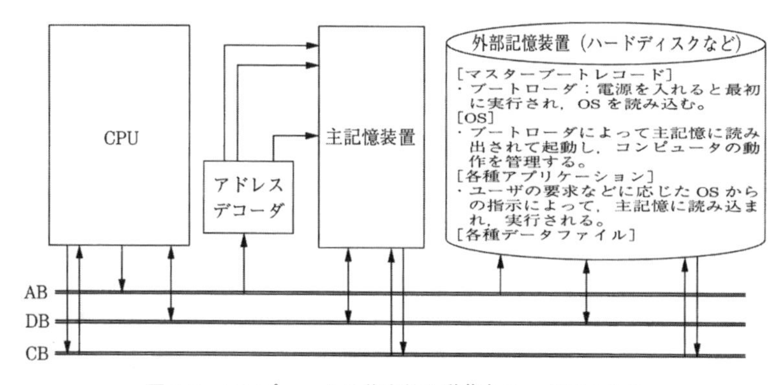

図 4.2　コンピュータの基本的な動作とハードディスク

のプログラムが主記憶装置へ転送される。

② 転送が終了し，OS が起動すると，各種アプリケーションが実行可能な状態になる。例えば，ワープロソフトを利用する場合は，ハードディスクの中にあるワープロソフトのプログラムを主記憶装置へ転送する命令を OS が CPU に出させる。

③ プログラムが主記憶装置に転送されると，ワープロソフトが実行される。文書の編集には，キーボードやマウスなどの入力装置が用いられ，編集後は外部記憶装置に再び保存される。

④ コンピュータの電源を切ると，ハードディスクに保存したデータは残るが，主記憶上のデータは消える。そのため，次回電源を入れる際は，再び OS の主記憶装置への転送から開始する。

コンピュータを起動した直後に動作し，OS をハードディスクから読み込んで起動するプログラムを**ブートローダ**（boot loader）といい，起動用ハードディスクの **MBR**（master boot record）に記録されている。一つのコンピュータに複数の OS がインストールされているコンピュータでは，OS を選択させる機能を持ったブートローダを用いる場合もある。

4.1.2　中央処理装置の基本構成

中央処理装置（central processing unit，以下 **CPU**）内部のおもな構成要素は，アドレスを発生するプログラムカウンタ（program counter，以下 ***PC***），そのアドレスをアドレスバスに出力するための **MAR**（memory address register），主記憶装置や入出力装置との間で命令やデータをやりとりするための **MDR**（memory data register），四則演算等を行う **ALU**（arithmetic and logic unit）と，情報を記憶させたり ALU の機能を命令に従って用意させたりする制御装置（control unit）などである。コンピュータの特色を出すために，CPU の構成法はいろいろな方式があり多種多様である。**図 4.3** に，CPU 内部の各種構成要素を示す。また，**表 4.1** に図 4.3 の各種構成要素の略称と機能を示す。

各装置間の接続方法や種類は機種により異なるが，一般的な CPU の動作原

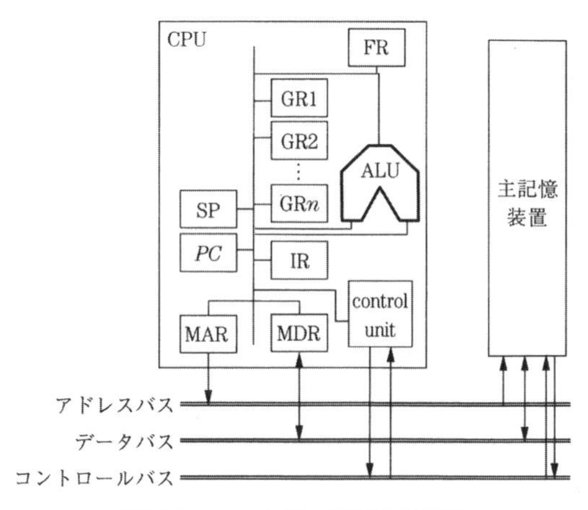

図 4.3 CPU 内部の各種構成要素

表 4.1 図 4.3 における各種構成要素の略称と機能

略　称	名　　称	機　　能
MDR	記憶データ用レジスタ (memory data register)	主記憶装置や入出力装置へ出し入れする情報を一時蓄えておくために使用するレジスタ
MAR	記憶番地指定用レジスタ (memory address register)	主記憶装置や入出力装置の番地を指定するためのレジスタ
PC	プログラムカウンタ (program counter)	現在実行されている命令のつぎに実行される命令の格納番地を指定するカウンタ
IR	命令レジスタ (instruction register)	現在実行中の命令の内容を保持しているレジスタ
GRi	汎用レジスタ (general purpose register)	各種命令を実行するために使用するレジスタで，i はレジスタ番号
ALU	算術論理演算装置 (arithmetic and logic unit)	算術演算や論理演算を行う装置
FR	フラグレジスタ (flag register)	算術演算での桁あふれや論理演算での比較結果を保持するレジスタ
SP	スタックポインタ (stack pointer)	スタックメモリ内での記憶番地を保持するレジスタ

理は大きくは変わらない。ここでは，CPU での処理の例として，A に B を加え，その結果を C に格納するという命令を考える。C 言語や Java などの**高水準言語**では，C：＝A＋B あるいは　C＝A＋B のように人間が理解しやすい表現で記述可能となっている。しかし，3 章で説明したように，ALU やレジスタ

などのCPU内の各素子はすべて，0と1のみから作られる信号でしか動作しない。すなわち，CPU内では，1語（CPUによって，8，16，32，64ビットとなる）もしくはその整数倍からなる複数語の命令のみが解読され，実行される。このときの命令群のことを**機械語**とよぶ。

機械語は，人間にとってはまったく意味のない0，1の組合せなので，多少人間的な**アセンブリ言語**が用いられる。アセンブリ言語はCPUが実行できる命令セットを記述する**低水準言語**であり，おのおのの命令は機械語の0，1の組合せと1対1で対応しており，CPUはそれらをそのまま解釈して実行できる。

一方，C言語やJavaのような高水準言語はCPUが実行できる個々の命令を記述しておらず，機械語に翻訳しなければCPUは実行できない。このために用いられるのがコンパイラやインタプリタである。これら高水準言語に関しての詳細は9章で説明することとし，本章ではCPUの動作を低水準言語であるアセンブリ言語を用いて説明する。

4.2　コンピュータ内での信号の流れ

コンピュータは，主記憶装置に書き込まれている命令を順に読み出し，その命令をCPUが順次実行していく。実行される命令の主記憶装置内の番地は，*PC*によって示される。主記憶装置内にあるプログラムがCPUによって実行される経過は大略以下のようになる。

① *PC*がつぎに実行すべき主記憶装置内の番地を発生し，それをMARに移す。

② MARが指定する番地が，アドレスバスを経由して主記憶装置に送信され，主記憶装置内の当該番地のデータ（命令）が読み出される。このとき，主記憶装置の制御信号（図3.42）はコントロールバス経由で送り，主記憶装置がREAD状態になるように制御する。通常，この読出しの実行には時間が必要なため，読出しが完全に終了したことを確認してからつぎの動作に移る。

③ 主記憶装置内での読み出しが終了すると，読み出されたデータはデータ

バスを経由してMDRに転送される。

④　MDRに転送されたデータはIR（命令レジスタ）に送られて保持される。ここで，例えばレジスタGR0の内容（GR0の持っているデータ）を[GR0]と表現することにすると，④までの操作は，*PC*の内容である[*PC*]をMARに移し，[*PC*]番地の内容をIRに移すことを意味する。

⑤　命令の読出しの過程の間に，*PC*に1を加える。すなわち，*PC*←[*PC*]+1となる。

⑥　IRに記憶される命令は目的に応じていろいろなものが用意されているが，その解読はすべて命令デコーダで行われる。命令デコーダは命令を解読し，その処理内容を制御信号生成回路に送出する。

⑦　制御信号生成回路からの制御信号に基づき指定された処理が実行される。

⑧　実行処理結果が，レジスタまたは主記憶装置に書き込まれる。

⑨　⑧まで終了するとつぎのサイクルに移って①のステップに戻り，新しい[*PC*]が読み込まれ，つぎの命令がIRに読み出されて実行される。プログラムが終了するまで同様な動作が繰り返される。

以上の時間的な経過を図で表すと，**図4.4**に示す**命令サイクル**のようになる。①～⑤を**命令読出し過程**（**フェッチ**，fetch），⑥を**命令解読過程**（**デコード**，decode），⑦を**命令実行過程**（**エグゼキュート**，execute），⑧を**結果書込み過程**（**ライトバック**，writeback）とよび，これら4過程のことを1命令サイクルとよぶ。

図4.4　命令サイクル

4.3　機械語の命令形式

アセンブリ言語における命令は，CPUが解釈して実行できる演算やデータ転送などを記述するためのプログラミング言語である。命令の種類を示すoperation code 部（略して**オペコード部**）と命令の対象となる**オペランド部**よりなる。命令の種類は大別して①データ転送命令（LD，ST，LAD など），②算術演算命令（ADDA，SUBA など），③論理演算命令（AND，OR，XOR など），④分岐命令（JPL，JMI，JNZ，JZE など），⑤コール，リターン命令（CALL，RET など）のようなものが含まれている。

これらの命令はコンピュータによって記述方法が異なり，また種類も数も異なっているが，基本的な動作原理は同じである。前述のとおり，オペコードとオペランドからなるアセンブリ言語の命令は，機械語の 2 進数と対応している。もしオペコード部に 8 ビットが割り当てられていれば，その命令の種類は最大で 256 になる。オペランド部には，オペコード部が関連するデータが格納されているレジスタや主記憶装置の番地などが含まれる。基本的な命令形式の例として，LD，ST，ADDA を**表 4.2** で説明する。

表 4.2　基本的な命令形式の例

命令形	内　　容
LD r，adr	主記憶装置の adr 番地の内容を，CPU 内のレジスタ r に転送する。adr 番地の内容は変わらない。
ST r，adr	CPU 内のレジスタ r の内容を，主記憶装置の adr 番地に格納する。
ADDA r，adr	CPU 内のレジスタ r の内容に，主記憶装置の adr 番地の内容を加算し，その結果を CPU 内のレジスタ r に格納する。adr 番地の内容は変わらない。

4.4　機械語の命令の実行

例えば，C＝A＋B を計算させることを通して，全体的な動作を説明する。この例は簡単ではあるが，これでコンピュータの基本動作の概略だけは理解することができる。**表 4.3** に，この計算に必要なアセンブリ言語で書かれたプログラム例を示す。表 4.3 のプログラムは，主記憶装置の中では**図 4.5** に示すような機械語として主記憶装置に保存されている。

コンピュータを実行状態にすると，まず，*PC* が発生した主記憶の番地から

表 4.3 アセンブリ言語によるプログラム例†

START	プログラムの先頭
LD GR 1，A	A 番地の内容を GR 1 レジスタに転送する。
ADDA GR 1，B	B 番地の内容を GR 1 レジスタの内容に加える。 その結果は，GR 1 レジスタに格納される。
ST GR 1，C	レジスタ GR 1 の内容を C 番地に格納する。
RET	よび出し元へ戻る
END	プログラムの終わり

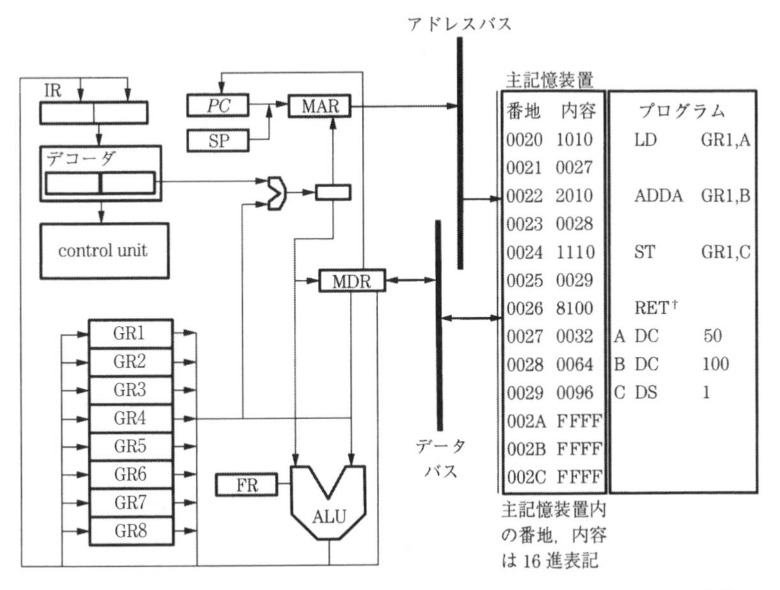

図 4.5 主記憶装置に機械語として保存された表 4.3 のプログラムとその状態

プログラムの実行が開始される。実際の開始番地はコンピュータがほかにどんな計算をしているかによって異なるが，ここでは $0020_{(16)}$ 番地から始まる場合を例にして説明する。ここで用いる CPU では 1 語が 16 ビット（16 進数で 4 桁）となっているが，主記憶番地や数値を指定する命令は 2 語（32 ビット）となる。

† （表 4.3，図 4.5 の脚注） 表 4.3 ではプログラムの先頭と終わりを示す命令として START と END をそれぞれ用いたが，これらはアセンブリ言語によるプリグラムの記述上の命令であり，この命令に対応する CPU の処理や機械語はない，プログラム例では，よび出し元のプログラムに戻す RET が終わりの処理として用いられている。

アセンブリ言語によるプログラムでは，番地を指定する際にはラベルを用いる。例えば，図 4.5 のプログラムでは，値の指定や領域確保のために，DC および DS というアセンブリ言語を用いている。DC は格納する値を指定する命令であり，A DC 50 は，ラベル A で指定する番地に 50 を格納することを意味する。図 4.5 に示すように，ラベル A に対応する主記憶装置の $0027_{(16)}$ 番地に，数値 50 の 16 進数表現である $0032_{(16)}$ が格納される。DS は，指定したサイズ分の領域を確保する命令であり，C DS 1 は，ラベル C の番地に 1 語の領域を確保することを意味する。図 4.5 では，このプログラムの実行がすべて終了した時点での様子を示しており，C に対応する $0029_{(16)}$ 番地にすでに A+B の答えである 150 の 16 進表現 $0096_{(16)}$ が格納されている。

図 4.5 のプログラムを実行するときの CPU の動作を順に説明する。このプログラムをよび出して開始するために，PC に開始番地の $0020_{(16)}$ を格納する。

① **命令読出し過程，命令解読過程**　PC から番地 $0020_{(16)}$ が MAR に転送され，さらに MAR からアドレスバスを経由して主記憶装置に送られる。番地 $0020_{(16)}$ が主記憶装置に届くと，この番地の内容 $1010_{(16)}$ が読み出され，データバスを経由して MDR に転送される。この時点で PC は 1 増え，$0021_{(16)}$ となる。MDR に転送された $1010_{(16)}$ は，命令用レジスタ（IR）に転送される。ここでこの命令は 2 語の命令であることがわかり，同様な動作によって PC の $0021_{(16)}$ が MAR とアドレスバスを経由して主記憶装置に送られ，命令の後半 $0027_{(16)}$ が読み出されて，命令全体（$1010\ 0027_{(16)}$）が IR に格納される。このときに PC はまた一つ増えて $0022_{(16)}$ となる。

IR に転送された命令（$1010\ 0027_{(16)}$）は命令デコーダに送られて解読される。最初の 8 ビット（$10_{(16)}$）からこの命令は LD であり，その後の 4 ビット（$1_{(16)}$）より，第 1 オペランドのレジスタは GR 1 であること，さらに 2 語目の $0027_{(16)}$ より第 2 オペランドが指定する番地が $0027_{(16)}$ であると解読される。

② **命令実行過程，結果書込み過程**　①における命令の解読に基づき，$0027_{(16)}$ 番地の内容を読み出して，GR 1 に転送する。読出し元として解釈

された番地 $0027_{(16)}$ が命令デコーダから MAR に送られ，アドレスバスを経由して主記憶装置に送られる。番地 $0027_{(16)}$ が主記憶装置に届くと，この番地の内容 $0032_{(16)}$ が読み出され，データバスを経由して MDR に転送される。さらに，MDR からレジスタ GR 1 に送られる。以上の動作により，A が示す $0027_{(16)}$ 番地の内容である $0032_{(16)}$ が GR 1 に格納されることになる。

これで一つ目の命令サイクルが完了した。

③ **命令読出し過程，命令解読過程**　つぎの命令サイクルに移る。この時点で *PC* が指定する $0022_{(16)}$ 番地の命令が，①と同様な動作により IR に読出される。この命令も 2 語であるので引き続き $0023_{(16)}$ 番地の命令も読み出され，命令全体（2010 $0028_{(16)}$）が IR に格納される。*PC* は $0024_{(16)}$ となる。

IR に転送された命令（2010 $0028_{(16)}$）は命令デコーダに送られて解読される。最初の 8 ビット（$20_{(16)}$）からこの命令は ADDA であり，その後の 4 ビット（$1_{(16)}$）より第 1 オペランドのレジスタは GR 1 であること，さらに 2 語目の $0028_{(16)}$ より第 2 オペランドが指定する番地が $0028_{(16)}$ であると解読される。

④ **命令実行過程，結果書込み過程**　③における命令の解読に基づき，$0028_{(16)}$ 番地の内容を読み出して，GR 1 の内容に加算する。読出し元として解釈された番地 $0028_{(16)}$ を命令デコーダから MAR に転送し，さらにアドレスバスを経由して主記憶装置に転送する。この $0028_{(16)}$ 番地の内容 $0064_{(16)}$ を MDR に読出し，さらに ALU の右側入力端子に加える。また，GR 1 の内容である $0032_{(16)}$ を ALU の左側入力端子に加える。

ALU は $0032_{(16)}$ と $0064_{(16)}$ を加算し，その出力である $0096_{(16)}$ を GR 1 レジスタに転送する。すなわち，この命令の終了時点では，GR 1 レジスタには A 番地と B 番地の内容を加算した $0096_{(16)}$ が格納されることになる。

⑤ **命令読出し過程，命令解読過程**　つぎの命令サイクルに移る。この時点で *PC* が $0024_{(16)}$ となっているが，同様な動作で，$0024_{(16)}$ 番地，および $0025_{(16)}$ 番地から命令（$1110_{(16)}$ $0029_{(16)}$）が IR に読み出される。*PC* は

0026$_{(16)}$ となる。命令が ST であり，GR 1 の内容を 0029$_{(16)}$ 番地に書き出す命令であると解読される。

⑥ **命令実行過程，結果書込み過程**　⑤における命令の解読に基づき，0029$_{(16)}$ 番地に GR 1 の内容を書き出す。書出し先として解釈された番地 0029$_{(16)}$ を MAR に転送し，さらにアドレスバス経由で主記憶装置に転送する。また同時に，GR 1 に格納されている値である 0096$_{(16)}$ を MDR に転送し，さらにデータバス経由で主記憶装置に転送する。さらにコントロールバス経由で WRITE 信号が送られ，主記憶装置の 0028$_{(16)}$ 番地に 0096$_{(16)}$ が格納される。

⑦ **命令読出し過程，命令解読過程，命令実行過程，結果書込み過程**　4 番目の命令 RET* は読出し元のプログラムに戻るという命令であり，この場合はプログラムの完了を意味する。これは 1 語の表現となっているので命令の読み出しは 1 度で終わり，これを実行すると完了となる。

以上で，表 4.3 のプログラムが完了し，C＝A＋B の結果として，A が示す 0027 番地の内容と，B が示す 0028 番地の内容の和を，C が示す 0029 番地に格納したことになる。

4.5　多様なアルゴリズムを実現するための機能と命令

4.5.1　ス　タ　ッ　ク

スタック（stack）とは積み重ねるという意味で，いろいろなデータを一時的に蓄えておくために使用されるメモリの一種であるが，実際には特別な装置を意味するのではなく主記憶装置の一部を流用するにすぎない。さまざまなプログラムでよく用いられるので，その動作と使い方について説明しておく。普通の主記憶装置ではプログラムやデータを順に読み出していくが，スタックの場合は書き込んだ順序と読み出す順序が逆になる。したがってこれを“last-in first-out”とよび，略して **LIFO** と書く。

スタックの動作を示したのが**図 4.6** で，主記憶装置中のある領域がそれに当てられる。**SP**（stack pointer）は，スタックの現在位置，すなわちスタック上の一番上の番地を示すためのカウンタで，実体はCPU内部にある（図4.3，4.5，表4.1）。スタックは主記憶中のある領域を占めるが，普通はコンピュータを使用する人のために利用者用スタック領域が確保されている。この領域では番地は高番地より低番地に進行し，SPは最近参照されたデータの番地を保持する。

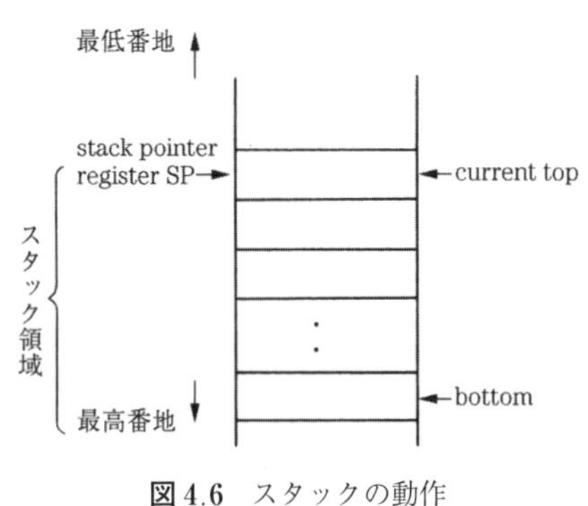

図4.6 スタックの動作

スタックにデータを新しく加えるときは，SPの値を1減じてからMARに転送し，主記憶中スタックの一番上の一つ手前の番地にアクセスして，データを書き込む。スタックにデータを書き込むためのアセンブリ言語の命令には

PUSH　　X

があり，値Xをスタックメモリに記憶させる。

逆に，スタック上のデータを取り出すときは，SPの値をMARに転送し，主記憶中のスタックの一番上の番地にアクセスしてデータを取り出して，さらにSPの値を1増加させる。取り出す命令には

POP　　r

があり，スタックから取り出したデータをレジスタrに転送する。

スタックがよく用いられるのは，プログラムから別のプログラム（**サブルーチン**）をよび出すときである。アセンブリ言語においては，CALLでサブルーチンプログラムに実行主体が移り，サブルーチンプログラムの実行終了後，RETによりよび出し元プログラムに戻る。この際，CALLで分岐したつぎの番地の命令からプログラムを実行していかなければならず，そのために，RETによりもとに戻る番地情報がスタックに保存される。また，さらにサブルーチンが何重にも**入れ子**（nesting）状態になっているときは，スタックに入る番地情報もその数に比例して増加する。

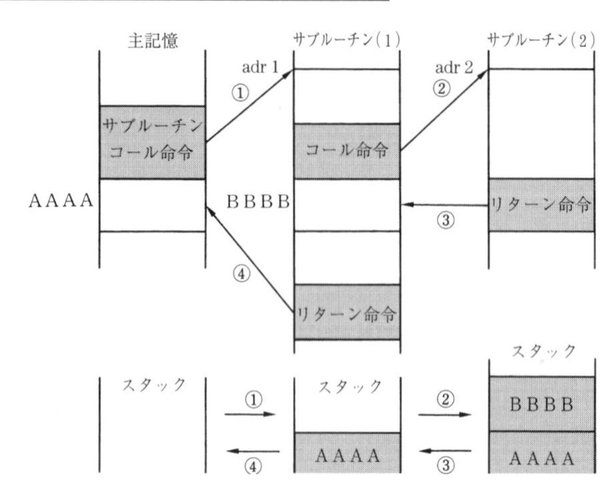

図 4.7　二重にサブルーチンを使う場合の主記憶装置とスタックの関係

図 4.7 は，二重サブルーチンを使う場合の主記憶装置とスタックの関係を示したものである。サブルーチンコール命令 CALL　adr 1 が実行されると，まず SP の値を 1 減じ，そのアドレスに現在の *PC* の値である戻り番地 AAAA をスタックに記憶させる。つぎに，CALL されたサブルーチン（1）の先頭番地 adr 1 を *PC* に転送し，サブルーチン（1）に実行が移る（①）。サブルーチン（1）中でさらに別のサブルーチン（2）をよび出すコール命令 CALL adr 2 が実行されると，SP の値をさらに 1 減じ，この時点の *PC* の値である戻り番地 BBBB をスタックに記憶させる（②）。サブルーチン（2）の中でリターン命令 RET が実行されると，スタックの最上にある戻り番地 BBBB が *PC* に転送され，プログラムの実行はもとの CALL 命令のつぎの番地に移動し，また同時に SP の値を 1 増加させる（③）。さらにサブルーチン（1）のリターン命令 RET が実行され，スタックの最上にある戻り番地 AAAA が *PC* に転送され，プログラムの実行はサブルーチンコール命令 CALL のつぎの番地に戻り，また同時に SP の値を 1 増加させる（④）。

サブルーチンが何重になっていたとしても，このような RET の処理で順番にスタック内の番地を読み出していくことで，よび出し元の CALL 命令のつぎのアドレスへ戻ってプログラムを実行させることができる。

4.5.2 分岐命令とフラグ

分岐命令を使うと，多様なアルゴリズムをコンピュータに実行させたりすることが可能になって応用領域を広げることができる。高水準言語の C や Java などでいえば，if 文，for 文などがこれにあたる。

分岐は，何も条件なしに生ずる**無条件分岐**と，ある条件を満足するか否かにより分岐したり，しなかったりする**条件分岐**の 2 種類がある。分岐機構から見れば無条件分岐が基本であり，条件分岐は無条件分岐に比較器などを付けて，判断機能として用いている。分岐命令の種類としては，下記のようなものがある（コンピュータによりそれぞれ特有の種類があり，これは一例である）。

JPL　：判断機構（比較器）の結果が＋ならば分岐

JMI　：判断機構（比較器）の結果が－ならば分岐

JNZ　：判断機構（比較器）の結果が 0 でなければ分岐

JZE　：判断機構（比較器）の結果が 0 ならば分岐

JOV　：オーバーフローで分岐

JUMP　：無条件分岐

分岐するか否かを決定する際には，フラグレジスタ（flag register，以下 FR）に格納される**フラグ**（flag）が用いられる。ここでは，3 ビットの FR が用いられ，各ビットは以下のフラグに対応するものとする。値の大小を比較するような比較命令 CPA を用いた場合でも，その比較結果は FR に出力される。

① OF（overflow flag）　演算結果にオーバーフロー（桁あふれやシフト演算によるあふれ）が生じた場合に 1 にセットされ，これ以外の場合には 0 となる。

② SF（sign flag）　演算結果が負のときに 1 にセットされ，正のときには 0 となる。CPA の場合には，第 1 オペランドが第 2 オペランドよりも小さいときに 1 にセットされ，それ以外は 0 となる。

③ ZF（zero flag）　演算結果が 0 になったとき 1 にセットされ，それ以外は 0 となる。CPA の場合には，第 1 オペランドと第 2 オペランドが等しいときに 1 にセットされ，それ以外は 0 となる。

4.5.3 番地割付け

プログラム中のおのおのの命令は，オペコード部がその命令の実行すべき演算を指定し，オペランドが処理対象となるデータが格納されているレジスタか記憶装置の番地を指定する。このオペランドを決定するのにいくつかの方法がある。このようなオペランドを指定する方法を**番地割付け**（**アドレッシングモード**，addressing mode）とよぶ。番地割付けを使用する利点としてはつぎのようなことがあげられる。

・命令の中でオペランド部のビット数を減少させることができる。

・再配置可能（relocatable）なプログラムを作ることにより，汎用的なサブルーチンなどを作ることが可能になり，ほかの主プログラムを任意にサブルーチンとして付加することができるようになる。

番地割付けには，以下の5種類がある。

① **絶対番地モード**（absolute mode）　オペランドの番地が命令の一部として指定されているモードで，表4.3はこの方式を用いている。アセンブリ言語では

LD　r，adr

などと記述し，adr番地にある主記憶装置の内容[adr]をCPU内のレジスタrに転送する。なお，このモードを**直接番地モード**（direct mode）と名付けている場合もあるが両者は同一のものと解してよい。

② **間接モード**（indirect mode）　命令を実行するとき，使用されるオペランド番地（以後，これを**実効番地**（effective address）とよぶことにする）を命令内で指定した主記憶装置の値とするものである。例えば

LD　GR0，0，GR1

と記述すると，レジスタGR1に格納されている値が実行番地となる。GR1の内容[GR1]がBであった場合，B番地にある内容[B]をレジスタGR0に転送する。

③ **インデクスモード**（index mode）　命令中に与えられている番地に指標レジスタ（インデックスレジスタ）の値を加えた数値を実効番地とする

方法である。LOAD 命令の例で示すと

LD　GR 0，adr 1，GR 1

のように記述し，この命令ではレジスタ GR 1 がインデックスレジスタと用いられ，実効番地 B は，adr 1 + [GR 1] となる。インデックスレジスタは，CPU 内に適当な数用意されている場合もあるが，ここで用いている CPU のように汎用レジスタを転用したり，あるいは，インデクスモードで指定している命令を格納しているつぎの番地で与えたりする。

④　**直接数値モード**（immediate mode）　オペランドが命令の中で直接，数値として指定されるモードである。アセンブリ言語では

LAD　r，150

などと記述し，これはレジスタ r に数値 150 を入れることを意味している。

⑤　**レジスタモード**（register mode）　これを番地割付けに入れるのは問題もあるが，モードコントロールということでレジスタ間の転送を定めるレジスタモードがある。

LD　GR 0，GR 1

は，レジスタ GR 1 の内容[GR 1]をレジスタ GR 0 に転送することを意味する。

4.5.4　繰り返し計算をするプログラムの例

4.4 節までの例では C = A + B のような簡単な計算を扱ってきたので，電卓と変わりがなかった。いま加算する数が多数（n 回）あるとすると，既述の方法では同じプログラムを n 回繰り返さなければならない。このような場合に分岐命令を使用することにより，プログラムを簡単にできる。以下にその例を示そう。

加算する数値が主記憶装置上，KAZ + 0 番地～KAZ + (N − 1) 番地まで N 個が連続して格納されていて，その N 個の数値の合計を主記憶装置の KEI 番地に書き出す問題を考えると，その連続計算のプログラムは分岐命令を使って**表 4.4** のようになる。加算する数値の読出しでは，インデクスモードによって番

表4.4　連続加算のプログラム（ループによる）

SUM	START		
	LAD	GR 1,0	GR 1を累積器にするため，はじめに0にする
	LD	GR 2,N	加算する数値の個数 N をGR 2に入れる
	LAD	GR 3,0	GR 3で加算回数をカウントするために0にする
LOOP	ADDA	GR 1,KAZ,GR 3	GR 1にKAZ+[GR 3]番地の数値を加える
	LAD	GR 3,1,GR 3	GR 3に1加える
	CPA	GR 3,GR 2	[GR 3]と[GR 2]を比較する
	JNZ	LOOP	比較結果がイコールでなければ（すなわち，ゼロフラグが0ならば）LOOPに分岐し，1ならばつぎの命令を実行する
	ST	GR 1,KEI	GR 1の内容をKEI番地に書き出す
	RET		
N	DC	10	加算する数値の個数が格納されている N 番地（ここでは10に設定）
KAZ	DC	1,2,3,4,5,6,7,8,9,10	KAZ番地を先頭に，加算される数値の内容が格納されている
KEI	DS	1	KEI番地に領域を1確保している
	END		

地の指定を行っている。

このように，ループを使うことによって，加算の命令は1回になっていてプログラムが簡単になるのがよくわかる。これは分岐命令の一例にすぎないが，分岐命令はいろいろな用途に利用できる便利な命令の一つである。

4.6　CPU の 進 化

4.6.1　CPUの構成の進化

CPUの速度を高速化するために，半導体プロセスが微細化され，クロック周波数が向上されてきた。プロセス微細化によって電子の移動距離が短くなり，クロック周波数の向上が可能になる。CPUのクロック周波数を向上させることで，命令サイクルの周波数も高速化することができる。また，タスクが独立している場合は，読込み，実行，書出しなどを並列化したパイプライン処理を行うことによって，さらに高速化することが可能である。

クロック周波数を 3 GHz 程度まで上げていくと，発熱の問題が深刻になってくる。そこで，複数のプロセッサコアを搭載する**マルチコア** CPU が登場し，並列演算による高速化が行われるようになった。複数 CPU を用いたマルチプロセッサによる並列化は以前からサーバ機器などで用いられていたが，マルチコアはキャッシュメモリやメモリ管理ユニットをコア間で共有しており高速な相互接続が可能となっている。コア数が 20 以上ともなるマルチコア CPU が登場している。コアが多数になる CPU は，メニーコアともよばれ，合計のコア数が 70 以上の並列計算ボードも登場している。**GPU**（graphic processing unit）は，もともとグラフィックボードで利用されていたものであるが，コア数が数千個ともなる並列演算装置としても利用されるようになっている。

4.6.2 命令セットの進化

コンピュータの命令セットアーキテクチャ（ISA，instruction set architecture）には，RISC および CISC という考え方がある。RISC（reduced instruction set computer）では，単純な命令セットのみを用意するのに対し，CISC（complex instruction set computer）では，複雑な命令を多数用意する。Intel 系 CPU は，CISC に分類される。

Intel 系 CPU では，MMX，SSE，AVX，FMA などの命令セットがある。MMX は，Pentium II で利用されていたもので，整数演算の SIMD（single instruction multiple data，一つの命令で複数のデータを並列処理）を実現し，高速化する拡張命令である。SSE は，Pentium III などで利用されていたもので，128 ビットレジスタを増やし浮動小数点演算の SIMD 処理を実現したものである。AVX は MMX/SSE の後継で，レジスタ長が 256 ビットとなり，単一命令で扱えるデータ数が倍増している。FMA は，積和演算で使われる命令を命令セットレベルでサポートしており，計算精度や演算性能が向上している。

このようにレジスタの増加やビット数の拡張に応じて，命令セットも拡張させることによって，コンピュータの計算精度や処理能力を向上させている。

演　習　問　題

1）図 4.5 に示す主記憶装置内のプログラムの実行が，いま 0021 番地まで完了し，0022 番地を開始しようとしている時点であるとする。この時点での，プログラムカウンタ（*PC*），命令レジスタ（IR），記憶番地指定レジスタ（MAR），記憶データ用レジスタ（MDR）に格納されている値はどうなるか。

2）14 種類の命令を持ち，1 語（word）が 12 ビット長，256 語のメモリを持つ小さなコンピュータシステムを考える。

（1）MAR，MDR，*PC* はそれぞれ何ビット必要となるか。

（2）絶対番地モードで番地割付を行うには，オペランド部（1 アドレス方式を採用）は何ビット必要か。またオペコード部は何ビットか。

3）（1）〜（3）の三つの異なる番地割付モードを用いた命令を実行したとき，レジスタ GR 1 に格納される内容を示せ。ただし，数値はすべて 10 進数とする。

（1）LD GR 1,100

（2）LAD GR 1,100

（3）LD GR 1,100,50

番地	内容
099	152
100	151
101	153
⋮	⋮
150	201
151	200

5 記憶システム

現在の一般的なコンピュータの実行形式である stored program 方式にとって，記憶システムはコンピュータの最も根幹となる装置の一つである。コンピュータの性能を高めるうえでは，メモリアクセスが高速な装置が望ましい。ここでいうアクセス時間とは，制御装置が記憶装置からの，または記憶装置へのデータ転送を要求してから転送が完了するまでの時間で，待ち時間と転送時間を含んでいる。また，電源を切断したときにも記憶内容が保持されている不揮発性という性質を持っていればさらに望ましい。大きな記憶容量を持ち，高速に動作する不揮発性記憶素子が安価に使用できれば，その記憶素子のみで構成できることになるが，現存する記憶素子ではこれらすべてを満足することはできない。そのためコンピュータでは，使用目的に従って以下に述べる各種の記憶装置を組み合わせて用いることで，速度・容量・コストを両立する記憶システムを構成している。

本章では，さまざまな種類の記憶素子の動作について述べ，相補的な役割と効率的な記憶システムについて説明する。

5.1 記憶システムの分類と構成

記憶素子として歴史的にさまざまなものが考え出され使用されてきたが，現在実用に供されているものを大別すると**図 5.1** のようになる。

半導体メモリは，磁気メモリや光メモリと比べて非常に高速な素子であるため，揮発性のダイナミック RAM は CPU が実行中に直接読み書きする主要な記憶装置の素子として使用されている。ダイナミック RAM に比べて容量が小さく高価であった不揮発性のフラッシュメモリは，年々その容量も増加するとともに低価格化が進んだため，本体内部や外部の補助記憶装置として**ソリッドステートドライブ**（solid state drive，**SSD**）が普及しはじめているが，HDD と比較すると容量単価は依然として高価である。また，外部補助記憶装置とし

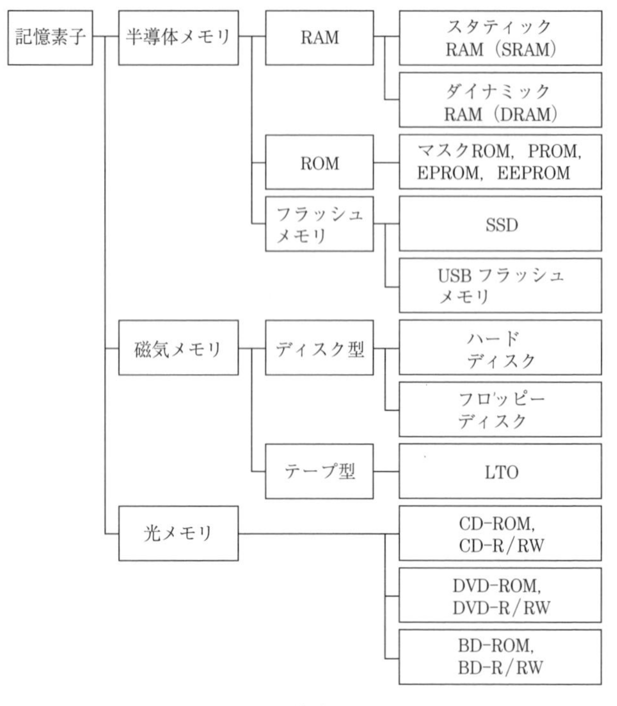

図 5.1　記憶素子の分類

て，磁気メモリであるフロッピーディスクに代わり，高速かつ小型で利便性の高い USB フラッシュドライブ（USB フラッシュメモリ）が広く普及している。

磁気メモリの中でも**ハードディスクドライブ**（hard disk drive，**HDD**）は，速度面で半導体メモリに劣るものの，大容量で安価なため，補助記憶としての価値は高い。また，サーバなどの大容量ストレージのバックアップには，HDD に加えて，大容量で低価格な磁気テープ装置 **LTO**（linear tape-open）も用いられることがある。光メモリは，データのバックアップや運搬に使用したり，ソフトウェアを販売するときの補助記憶媒体として使用される。

コンピュータを高速化するためには，高速な半導体素子で記憶システムを構成するのが望ましい。しかし，前述のように半導体素子のみでは価格が高くなり，大容量を確保するには問題が生じる。そこで，記憶システムを階層化することで，各種の記憶装置を相補的に組み合わせ，高速かつ大容量な記憶を備えるシステムを安価に構成している。**図 5.2** は階層化のイメージを図示したものである。上層に行くほど CPU に近くなる。ただし，上層ほど高速であるが容量は少なく，下層ほど低速ではあるが大容量の記憶媒体となる。各階層に属する装置の技術や規格は時とともに大きく移り変わっているが，階層構造自体には大きな変化は見られない。つぎに図 5.2 を簡単に説明する。

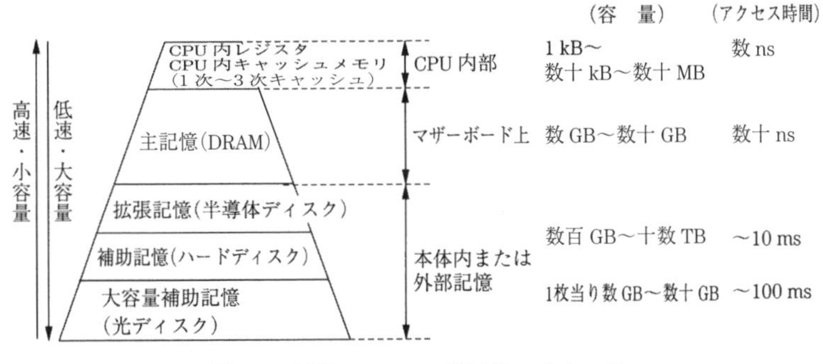

図 5.2 記憶システムの階層化のイメージ

〔1〕 **レジスタ** CPU が演算を実行するときには，主記憶から必要なデータや命令が CPU 内部のレジスタに取り入れられる。CPU 内部では数十から多くても 100 個ほどのレジスタが使用される。この個数はプロセッサの設計（アーキテクチャ）により異なる。

〔2〕 **キャッシュメモリ** 現在の CPU のマシンサイクルは数 ns であるが DRAM は数十 ns と若干遅い。そのため DRAM より高速であるメモリを主記憶との間に入れ，つぎに実行される主記憶の内容をこのメモリに移しておき，CPU からのアクセス時間を見かけ上速くする。この機能を持つ高速，小容量のメモリを**キャッシュメモリ**（cache memory）という。以前は 1 次キャッシュを CPU 内部に設け，おもに SRAM を用いた 2 次キャッシュを CPU 外部のマザーボード上に設ける構造であったが，現在では，1 次から 3 次までの 3 段階のキャッシュを CPU 内部に設けることで，より高速なアクセスを実現しており，1 コア当り数十 kB の 1 次キャッシュと数百 kB の 2 次キャッシュ，複数のコア共用で数 MB～十数 MB の 3 次キャッシュが搭載されている。

〔3〕 **主記憶**　プログラムを実行するために使用されるメモリを**主記憶**（main memory）といい，MOS型のDRAMを用いる。CPUが直接アクセスできる記憶装置は主記憶装置もしくはCPUのキャッシュメモリであり，実行時に必要なものはすべて主記憶に入れておく必要がある。現在のPCにおいては，アクセス時間が数十ns程度，メモリ帯域が数十GB/s程度で，数GB～数十GBの容量を持つメインメモリを備えている。

〔4〕 **補助記憶**　主記憶に入りきらないデータやプログラムを格納するもので，ハードディスクやソリッドステートドライブが一般的に使用されている。主記憶のDRAMは電源を切断するとその内容を失う揮発性記憶装置であるが，ハードディスクやソリッドステートドライブは電源を切断しても内容を保持する不揮発性記憶装置である。補助記憶装置には，コンピュータの起動時に主記憶に読み込まれるOSや，OS上で実行するアプリケーションプログラムに加え，さまざまなデータファイルも保存される。

〔5〕 **大容量補助記憶**　ハードディスクの内容のバックアップやデータを運搬するために使用されるものであり，CDやDVD，Blu-rayなどの光ディスクや，LTOなどの磁気テープがある。

5.2 リソースの有効利用

記憶システムの構成要素にはさまざまなものがあり，実際のシステムの中ではたがいの弱点を補いながら有効に利用されるように階層的に配置されていることはすでに述べた。ここでは，CPUからのメモリアクセスの高速化を実現するキャッシュメモリの考え方と，主記憶の大容量化を実現する仮想記憶方式の考え方について述べることにする。

5.2.1 キャッシュメモリ

CPUから主記憶のDRAMへのアクセス時間は，CPU内部のレジスタへのアクセス時間よりも遅い。そのため，前述のようにキャッシュメモリはCPUと主記憶間の処理速度のギャップを埋めるのに欠かせない技術となっている。主記憶上のデータ，命令の複製をこのキャッシュメモリ内に入れておき，CPUからアクセスがあったときにはここからCPU内のレジスタに送ったり，レジスタからここに保存する。

いま，T_c：キャッシュメモリのアクセス時間，T_m：主記憶装置のアクセス時間，T：CPUから見た平均アクセス時間，h：キャッシュメモリ中に目的のデータや命令が存在する確率（ヒット率）とすれば，平均アクセス時間Tは

$$T = hT_c + (1-h)T_m$$

で与えられる。

ヒット率はキャッシュメモリの容量が大きいほど大きな値をとることができる。当初，IBMによってこのメモリが考案されたときは8 kB程度であったが，現在はPCにおいても数MBもの容量が使われ，大型コンピュータでは数GBの容量のキャッシュメモリを持っている。これによりヒット率は95 %以上にすることが可能となっている。ここで95 %のヒット率を仮定し，$T_c = 10$ ns，$T_m = 60$ nsとしてみると，$T = 12.5$ nsとなり，直接主記憶をアクセスするより非常に速くアクセスすることができることがわかる。

主記憶装置の数百分の一程度の容量でヒット率を向上させるためには，プログラムの局在性を利用する。プログラムの局在性とは，大きなプログラムを実行中でも，ある時点で必要な命令，データはそのプログラムのごく一部のみであり，また一度読み出された命令やデータは，その後も近い時点で再びアクセスされる可能性が高いということである。

キャッシュメモリのコントロールはやや複雑である。まずCPUがデータを読み出す場合を考える。

① CPUから要求された命令やデータがキャッシュメモリにある場合（キャッシュヒット）は，その内容がただちにCPUに送られる。このとき，主記憶は何も参照されない。

② 必要な情報がキャッシュメモリにない場合（キャッシュミスヒット），主記憶からCPUに直接情報が転送され，またキャッシュにも送られる。

③ キャッシュメモリへの書込みに際しては，すでにキャッシュメモリに格

納されていた情報（通常ではブロック単位）をキャッシュメモリから追い出して，新しいデータブロックを書き込む必要がある。

この書換えに際して最も長い間アクセスされなかったブロックを選んで主記憶に戻す**LRU**（least recently used）法に基づいて追い出すブロックが選定されることが多い。

つぎに，CPU が演算結果などのデータを主記憶装置に書き込む場合を考える。この場合，キャッシュメモリと主記憶の両方に同時にデータを書き込むライトスルー方式と，キャッシュメモリだけに書き込んでおき，このデータが追い出されるとき主記憶に書き込むライトバック方式とがある。ライトバック方式は効率がよいが，キャッシュメモリの内容と主記憶の内容とに食い違いが生じることになる。主記憶に書き戻すとき変更されたデータかどうかをチェックしておき，変更のあるデータを追い出すときには主記憶の内容を最新のデータで書き直す必要がある。

5.2.2　仮想記憶方式

あるプログラムが要求するメモリ量を主記憶が持たない場合，補助記憶までも含めて論理的に番地を振り分ける必要が生じる。プログラム実行において CPU 側で使用できる番地を**論理番地**（logical address）といい，その空間を**論理記憶空間**とよぶ。これに対して主記憶装置にハードウェア的に固定されている番地を**物理番地**（physical address），その空間を**物理記憶空間**という。大容量情報記憶の処理を可能にするには，この論理記憶空間の概念を取り入れた**仮想記憶方式**（virtual memory system）を用いる。

仮想記憶方式は主記憶装置の容量制限からプログラムの制約を解消するために，補助記憶を含んだ階層制御と仮想番地（論理番地）を物理番地に変換する機構によって行われる。仮想記憶の具体的な方法にはページング方式，セグメント方式および両者の長所を使ったセグメントページング方式とがあるが，ここではページング方式について，下記のような仮想コンピュータを用いて具体的なページング手法を述べることにする。

・主記憶 4 kB　　これを 4 ブロックに分ける（1 ブロックは 1 024 バイト）。

・補助記憶（ハードディスク）64 kB　　64 ページとする（1 ページは 1 024 バイト）。

主記憶が 4 kB であるから，これを表す総ビット数は 12 ビットで，それを二つの部分に分けて，**図 5.3**（a）のようにする。

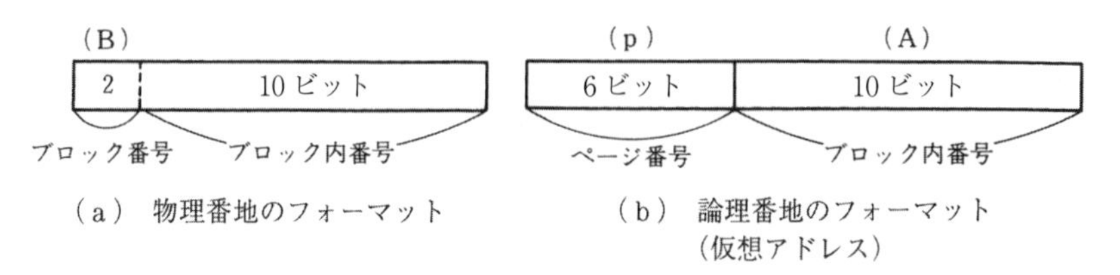

（a）物理番地のフォーマット　　（b）論理番地のフォーマット（仮想アドレス）

図 5.3　物理・論理番地のフォーマット

これに対して，プログラム（CPU）は論理番地で動いている。その論理番地のフォーマットを図 5.3（b）のようにとったとする。MSB 側 6 ビットは 64 ページの番号を指定し，LSB 側 10 ビットはブロック内の番号（変位と見てよい）を表すのに用いられる。

表 5.1 はページテーブルの一例で 9 ビットより構成されていて，この表は主記憶の一部に記憶される。動作の順序は以下のようになる。

表 5.1　ページテーブルの一例

p(ページ)	B(ブロック)	Q(p)
000000		0
000001		0
000010	01	1
⋮	⋮	⋮
001001	11	1
⋮	⋮	⋮
111111		

① CPU からアクセスされた仮想アドレスが 000010：0100100011 であったとすると，MSB 側の 6 ビット 000010 がページ番号で，この番地をページテーブル表 5.4 を参照するとブロック 01 にアクセス可能なことを，

Q(p) = 1 が示している。Q(p) = 0 ならアクセスできない。

② Q(p) = 1 でアクセス可能であるから，仮想アドレスの MSB 側の 6 ビットをとり，B（=1）の 2 ビットを 6 ビットの代わりに MAR の MSB 側に転送する。

③ 仮想アドレスの 10 ビットはそのまま MAR に転送する。これで MAR の 12 ビットが全部埋められたことになる。

④ MAR で得られたのは物理番地になるので，この物理番地で主記憶にアクセスする。

⑤ ② において Q(p) = 0 ならば，補助記憶にあるアクセスしようとするページを主記憶上の空きブロックに移し，ページテーブルの該当するページにブロック番号を入れ，Q(p) = 1 とする。このとき，主記憶上に空きブロックがない場合には，主記憶上の一つのブロックを補助記憶に移すことで空きブロックを用意した上で移す。その後の動作は Q(p) = 1 のときと同様である。

図 5.4 はページングの動作原理を示したものである。このようにして，プログラムやデータが補助記憶から読み込まれた仮想アドレスは実アドレスに変換され，プログラムは見掛け上，連続した番地で実行されるが，それに対応する主記憶の領域では連続している必要はない。ページは固定長で主記憶にすっぽり書き込むことができるので，主記憶の使用効率がよい。

ページテーブルを主記憶に置くと，仮想アドレスを扱うごとに通常の記憶読

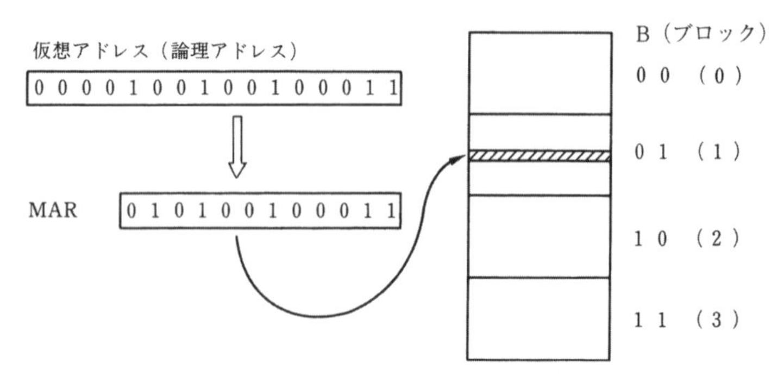

図 5.4　ページングの動作原理

出し，書込みのサイクルと同じことを行い時間的損失が大きく，また主記憶もその分だけ減少する。そこで，ページテーブル専用の記憶装置を付け，これらの損失を避ける方式がとられている。

5.3 半導体メモリ

半導体メモリが開発されたのは1960年代である。現在のコンピュータの主記憶にはすべて半導体メモリが使用されている。半導体技術の著しい発達に伴い，集積度の高いメモリが作られるようになり，アクセス時間やメモリ容量などの諸性能が大幅に向上してきている。

半導体メモリを大別すると，**RAM**（random access memory）と**ROM**（read only memory）およびフラッシュメモリになる。

5.3.1 RAM

RAMは任意のアドレスにあるメモリセルに対してアクセスでき，読み出しや書き込みが可能であるメモリである。しかし電源を切断するとデータも消えてしまう揮発性の記憶装置である。主記憶装置では，一定長ごとの命令やデータを単位にして，その単位を**番地**（address）によって区分し，**書込み**（write）や**読出し**（read）を行っている。この一定長の情報はコンピュータのアーキテクチャによって異なるが，その情報単位として**1 byte**（8ビット），**半語**（half-word：16ビット），**1語**（word：32ビット），**長語**（long-word：64ビット）に分けられる。PCは8ビットCPUより始まり，現在64ビットのCPUが主流である。

RAMにはSRAMとDRAMがあり，さらに使用するトランジスタの種類により**表5.2**のように分類できる。

〔1〕 **SRAM**　**SRAM**（static RAM）は，**図5.5**に示すように双安定動作のフリップフロップ回路によってメモリセルが構成されている。1ビットのデータを保持するために後述するDRAMと比べて複雑な回路構成となっているが，電源さえ供給されていれば安定に記憶内容を保持しており，DRAMの

表 5.2　RAM の分類

種　類	特　徴	アクセス時間〔ns〕	用　途
バイポーラ SRAM	高　速 小容量，高価格 リフレッシュ不必要	1～5	キャッシュメモリ
MOS SRAM	中　速 小～中容量 リフレッシュ不必要	5～30	キャッシュメモリ 主記憶
MOS DRAM	低　速 大容量，低価格 リフレッシュ必要	10～80	主記憶

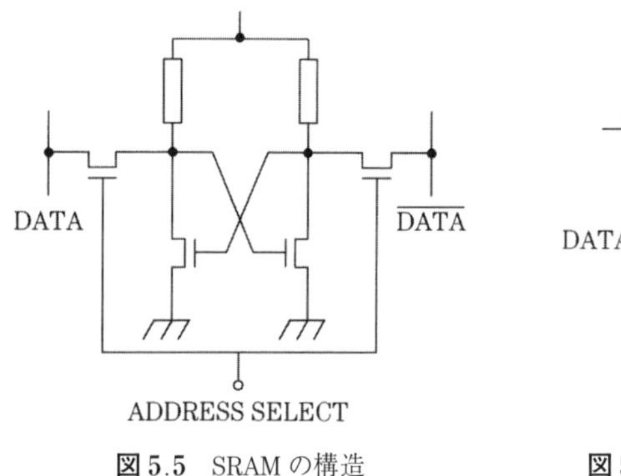

図 5.5　SRAM の構造

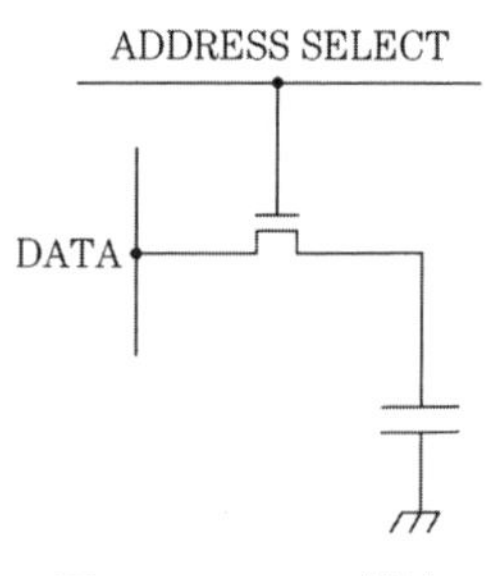

図 5.6　DRAM の構造

ようなリフレッシュ動作を必要としない。静的にデータが保持されるという意味で static とよばれる。速度面を見るとバイポーラトランジスタによるバイポーラ SRAM が最も高速に動作するが，構造の複雑さのために大容量なものは難しく，高速性が要求されるキャッシュメモリに使用される。MOS トランジスタを用いた SRAM はバイポーラより若干速度が劣っている。

〔2〕 **DRAM**　　**DRAM**（dynamic RAM）は**図 5.6** に示すように，コンデンサに電荷を蓄えているか否かにより 0 と 1 のデータを保持している。コンデンサに蓄えられた電荷は時間の経過に伴い自己放電してデータを失ってしまうので，数 μs から十数 μs ごとの定期的な再書き込み（**リフレッシュ**）が必要である。また，DRAM はデータの読出しを行うと電荷が放出されデータを失っ

てしまう**破壊読出し**であるため，これを防ぐためにリフレッシュが必要である。このように動的にデータ保持する動作が必要とされるために dynamic という形容詞がついている。

DRAM はこのようなリフレッシュ動作が必要となるが，その構造の簡単さのために高集積化および大容量化が進み，容量単価も安価となって，汎用メモリとして主記憶の座を守っている。

5.3.2 ROM

RAM が実行中に演算・処理用のデータを扱うのに対して，ファームウェアや BIOS（basic input/output system）など，OS とハードウェアの間に位置するプログラムなどを格納しておくために **ROM**（read only memory）が用いられてきた。これは CPU がプログラム実行中には読み出し専用として動作するメモリである。ROM は電源を遮断してもその記憶内容を失うことがない**不揮発性**という性質を持っている。ROM の内容を書き込む方式により，**マスク ROM**，**PROM**（programmable ROM），**EPROM**（erasable programmable ROM），**EEPROM**（electrically erasable and programmable ROM）などが用いられていた。しかし，近年ではアップデートの容易さなどから，次項で述べるフラッシュメモリが ROM の代用として利用されており，フラッシュ ROM ともよばれる。

5.3.3 フラッシュメモリ

フラッシュメモリは，不揮発性メモリである EEPROM を発展させたもので，1980 年代に日本で開発された。**図 5.7**（a）のような構造を持ち，制御ゲートと半導体間に絶縁膜で覆われた浮遊ゲートを設け，そこを負に帯電させるか否かで半導体の電流を制御する。記憶したデータを一瞬にして消すことができることからフラッシュメモリと名付けられた。データの消去や書込み，読出しが繰り返し可能であるが，その動作原理から消去・書込み可能回数が構造により十万回から十数万回程度に限られていることが欠点である。しかし，電源を

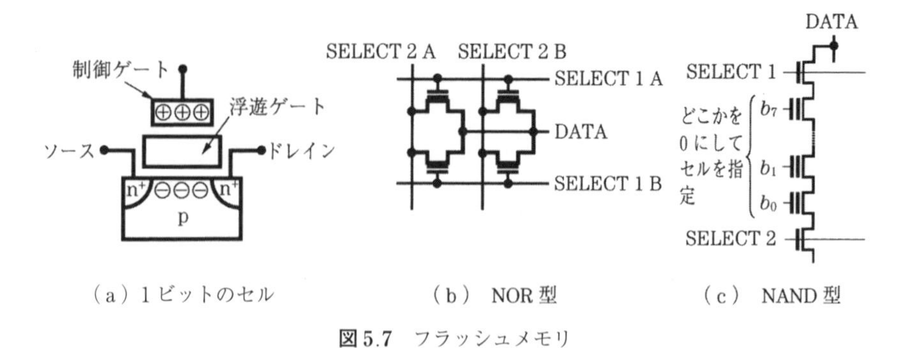

（a）1ビットのセル　　（b） NOR型　　（c） NAND型

図5.7　フラッシュメモリ

切っても記憶を維持できる不揮発性メモリであり，機械的に動く部分がないので振動に強く，消費電力も少ない利点がある。

フラッシュメモリには図5.7（b），（c）のようにNOR型とNAND型がある。どちらの型も，数kBから数十kBのブロック単位でしか消去・書込みはできない。NOR型は，NAND型に比べ書込みは低速で，メモリセルの構造から高集積化は難しいが，データの読出し速度は速く，アドレスを指定し1ビット単位でアクセスできるため，PCのBIOSや電子機器のファームウェアなどのプログラムを格納する用途で使用される。一方，NAND型は書込みが高速で高集積化に向いているためデータ保存用に適し，後述するUSBフラッシュメモリやSDカードメモリ，ソリッドステートドライブなどの記憶媒体として広く使用されている。

〔1〕 **USBフラッシュメモリ，SDカード**　　2005年頃までは取り外しや持ち運びが簡単な補助記憶装置として，フロッピーディスク（FD）などが一般的に使用されていたが，記憶容量がMB単位であることから，最近ではUSBフラッシュメモリに取って代わられた。

図5.8（a）に代表的なUSBフラッシュメモリの内部構造を示す。

USBフラッシュメモリは，前述のフラッシュメモリ技術を応用し，**USB**（universal serial bus）を用いてコンピュータに接続してデータの読み書きを行う半導体メモリであり，小型・軽量・大容量の利点がある。2004年前後から急激に普及し，現在ではGB単位のUSBフラッシュメモリが一般的であるが，

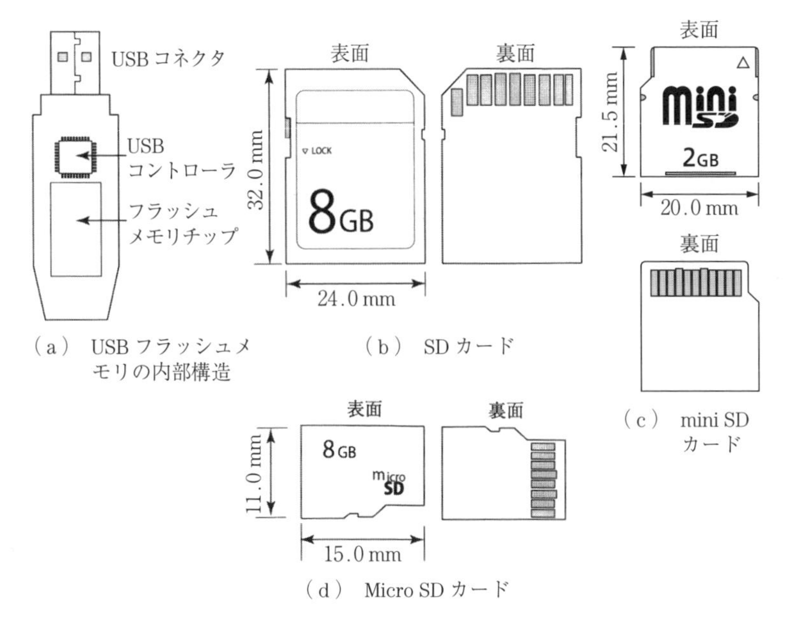

（a） USB フラッシュメモリの内部構造
（b） SD カード
（c） mini SD カード
（d） Micro SD カード

図 5.8 USB フラッシュメモリ，SD カード

TB 単位の容量を持つものも市販されている。大容量に加えて，数十 MB/s から数百 MB/s の高速な読み書きが可能なため，データを記憶する用途としてだけでなく，ソフトウェアの頒布媒体としての用途や，ハードディスクなどの補助記憶装置の代用として OS のブートデバイスやアプリケーションのインストール先のドライブとしても用いられている。

SD メモリカードは，図 5.8（b）～（d）に示すように，SD，mini SD，micro SD の計 3 種類のサイズがあり，ディジタルカメラ，携帯電話・スマートフォンなどのデータ記憶媒体として幅広く利用されている。記憶されるデータは画像（静止画や動画）が多く，PC とのデータのやり取りが簡単・高速に行える利点がある。データ転送速度の目安が SD スピードクラスとして策定され，製品にスピードクラスのロゴを表記することで，ユーザが性能を容易に把握できるとともに用途に合わせて選択しやすくなっている。初期の SD メモリカードの最大容量は 2 GB であったが，SDHC 規格で 32 GB まで，SDXC 規格で 2 TB まで，SDUC 規格で 128 TB までの容量に対応できるように拡張されてきた。さらに2018年には，SDカードスロットにPCI express 3.0のインタフェース機能を持たせることで，最大985 MB/sの超高速な転送を実現し，ソリッドステートドライブをSDメモリカードのようにリムーバブルで利用可能にする**SD Express**規格が策定されている。

〔**2**〕 **SSD**(solid state drive)　　後述する典型的な磁気記憶装置であるハードディスクドライブ（5.3節で記述）の機能を，フラッシュメモリを用いて半導体で実現したものが**フラッシュソリッドステートドライブ**（フラッシュSSD）であり，シリコンドライブやシリコンディスクともよばれる。大容量化，低価格化が進み，現在では数百GBの製品が主流である。SSDは半導体メモリを利用しているため，動画像ファイルのように一つのサイズが大きなファイルを連続で読み書きするシーケンシャルアクセス時の速度が数百MB/s～数GB/sと非常に高速である。さらに，ハードディスクと違い機械的に動く部分がないので，OSやアプリケーションソフトウェアの起動時のように，小さいサイズのファイルを数多く読み出すランダムアクセス時の速度が数十MB/s～数百MB/sと，ハードディスクと比べて数倍高速で，起動時間の短縮が実現できる。これらの利点により，ハードディスクに比べて容量単価が高いものの，ワークステーションやPCの補助記憶装置としてSSDの利用が進んでいる。さらに，SSDの小型，軽量，低消費電力，耐衝撃性に優れる点も相まって，特にノートPCのような携帯用途では普及が進んでいる。

しかし，記憶素子の書換え回数に上限があるために，ファイルの書込みを頻繁に行う用途や長時間連続運用するサーバなどには適していない。そのため，用途によってハードディスクとSSDを使い分けたり，両者を併用している。また，ハードディスクとSSDを統合し，頻繁に読出しされるデータをSSD部分に保存しキャッシュとして使用することで高速化，長寿命化，大容量化の両立を目指す**ソリッドステートハイブリッドドライブ**（SSHD）や**ハイブリッドHDD**とよばれる補助記憶装置も市販されている。

5.4 磁　気　記　憶

補助記憶装置の中でも磁気記憶は，記録密度や読出し方式などが急速に進歩を遂げ，大容量の装置が安価に供給されており，最近では1 Tbit/平方インチ〔10^{12} bit/in^2〕のものが実現されている。しかし，媒体の回転を伴う機械的な駆動という根本的な構造により，半導体メモリに比べ速度は桁違いに遅いが，容量単価が非常に安く，さらに不揮発性という特徴により，大量のデータを記憶することができる補助記憶装置として広く使用されている。

5.4.1 ハードディスクドライブ

ハードディスクドライブ（hard disk drive，**HDD**）は，アルミニウム合金やガラスで作られた円盤表面に磁性体が塗布されているプラッタを複数枚組み合わせ，これらを高速で回転させ，プラッタと微少な間隔を保った磁気ヘッドにより，プラッタ上にデータを書き込んだり読み出したりする装置である。このプラッタに硬い材料を用いることから，**ハードディスク**（hard disk）とよばれる。**図5.9**はハードディスクドライブの構造である。プラッタは，毎分5 400～15 000回転という高速で回転している。磁気記録，再生を行う**磁気ヘッド**はプラッタ両面にそれぞれ1個ずつあり，アームの先に付けられている。ヘッドはプラッタの回転で生じる空気の流れによりプラッタ表面に浮上しており，そ

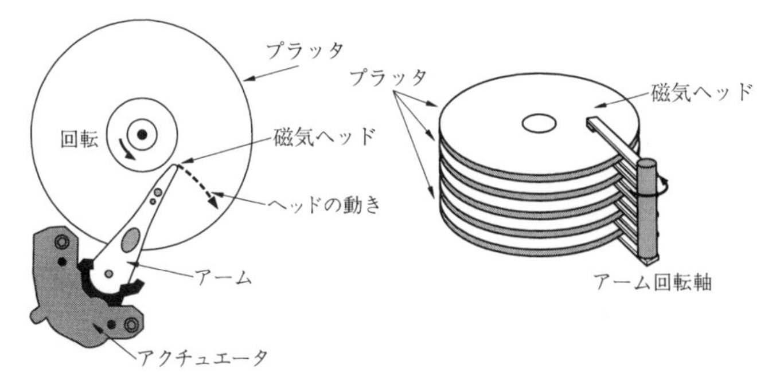

図5.9　ハードディスクドライブの構造

の浮上量は数 nm から十数 nm 程度である。

最近多く用いられているのは，磁極（NS）の向きにより抵抗が変化する磁気抵抗効果を用いた薄膜型磁気ヘッドである。アームはアクチュエータとよばれる駆動装置により，アーム回転軸を中心に回転する。これによりディスク上の任意の位置でのデータの読み書きを行っている。プラッタの大きさは，デスクトップ PC で 3.5 インチ，ノート PC で 2.5 インチのものが使用されている。

ハードディスクドライブの記録ヘッド付近の様子と磁性体の**磁区**（S・N のペア）の並びによるデータ表現を**図 5.10** に示す。記録ヘッドのコイルに電流を流すと，その磁界により記録層の磁区の一つが図のように反転し，隣接する磁区の S が向かい合わせになって “1” の書き込みが完了する。同様に，コイルに逆向きに電流を流すと隣接磁区の N が向かい合わせとなり，この場合も “1” が書き込まれたものとする。逆に，隣接磁区の極性が異なる場合は “0” が書き込まれているものとする。

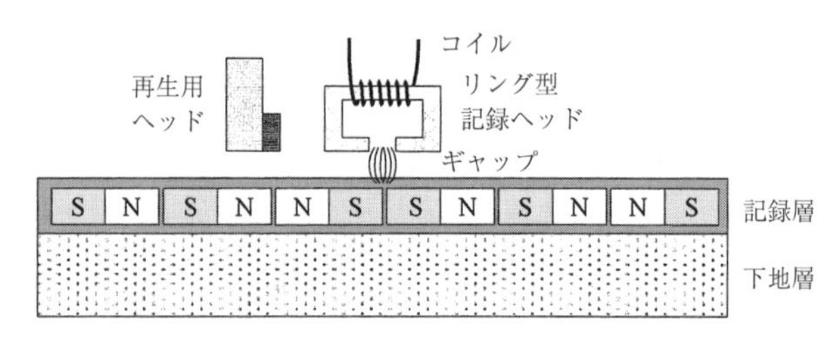

（a） 一般的な記録方法。プラッタ面に対して平行方向（面内）に磁性体を磁化する。

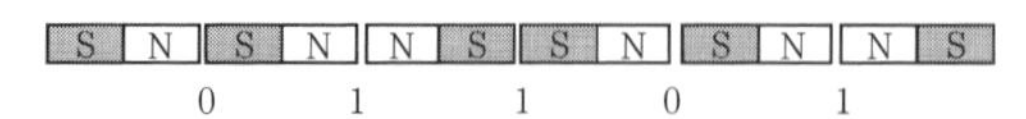

（b） ビットを記憶する方法。隣り合う磁区の極方向に変化がない場合は 0，変化のある場合は 1 とする。

図 5.10　磁気ヘッド付近の様子と磁区の並びによるデータ表現

さらに面記録密度を高くする方法として，現在のハードディスクでは，磁化をプラッタ面に垂直にする**図 5.11** に示すような垂直磁気記録方式が一般的に用いられている。近年のハードディスクの大容量化は，再生ヘッドに**トンネル磁気抵抗**（tunneling magneto resistance，**TMR**）効果を用いた TMR ヘッドを用いることで磁気から電気信号への変換感度を向上させる方法や，プラッタをレーザ光で局所的に熱しながら磁気ヘッドで記録する熱アシスト磁気記録方式を用いることで面記録密度を高める方法，1ドライブ当りのプラッタ枚数を増やす方法などで進められており，1台の3.5インチハードディスクで10 TBを超える容量を実現している。

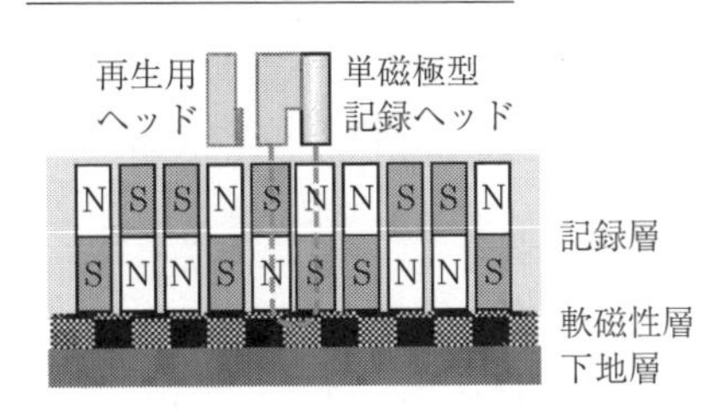

図5.11　垂直磁気記録方式

5.4.2　ファイルシステムとデータ領域

ハードディスクは，**図5.12**のようにプラッタ上の記録面を**トラック**に分け，さらに一つのトラックを複数の**セクタ**（以前のハードディスクドライブでは1セクタ当り512バイト，最近では4 096バイト）に分けて利用している。ただし，ユーザがハードディスクを使用する際，アクセスを行うファイルのデータが記録されたプラッタの面番号，トラック番号，セクタ番号といった物理的な情報を知る必要はない。これは，論理的なファイル名から，物理的な情報に変換する機能をハードディスクドライブとオペレーティングシステムに設けているからである。これを**ファイルシステム**とよび，ファイル名とファイルに関するすべての情報は，ファイルシステム中の“ディレクトリ”や“フォルダ”などと，“**FAT**（file allocation table）”や“**i-node**”，“**MFT**（master file table）”などで管理される。

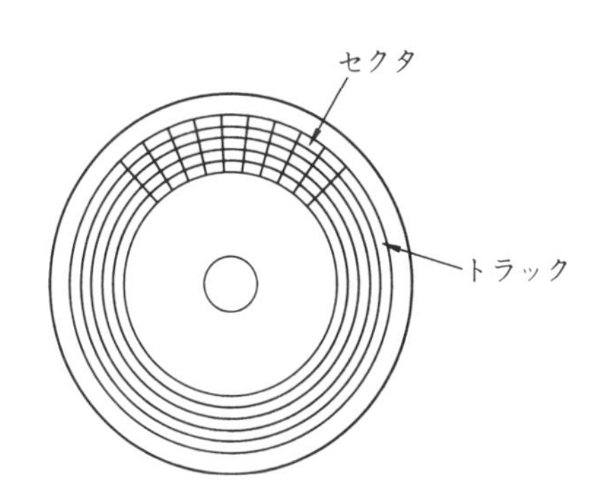

図5.12　ハードディスクの記録フォーマット

ディレクトリには，そのディスクに格納されているすべてのファイルの名前，属性，格納されている場所（そのファイルが格納されている先頭のクラスタ番号）が書き込まれている。これに対し，FAT や i-node，MTF などはディスクの領域が使用されているか否かの状態を示すと同時に，それぞれの領域がどの領域とつながっているかを示す管理表を持っている。

用いられるファイルシステムは，オペレーティングシステムや補助記憶装置の種類に依存し，ハードディスクや SSD などにおいて，Windows では **NTFS**（NT file system）や **FAT32**，mac OS では **HFS＋**（hierarchical file system plus）や **APFS**（Apple file system），Linux では **ext4**（fourth extended file system）が，USB フラッシュメモリや SD カードでは FAT32 がおもに使用される。また，光ディスクにおいて，CD-ROM では **ISO 9660**，DVD や Blu-ray などでは **UDF**（universal disk format）などが使用されている。

5.4.3　RAID

RAID（redundant arrays of independent disks）とは，ハードディスクを複数台組み合わせて用いることで，信頼性を上げたり高速化することを目的としたディスクアレイシステムである。構成方法によって，RAID レベルが 0 から 6 まであるが，その中で代表的な RAID 0，RAID 1，RAID 5，RAID 6 について説明する。

〔1〕 **RAID 0**　一般に**ストライピング**とよばれるもので，読み書きするデータを複数のハードディスクに分散させて同時に読み書きすることで，高速化，大容量化が実現できる。そのため，動画編集などのように大容量なファイルを高速に処理する際の一時的なファイルの記録場所などに用いられる。しかし，RAID 0 を構成するハードディスクの中の一台が故障しただけでアレイ全体が影響を受けるため，故障率が増加し信頼性が低下する欠点がある。

〔2〕 **RAID 1**　一般に**ミラーリング**とよばれるもので，複数のハードディスクに同じデータを書き込むことで，どちらかが故障した場合でも他方のハードディスクを用いて復旧することができる。ハードディスクの故障率を ε とすると，N 台のハードディスクでは故障率は ε^N となり，信頼性は向上する。しかし，ハードディスクの台数を増やしても記憶容量は増加しないため，利用効

率はよくない。RAID 1 を RAID 0 と組み合わせて，信頼性と速度を両立する RAID 10（RAID 1+0）や RAID 01（RAID 0+1）も使用されている。

〔3〕 **RAID 5 および RAID 6**　複数のハードディスクに，誤り訂正のためのパリティをデータとともに分散して記録させることで，利用効率を確保しながら速度と信頼性を高める方式であり，最低三台以上のハードディスクで構成する必要がある。**図 5.13** は，三台のハードディスク HD 1，HD 2，HD 3 で RAID 5 を構成した例で，例えば HD 1 にあるファイル A の第 1 ブロック A_1 と HD 2 にあるファイル B の第 1 ブロック B_1 のための誤り訂正のパリティ P_1 を HD 3 に格納してある。この方式では，アレイ中の任意の一台のハードディスクが故障してもデータは復元できるが，二台以上故障した場合にはデータが回復できない。そこで，最低四台以上のハードディスクで構成される RAID 6 方式では，二種類のパリティを分散して記録することで二台の故障時におけるデータ復旧にも対応し，より信頼性を高めている。

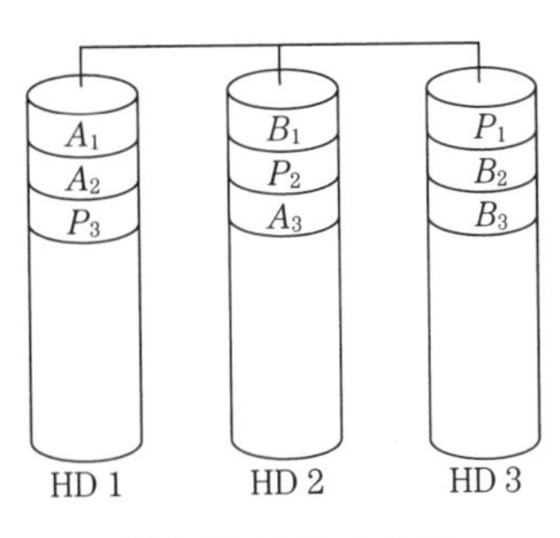

図 5.13　RAID 5 の例

5.5 光ディスク装置

5.5.1 メディアの構造とデータの読み書き

光ディスク装置は，1982 年に **CD**（compact disc），1996 年に **DVD**（digital versatile disc），2002 年に **BD**（blu-ray disc）が登場し，急速に普及した記憶媒体で，**図 5.14** のように半導体レーザを用いてディスク上に光スポットを当てて，その反射光の強弱を受光素子で検出することで再生を行うものである。トラックはハードディスクと異なり，**図 5.15** に示すようにハードディスクの同心円状に対し，らせん状となっている。

表 5.3 に各種倍速モードでのデータ転送速度を示す。CD，DVD，BD では，データがディスク上に同じ線密度で記録される線速度一定（**CLV**，constant

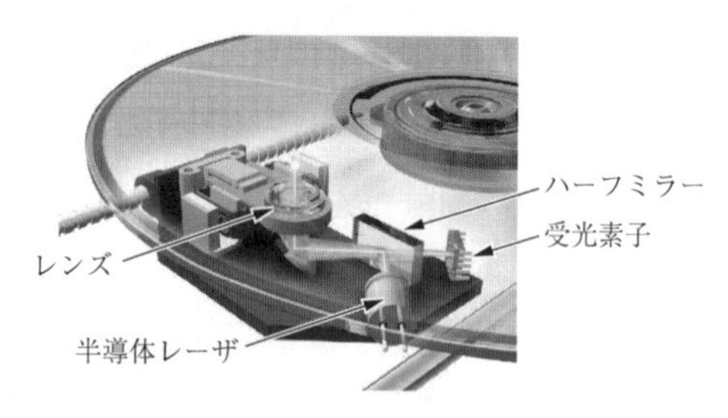

図 5.14　光ディスクドライブの構造[16]

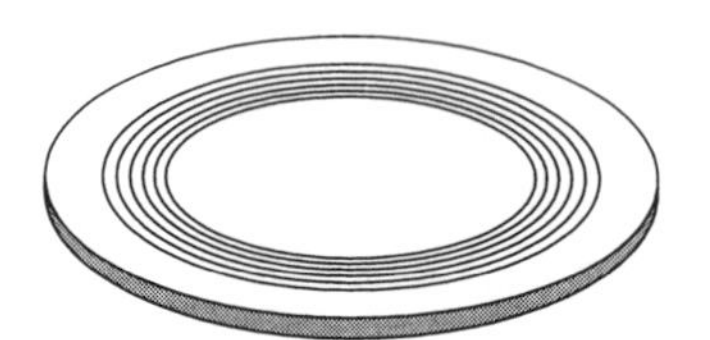

（a）ハードディスクの記録：同心円状

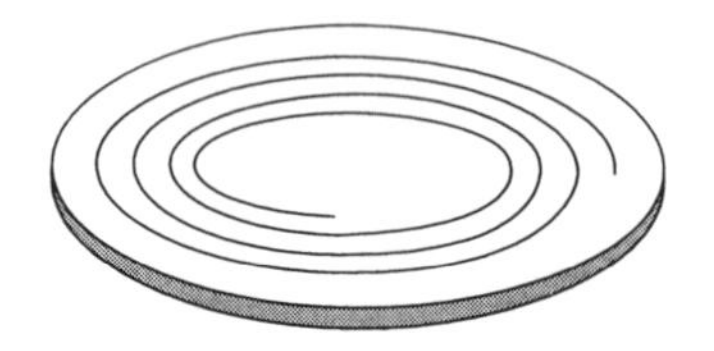

（b）CD-ROM の記録：らせん状

図 5.15　ハードディスクと CD-ROM のトラックの違い

表 5.3　CD，DVD，BD における倍速モードでのデータ転送速度

CD	DVD	BD	速　度
1 倍速	−	−	150 kB/s（≒ 1.2 Mbps）
（約 9.2 倍）	1 倍速	−	1.35 MB/s（≒ 11.08 Mbps）
（約 30 倍）	（約 3.2 倍）	1 倍速	4.5 MB/s（≒ 36 Mbps）
		1.5 倍速	6.75 MB/s（≒ 54 Mbps）
		2 倍速	9 MB/s（≒ 72 Mbps）
72 倍速	（約 7.8 倍）	（約 2.4 倍）	10.8 MB/s（≒ 86.4 Mbps）
（約 148 倍）	16 倍速	（約 4.9 倍）	22.16 MB/s（≒ 177.28 Mbps）
（約 180 倍）	（約 19.5 倍）	6 倍速	27 MB/s（≒ 216 Mbps）

linear velocity）方式を用いているため，内側のデータをアクセスするときほどディスクの回転が高速となる。

一方，データの記録形態から分類すると，**表 5.4** に示すように再生専用型，追記型，書換え型に分類できる。

〔1〕 **再生専用型**　**図 5.16** のように，ディスクの表面にサブミクロンの微小な凹凸を付け，レーザ光の回折効果を利用してデータを再生する。具体的に

表 5.4 光ディスクの分類

分　類	記　録　形　態	応用例
再生専用型	基板 ランド ピット	CD-ROM DVD-ROM BD-ROM
追　記　型	穴開け型　基板 有機色素　記録面	CD-R DVD-R BD-R
書換え型	光磁気型　基板 光磁気材料 反転磁区	MO
	相変化型　基板 結晶質　記録面 非結晶質	CD-RW DVD-RW DVD-RAM BD-RE

は，ランドとよばれる平面にピットとよばれる凹面を作り，照射したレーザ光のランドからの反射光の強弱からデータを再生するものである。“1”のデータは，ランドからピットに変わる境界と，ピットからランドに変わる境界に書き込まれている。プラスチックの射出成形により凹凸を持ったディスクを大量に安価に複製できるので，CD などのディジタルオーディオディスクや，DVD や Blu-ray ディスクなどのビデオディスクなどで用いられているほか，コンピュータのオペレーティングシステムやアプリケーションソフトウェア，コンテンツなど，さまざまなディジタルデータの配布用として広く利用されている。

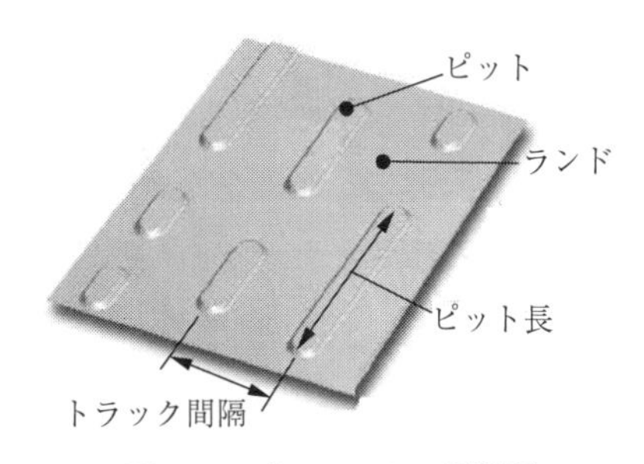

図 5.16 光ディスクの記録面

〔2〕 **追記型**　CD-R，DVD-R，BD-R などの追記型メディアはデータを追記可能であるが，いったん書き込んだデータは消去できない。書込みは，ディスクの記録層にある反射率が低い色素材料の被膜に，強いレーザ光を照射しその熱エネルギーにより色素を分解することで反射率を高くさせて，ピット

を形成することで行う。

〔3〕 **書換え型**　書込み，消去が繰り返し可能なものであり，光磁気型のMO（magneto-optical）と相変化型のCD-RW（rewritable），DVD-RW，DVD-RAM，BD-RWなど多数の規格がある。現在は，後者の相変化型の光ディスクが多用されている。

光磁気型は，光磁気材料を記録膜としたもので，外部から記録膜に磁界を加えながら強いレーザ光を照射し，キュリー温度まで熱することで反転磁区を作りデータを書き込む。読出しは，弱いレーザ光を照射し記録面からの反射光の偏波面の回転を，偏光板と光検出器により電気信号の強弱に変えるというものである。

相変化型は，金属の結晶質と非結晶質の反射率の違いを利用するものである。強いレーザ光を照射し熱することで記録層の金属結晶を溶かし，急激に冷やすことで反射率の低い非結晶質（アモルファス）へ変化させてデータを書き込む。読出しは，弱いレーザ光を照射し記録面からの反射光の強弱を検出することで行われる。記録されたデータの消去は，レーザ光の照射後に徐々に冷やし結晶質に戻すことで行われる。

5.5.2 光ディスクの諸方式

現在用いられているCD，DVD，BDの規格や技術的な特徴は以下のようになる。

〔1〕 **CD**　音楽用のCDと同じディスクをROMとして利用したもので，CD-ROMとよばれている。CD-ROMはソフトウェアやマルチメディアコンテンツの配布に利用されている。論理フォーマットは異なるOSでもデータを読み取れる**ISO 9660**規格のファイルシステムに基づいており，音楽用CDと同じく直径12 cm，厚さ1.2 mmの円盤にディジタル記録で650～700 MBの容量がある。

図5.16におけるトラック間隔は1.6 μm，ピット長は0.87～3.18 μmである。音楽用の場合，再生時間は74分であるが，コンピュータでROMとして

情報を読み出す際に同じ速度では遅すぎるため，回転速度を音楽用に比べ何倍かの速度まで上げてある。

〔2〕 **DVD**　CDと同じ直径12 cmの円盤に，2時間程度の映画を記録するために作られたDVDをROMとしてコンピュータ用に使用するものである。図5.16におけるトラック間隔は0.74 μm，ピット長は0.4～2.13 μmである。ディスクの強度を高めるために厚さ0.6 mmの2枚のディスクを背中合わせに貼り合わせて1枚のディスクにしている。このため，両面に記録することができる。片面のみに記録するタイプはダミー層としてレーベルなどが印刷される。また片面，両面タイプとも記録層を二つ持つことができ，1層タイプと2層タイプがあり，容量も1層片面4.7 GB，1層両面9.4 GB，2層片面8.5 GB，2層両面17 GBの4種類がある。またCDと同様，各種の倍速モードが存在する。

〔3〕 **BD**　2002年に登場したBDは，レーザ波長405 nm，トラック間隔0.32 μmで，1層25 GB，2層50 GB，BD-XL規格で3層100 GB，4層128 GBの容量を持ち，ハイビジョンによるビデオコンテンツの配付や，地上波・BS・CSディジタル放送の録画などの映像関連用途や，家庭用ゲーム機のソフトウェアの配付，コンピュータのデータのバックアップなど，大容量を必要とする用途でリムーバブルな補助記憶メディアとして利用されている。

これら〔1〕～〔3〕のようにCDからDVD，そしてBDへと，レーザ光の波長を短くしたり対物レンズの開口率を大きくすることでピットサイズを微小化しトラック間隔を狭めることで記録密度を高めるとともに，記録層の数を増やすことで，ディスクサイズは12 cmのままでも大容量化，高速化を実現している。

表5.5に各種光ディスクの特性をまとめる。

CD，DVD，BDの間で規格の互換性はないものの，BDドライブではBDに加えてDVDやCDの記録・再生が可能であり，DVDマルチドライブではDVDとCDの記録・再生に対応するなど，一台のドライブでさまざまな記録方式の光ディスクが利用できるようになっている。これは，CD，DVD，BDの波長やトラック間隔，ピット長，線密度などは異なるものの，前述のように書込み，

表5.5 各種光ディスクの特性

記録形態	種類	容量	記録材料	トラックピッチ〔μm〕	レーザの波長〔nm〕
再生専用型	CD（音楽用）参考	747 MB		1.6	780
	CD-ROM（48倍速再生）	650～700 MB		1.6	780
	DVD-ROM 片面1層 片面2層 両面1層 両面2層	4.7 GB 8.5 GB 9.4 GB 17 GB		0.74	650
	BD-ROM 片面1層 片面2層	25 GB 50 GB		0.32	405
追記型	CD-R（48倍速再生）	650 MB，700 MB	有機色素	1.6	780
	DVD-R，DVD+R	4.7 GB		0.74	650
	BD-R 片面1層 片面2層	25 GB 50 GB	金属材料 （無機記録）	0.32	405
書換え型	CD-RW（48倍速再生）	650 MB，700 MB	金属材料 （相変化記録）	1.6	780
	DVD-RW，DVD+RW DVD-RAM	4.7 GB （片面1層）		0.74	650
	BD-RE 片面1層 片面2層	25 GB 50 GB	金属材料 （相変化記録）	0.32	405
書換え型 （光磁気）	MO 3.5インチ	128 MB，230 MB 540 MB，640 MB 1.3 GB，2.3 GB	非晶質 磁性体	0.67～1.6	

（備考） CD（音楽用）はサンプリングレート 44.1 kHz，16 ビットサンプリング，ステレオ，74 分録音から算出。（CD，DVD の容量は，ディスク直径 12 cm の場合）

読込みの原理が類似していることによる。レーザの波長が異なるため，レーザ，受光素子，レンズ，ハーフミラーからなる**ピックアップ**を，CD/DVD 用と BD 用に個別に備えるハイブリッド構造とすることで対応しているドライブや，3 波長に対応したレーザやレンズを用いて単一のピックアップで対応しているドライブもある。DVD や BD の多層ディスクには，レーザ光のピント位置をレンズで変えることにより各層の読出し，書込みを実現している。

5.5.3 データの誤り訂正

光ディスクにはランドとピットがあることは述べたが，光ディスク上に記録されているデータと実際にコンピュータが利用するデータとは異なっている。

これは，“1”が連続するとピット長およびピット間隔が短くなり，読出し時の検出感度の低下，および傷やちりの影響を受けやすくなるためである。そのため，“1”の連続が起こらないようにするためのランレングス制限をかけている。具体的には，CDでは8ビットのデータを14ビットに変換し3ビットの接続ビットを付加した17ビットのビット列で記録する**EFM**（eight to fourteen modulation），DVDでは8ビットのデータを16ビットで記録するEFM plus方式，BDではより変調効率の高い**17PP**（parity preserve/prohibit repeated minimum transition runlength）変調方式が採用されている。

一方，傷やちりなどによって記録データの読取り時に生じる誤りに対して検出ならびに訂正を行う**誤り訂正符号**（error correction code，**ECC**）技術として，CDではデータを一定の規則に従って並べ替えるクロスインターリーブと，誤り訂正符号であるリード-ソロモンを組み合わせた**CIRC**（cross interleave reed-solomon code）が導入されている。前者は，本来はひとまとまりの情報を物理的に分散させて，部分的な傷などによって致命的なエラーが生じるのを防ぐ技術で，後者はもとの情報ビットに誤り訂正ビットを付加し，冗長さを許容して誤ったビット位置を検出して，訂正する技術である。本来のデータよりもデータサイズは大きくなるが，ある程度までの誤りであればもとのデータに戻すことができる。DVDではRS-PC（reed-solomon product-code）とBIS（burst indicator subcode），BDではさらに強力なLDC（long distance code）とBISとよばれる2種類の方式が組み合わされて導入されている。

演 習 問 題

1） 実際のコンピュータシステムにおいてRAMとROMがどのように主記憶内で番地付けされているか調べよ。

2） 記憶システムの階層化の必要性について述べよ。

3） **表5.6**のようなハードディスクに関して以下の問に答えよ。

（1） このハードディスクの平均回転待ち時間（目的のトラックに移動した後，目的のセクタが磁気ヘッドの下に回転してくるまでの時間＝1/2回転するのに必要な時間）は何msか。

表 5.6

ディスクパック当りのシリンダ数	800 シリンダ/ディスクパック
シリンダ当りのトラック数	19 トラック/シリンダ
トラック当りのバイト数	13 000 byte/トラック
回転速度	3 000 回転/min
シーク時間（目的のトラックまでヘッドを移動させる時間）	平均 25 ms

（2） このハードディスクの平均アクセス時間（シーク時間と平均回転待ち時間の和）は何 ms か。

（3） このディスクパックの容量は何 MB か。

（4） 1 レコード 220 byte のデータ 10 000 件を処理したい。このファイルを 50 レコードを 1 ブロックとし，1 トラックに 1 ブロック格納すれば，全データを記憶するのに何シリンダ必要か。

4） **表 5.7** の性能を持つハードディスクドライブがある。このハードディスクに記憶されている 1 セクタ当り 500 byte のデータを読み取るために必要な平均時間は何 ms か。

表 5.7

回転速度	5 000 回転/min〔rpm〕
シーク時間	15 ms
トラック当りの容量	30 000 byte

5） 一つのファイルは，ハードディスク上の連続した領域に記録されているのが望ましい。しかし，実際はディスク上の記録されていない領域にセクタごとに細切れの（断片化した）状態に記憶される。特に，何度も書込み・消去を行うと細切れとなる可能性が多くなる。なぜ連続した領域に記録されるのが望ましいのか。その理由を考えよ。なお，断片化したファイルを集める作業を**デフラグ**（defrag）という。

6） キャッシュメモリの有効性を述べよ。

7） 仮想記憶方式を取り入れることにより，どのようなプログラミング上の改革がもたらされたか。

8） 物理記憶空間と論理記憶空間を説明せよ。

9） 仮想記憶システムに関するつぎの記述中の（　）に入れるべき適当な字句を解答群の中から選べ。

（1）仮想記憶システムの目的は，利用者にとって，そのコンピュータシステムが実装している主記憶容量以上の（a）を作り出し，（b）装置を（c）に利用することによりシステム資源の有効利用を図ることである。仮想記憶システムにより作り出された（a）を（d）とよぶのに対して，仮想記憶システムにおける（b）装置を（e）とよぶ。

（2）仮想記憶システムの目的を達成するためには，主記憶装置にどのようにプログラムを配置するか，すなわち，プログラムのアドレス空間をどのように（e）の記憶場所に変換し実行するかといった（f）が重要である。このため，プログラムの連係編集（リンケージ）段階では，プログラムを（g）にしておき，プログラムの実行時点で実記憶装置を割り当てる（h）の手法がとられている。

（3）仮想記憶の大きさは，そのコンピュータのアドレス指定の方式および使用可能な（i）装置の量によって制限され，（b）の実際の量によっては制限されない。

解答群

ア　主記憶　　イ　補助記憶　　ウ　実記憶　　エ　仮想記憶
オ　動的　　カ　動的再配置　　キ　再配置可能　　ク　主記憶管理
ケ　アドレス空間

10）ページング方式の仮想記憶システムにおいて記述中の（　）に入れるべき数値を答えよ。用語については下部参考を参照のこと。

プログラムのページ参照の順序が

1，3，2，1，4，5，2，3，4，5

であり，割り当てられたワーキングセット（主記憶のページ）は3とする。また，最初はどのページも主記憶上にはないものとする。

（1）最初はどのページも主記憶上にないためページフォルトは発生するが，主記憶がすべて使用されるまでページの追い出しはない。ページフォルトによって，ページの追い出しが初めて行われるのは第（a）ページの参照が行われたときである。

（2）初めてページ追い出しが行われたとき，追い出されるページは，FIFOでは第（b）ページ，LRUでは第（c）ページである。

（3）このプログラムを実行したとき，追い出しのあるページフォルトの発生回数はFIFOでは（d）回，LRUでは（e）回である。

参考：プログラム実行中に，もし主記憶上にないページが参照されると，ページフォルトという割込みが発生し，制御プログラムが働いて必要なページを主記憶上にもってくる。このとき，すでに主記憶上に存在しているページのいずれかを主記憶上から追い出す必要があり，追い出すページの選び方として，FIFO，LRU 方式がある。

FIFO（first in first out）：主記憶上にあるページのうち，古くからあるページを追い出す。

LRU（least recently used）：主記憶上にあるページのうち，最後に参照されてからその時点までの経過時間が最も長いものを追い出す。

11） 記憶装置，記憶素子に関する各記述にそれぞれ最も関係の深い字句を記述せよ。

（1） フリップフロップで構成されており，一度書き込んだデータは電源を切るまで保持される。

（2） トランジスタとそれに付随するキャパシタからなる。データはこのキャパシタに電荷として蓄えられる。電荷は時間の経過とともに放電され消失するので，定期的に再書込み（リフレッシュ）を行いデータを保持する必要がある。

（3） 不揮発性で読取り専用のメモリである。IPL など変更する必要のないプログラムを格納するために用いられる。工場出荷時にメモリの内容が書き込まれており，ユーザは内容を変更できない。

（4） 工場出荷時にメモリの内容が書き込まれておらず，ユーザがその内容を書き込むことができる。一度だけ書込みができるものと，データを消して再書込みできるものとがある。

（5） 中央処理装置と主記憶装置との間に，高速，小容量の記憶装置を持つ方式。

（6） 主記憶装置を，バンクとよぶ並列にアクセス可能な複数のブロックに分割し，サイクリックに連続したアドレスを別のバンクに配置することによって，主記憶装置の実効アクセス時間の短縮を図る高速化手法である。

（7） プログラムやデータを一定の大きさのブロックに分割し，このブロックを単位に，実記憶装置と補助記憶装置の間で転送を行う方式。

（8） プログラムやデータを論理的に意味のある大きさのブロックに分割し，このブロックを単位に，実記憶装置と補助記憶装置の間で転送を行う方式。

（9） 特性の異なる複数の記憶装置を組み合わせて，見掛け上，大容量・高速な記憶装置を実現する方法。

6 入出力装置

コンピュータは，必要に応じてデータを他の装置へ送信したり受信したりする能力を備えていなければならない。例えば，私たちが作ったプログラムやその計算に必要な数値などはキーボードから入力される。また，計算結果はディスプレイ装置やプリンタに送られて表示されたり，ネットワークを介して他のコンピュータに送られたりする。このようなコンピュータとデータの送受信を行う際に用いられる装置を，総称して入出力装置とよんでいる。入出力装置には，コンピュータに標準的に付属している入出力機器と目的に応じて追加的に付属させる周辺機器とがある。両者の明確な区別は難しいが，以下では，パーソナルコンピュータ（PC）を例に区別し，説明することにする。

6.1 標準的な入出力機器

コンピュータに標準的に付属している入出力機器を，**図 6.1** にまとめる。基本的には，マンマシンインタフェースとなるような機器がほとんどであるが，

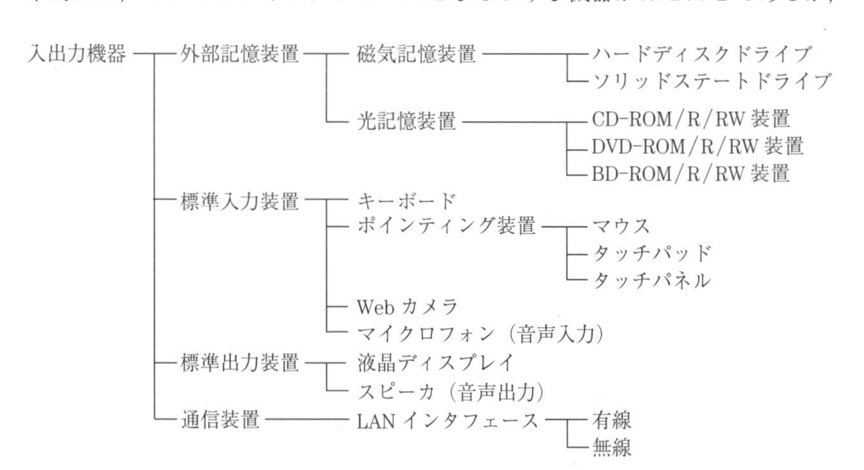

図 6.1　標準的な入出力機器

5章で述べた外部記憶装置（補助記憶装置）と，ネットワークを介して他のコンピュータと情報をやり取りするLANインタフェースも標準的な入出力機器に位置付けた。以下では，5章で述べた外部記憶装置を除く入出力機器について説明する。

6.1.1　キ ー ボ ー ド

初期のコンピュータから現在に至るまで最も一般的な入力装置として用いられているのが**図6.2**で示すキーボードである。各キーの表面には，文字，数字，記号などを表示したキーが並んでいて，そのキーを押すと，それに対応した符号を発生する装置である。

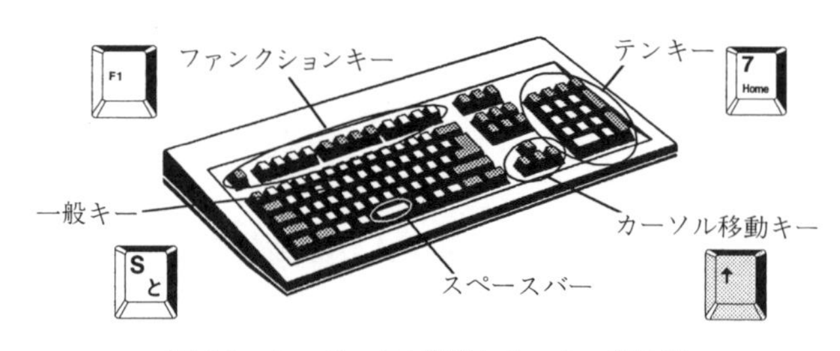

図6.2　キーボードの配置とキー上の表示例

わが国でよく用いられているキーボードでは，図6.2のように英数字，記号のほかに，かな文字，かな記号なども表示されている。キーボードの上部には，アプリケーションに応じてさまざまな機能を割り当てることができるファンクションキーが配置され，下部にはスペースバーがあり，空白を入れるほかに，かな文字を漢字に変換する機能を持たせることが多い。また，右側にはカーソルを移動させるためのカーソル移動キーや数値を入れる際に役立つテンキーなどが配置されている。

図6.3に，ダイオードマトリクスを利用したキーボード符号器（エンコーダ）の原理図を示す。どのキーも押されていないときには，出力はすべて“1”であるが，キーが押されるとダイオードの接続位置に応じて，“0”もしくは“1”の符号が$B_3B_2B_1B_0$の出力端子に現れる。なお，最近よく用いられている

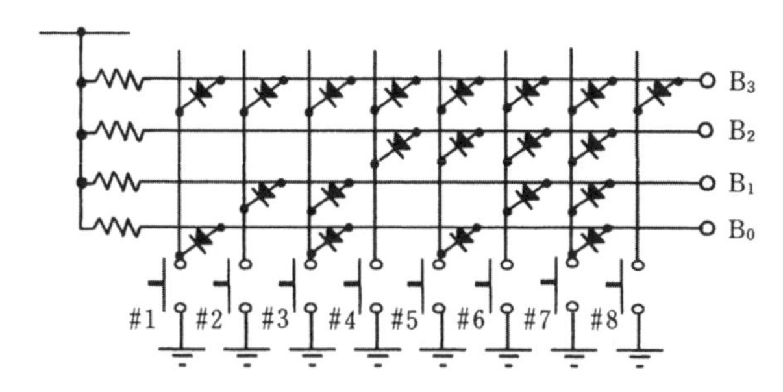

図 6.3 ダイオードマトリクスを利用したキーボード符号器（エンコーダ）の原理図

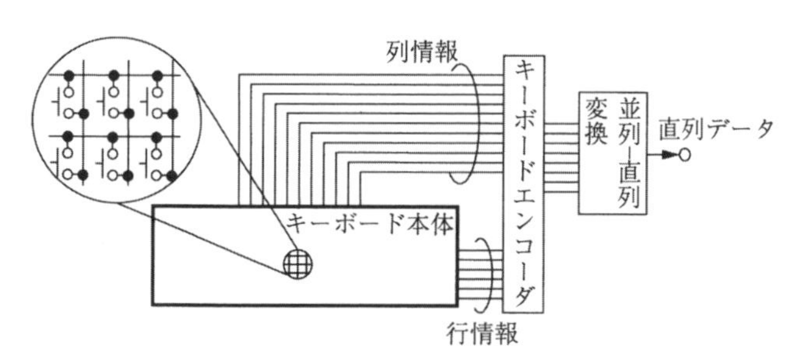

図 6.4 マトリクス状に配置されたスイッチと専用 IC によるエンコーダの組合せ例

のは，このようなスイッチとダイオードマトリクスによるものではなく，**図 6.4** のような P 行 Q 列のマトリクス状に配置されたスイッチと専用 IC によるエンコーダを用いたものである。(p, q) の位置にあるスイッチが押されるとまず q がわかり，列をスキャンして p を特定する。複数のスイッチが押されても，この方式だとどれか一つのスイッチを特定することができる。

6.1.2 ポインティングデバイス

近年の OS は **GUI**（graphical user interface）が用いられており，ウィンドウやアイコンによる操作が中心であるため，表示画面内のポインタ位置の移動を指示したり，アイコンにより示された機能を選択，実行する操作などを容易に行うために，マウスをはじめとするさまざまなポインティングデバイスが開発されてきた。以下では，代表的な三つのポインティングデバイスの動作原理について述べる。

〔1〕 **マウス**　　ユーザは手で握った**マウス**を机上などで移動させることで，X軸方向とY軸方向の二次元の移動をPCへ入力したり，ボタンのクリック動作で選択，ダブルクリックで実行，ボタンを押しながらマウスを動かすドラッグ操作でウィンドウの移動や範囲選択，ホイールを指先でまわすことでウィンドウのスクロール操作など，さまざまな操作を割り当てることができる装置である。**図6.5**に示すホイール付き2ボタンマウスのように，通常2〜5個程度のボタンと1個のホイールが備わっている。PCへの接続方式には，USBインタフェース経由のケーブル接続や，Bluetoothなどの無線通信によるワイヤレス接続がある。

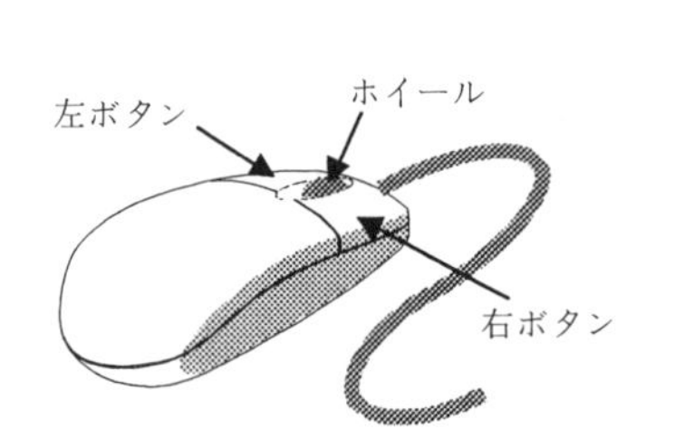

図6.5　ホイール付き2ボタンマウス

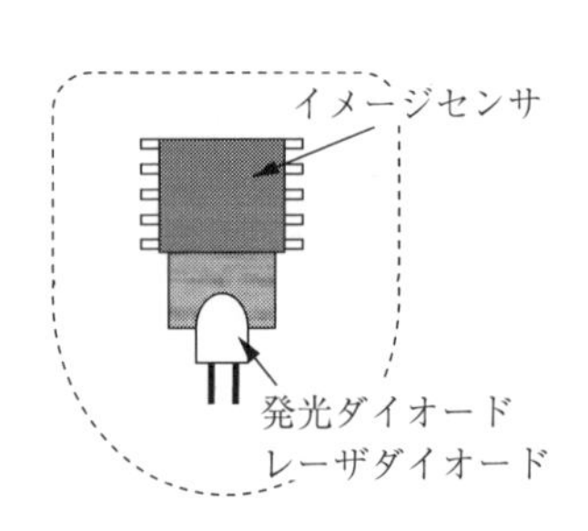

図6.6　光学式マウスの構造

以前は，ボールおよびロータリーエンコーダを組み合わせた機械式マウスが主流であったが，現在では，発光ダイオード（LED）やレーザダイオード（LD，laser diode）などの光源とイメージセンサを組み合わせた**光学式マウス**が主流である。光学式マウスは，**図6.6**のようにLEDやLDから光を照射しマウス移動面の表面の模様をイメージセンサで撮像し，時間的に隣接した撮影画像の差分が小さくなる位置から移動量を算出する。波長が長い赤色の光源では光沢があるマウス移動面で変化を検出しづらいため，マウスパッドを必要とすることが多かった。しかし最近では，光源に光の拡散が少ないレーザや，波長の短い青色LEDを用いることで検出感度が向上し，マウスパッドがなくても使用できる場合が多い。

〔2〕 **タッチパッド**　　キーボード下方に配置し，平面状の**タッチパッド**の

センサ表面を指でなぞることで操作する装置である。2018年現在主流である静電容量式タッチパッドは，パッド内にX軸方向とY軸方向それぞれの線状の電極を格子状に埋め込み，指が置かれた場所で変化するX軸とY軸の電極間の静電容量を検出することで指の位置を検知し，マウスポインタの位置に反映させる。設置面積が小さく薄型にできるために，ノートPCで広く用いられている。トラックパッドともよばれる。マウスボタンに相当するスイッチは，パッドの下端に独立してボタンを配置するものや，パッド自体がクリックできるようにスイッチを組み込んだもの，パッドの操作状況からクリック動作を推定するものなどがある。

〔3〕 **タッチパネル**　　**タッチパネル**とは，液晶パネルなどのフラットパネルディスプレイ装置とタッチセンサを組み合わせた装置であるため，画面に表示された箇所を指で直接指示したり，表示されたボタンやウィンドウなどを押して選択したり実行するタップ動作，指でなぞってスクロールや画面を切り換えるスワイプ動作，指で押した後に一定方向にはらうフリック操作などが可能となる。さらに，複数の指の同時検出ができるマルチタッチ機能を持つタッチパネルでは，二本の指をつまむことで表示画面の縮小を行うピンチインや逆に広げることで拡大を行うピンチアウト動作も行うことができる。このように，タッチパネルはGUIをより直感的に操作できるため，スマートフォンやタブレット，ノートPC，携帯ゲーム機などを中心に広く搭載され，近年急速に普及した。さらに，専用ペン（スタイラス）や一般的なペンを用いて表示画面内に文字や絵を描き入れることも可能なタッチパネルもある。

タッチパネルの検出方式には，画面サイズや用途によって，抵抗膜方式，静電容量式，赤外線式，超音波方式などさまざまな方式が用いられるが，最近普及しているスマートフォン，iPadなどのタブレット端末，ノートPCにタッチパネルを搭載したタブレットPCなどにおいては，同時に多点の接触を検知できるマルチタッチに対応した**投影型静電容量**（projected capacitive）方式が主流である。この方式は，**図6.7**に示すように，ディスプレイの表面に縦横の格子状に張り巡らされた透明電極に指が近づくことで電極間の静電容量が変化

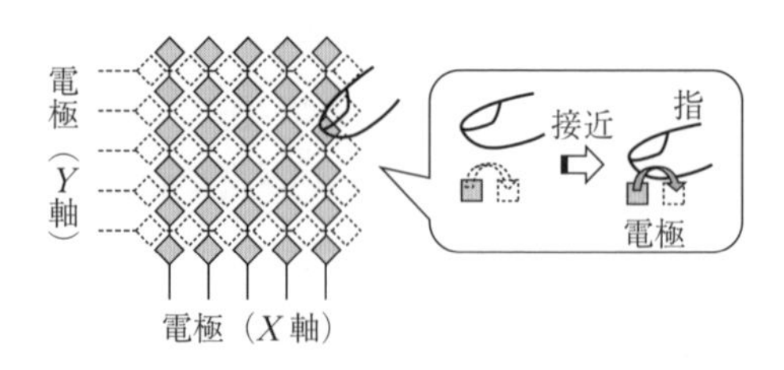

図 6.7　投影型静電容量方式のタッチパネルの構造と測定原理

し，どの XY 座標の電極間に指が接近あるいは接触したかを検知する。タッチパネルの表面は，堅く割れにくい特殊な化学強化ガラスで，強い衝撃や傷に対して保護されている。

6.1.3 表 示 装 置

文字情報をはじめ，図形情報や色情報など，さまざまな視覚情報を表現するのに用いられるのが表示装置である。従来から広く用いられてきた **CRT**（cathode ray tube）とよばれる前面に蛍光体が塗られた真空管を用いる CRT ディスプレイは，占有スペース，消費電力，重量などの観点から，**液晶ディスプレイ**（LCD ディスプレイ，liquid crystal display）に置き換わった。**表 6.1** に PC 用ディスプレイの代表的な解像度を示す。

近年，表示装置や画像ファイルフォーマットなどの高解像度化や色深度の増加，広色域化，高フレームレート化が進み，より高画質な表示が可能となって

表 6.1　PC 用ディスプレイの代表的な解像度

	VGA	XGA	UXGA	HD	FHD	WQHD	4K UHD
水平画素	640	1 024	1 600	1 280	1 920	2 560	3 840
垂直画素	480	768	1 200	720	1 080	1 440	2 160
アスペクト比	4：3			16：9			
画素数	約 31 万	約 79 万	約 192 万	約 92 万	約 207 万	約 369 万	約 829 万
用　途	PC・SD-TV	PC	PC	PC・HD-TV	PC・フル HD-TV	PC	PC・4K-TV

いる。

最近の PC では，横方向 1 920 画素×縦方向 1 024 画素のフル HD（FHD, full high definition）や 2 560×1 440 画素の WQHD（wide quad HD），3 840×2 160 画素の 4K UHD（ultra high definition）などの解像度を備える液晶ディスプレイが用いられており，よりきめ細かな表示が可能となっている。横と縦の比を表すアスペクト比は，従来の 4：3 に対して現在では 16：9 の横長で，画面サイズが対角 22〜32 インチ程度のものが主流となっている。さらに 5 120×2 880 画素の 5K とよばれるディスプレイも販売されている。

色深度は，**ビット深度**（bit depth）ともよばれ，表現可能な色数を表している。1 画素ごとに割り当てるビット数で表現し，単位には **bpp**（bit per pixel）を用いる。例えば，24 ビットの True color の場合，光の 3 原色である赤（red）・緑（green）・青（blue）（**RGB**）それぞれ 8 ビットで表現しており，1 677 万 7 216 色（2^{24} 色）の色彩表現が可能である。しかし，1 画素ごとに 24 ビットずつ必要となるために，4K UHD では 3 840 画素×2 160 画素×24 ビットとなり，1 フレーム当り約 199 Mbit（約 25 MB）を要する。最近ではより高分解能化が進み，30 bpp，36 bpp など 10 億色を超える Deep color など，表現できる色数がさらに増加している。

さらに，sRGB，Adobe RGB，BT.2020 などの広色域の規格と，広色域に対応した液晶ディスプレイを用いることで，より多彩な色を表現できたり，**HDR**（high dynamic range）によってより広範囲の明暗や僅かな輝度の違いを表現できるようになってきた。高分解能化に伴い，画像データの容量も大きくなるとともに画像処理のための演算も増加するため，これらの高画質化は，ビデオメモリの大容量化や CPU，**GPU**（graphics processing unit）の高速化にも支えられている。

〔1〕 液晶ディスプレイ　ノート PC の表示系としてのみならず，CRT ディスプレイに代わる省スペース型の表示系として普及した。従来は，**STN**（super twisted nematic）液晶などの単純マトリクス方式が用いられていたが，現在では各画素に薄膜トランジスタ（**TFT**，thin film transistor）を用いたア

クティブマトリクス方式の TFT 液晶が，応答速度，コントラストなどに優れるために普及している。**図 6.8** に，例として 6×4 画素の TFT 液晶の基本パターンを示す。該当する画素の *X* 軸信号線と *Y* 軸信号線に電圧が加わると，印刷形成された薄膜トランジスタが ON になり，液晶分子に電界を与えて分子を整列させる。これによって，液晶を通過する光の偏光を制御し，さらに偏光板を通過させることで，液晶パネルの裏面のバックライトからパネル表面に向けて通過する光量を，加えた電圧に応じて制御を行うものである。電極配置や液晶分子の配向によって，TN（twisted nematic）型，IPS（in-plane switching）型，VA（vertical alignment）型などの方式があり，視野角や応答速度，コントラスト，コストに一長一短がある。

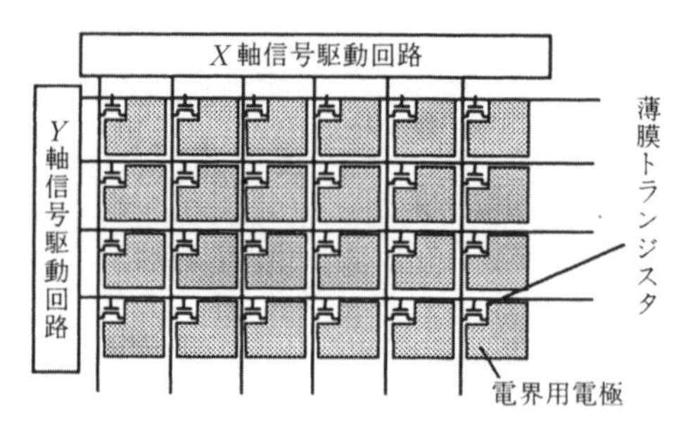

図 6.8　6×4 画素の TFT 液晶の基本パターン

各画素をカラーで表示するには，図 6.8 の 1 パターンの代わりに，赤・緑・青の 3 パターンをカラーフィルタなどで作成する必要があり，高密度化技術が必要である。

〔2〕　**有機 EL（OLED）ディスプレイ**　　**有機 EL**（organic electro luminescence）ディスプレイは **OLED**（organic light emitting diode）ともよばれる。液晶ディスプレイがバックライトからの光の透過量を制御して表示しているのに対して，有機 EL ディスプレイでは各画素自身が発光する自発光で表示していることが大きな特徴である。この自発光は，対向した電極に電圧を印加して生ずる陰極からの電子と陽極からの正孔が，有機材料の薄膜でできた発光層でキャリア再結合した際に放出するエネルギーで発光させて実現してい

る。有機ELディスプレイは液晶ディスプレイと比べてコストは高いものの，広い視野角や高速な応答速度，広い色域，暗部の優れた階調表現などの特性から，近年では4Kテレビやスマートフォンなどにも使用されるようになった。

6.1.4 通　信　機　器

〔1〕 **有線LANインタフェース**　**LAN**とは，local area networkの略称で，家庭内やオフィス内などのローカルな範囲で，PCやルータ，プリンタなどのネットワーク対応機器を接続しデータ通信を行うネットワークである。HUBとよばれる集線装置を使ってツイストペア線で構築するスター型LANが一般的である（詳細は10章を参照されたい）。

LANインタフェースとは，LANにコンピュータを接続するためのインタフェース回路のことを指し，特に，ツイストペアケーブル，同軸ケーブル，光ファイバなどのケーブルで接続する方式を有線LANとよぶ。現在では**イーサネット**（ethernet）規格が主流である。モデムや回線終端装置と同様に，並列データを直列データに変換してデータの送受信を行う。データ構造は，データ本体にアドレス情報や誤り訂正情報などを含んだフレームとよばれるものとなっている。現在の通信速度は100 Mbps，1 Gbpsが一般的である。

〔2〕 **無線LANインタフェース**　ノートPCやスマートフォン，タブレットを中心に，LANの接続にケーブルを要しない無線LANインタフェースが標準装備されるようになった。アクセスポイントとよばれる一つの親局と，複数のコンピュータやネットワーク機器との間で，電波を利用しデータを送受する。**QAM**（quadrature amplitude modulation）という効率のよいディジタル変調方式と，**OFDM**（orthogonal frequency division multiplexing，直交波周波数分割多重）という複数の周波数の信号を高密度に組み合わせる技術，さらに**MIMO**（multiple input multiple output）という複数のアンテナを用いて同一周波数での多重数を増加させる技術などがある。通信速度は，2.4 GHz帯や5 GHz帯を利用する**IEEE 802.11 n**規格で最大600 Mbps，5 GHz帯の**IEEE 802.11 ac**規格で433 Mbps～6.9 Gbpsとなっている。

6.2 周 辺 機 器

コンピュータの利用範囲が広がるにつれ，追加的に付属させる周辺機器も増加する傾向にある。**図6.9**にコンピュータの周辺機器をまとめる。なかには，プリンタのように標準的な入出力機器と見なせるものもあるが一体化されることはないと考え，周辺機器として扱うことにした。以下では，各周辺機器の動作原理について説明する。

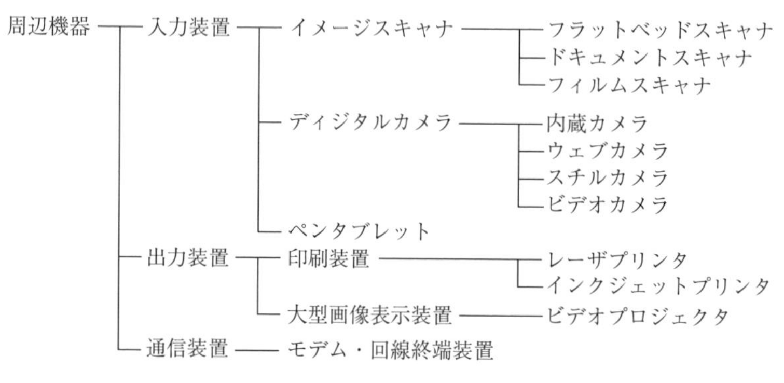

図6.9　コンピュータの周辺機器

6.2.1　イメージスキャナ

絵や写真，書籍，フィルムなどからRGB各色の濃淡情報を読み取ってディジタルデータに変換する機器を**イメージスキャナ**とよんでいる。反射光あるいは透過光をイメージセンサで電気信号にし，RGB各色8～16ビットのディジタルデータに変換される。これらのディジタルデータは，画像入力装置用**API**（application program interface）である**TWAIN**方式や**WIA**（windows image acquisition）方式に準拠したドライバを経由してコンピュータに取り込まれる。イメージスキャナとPCとの接続には，以前は**SCSI**（small computer system interface）やパラレルインタフェースが用いられていたが，現在はUSBや有線LAN，無線LANによる接続が主流である。

フラットベッド型のスキャナは，ガラス製やプラスチック製の原稿台に原稿をおき，移動する光源とセンサによって原稿からの反射光を電気信号に変換して画像のディジタルデータを得る。最近の光源とセンサの組合せには，白色LEDとミラー，レンズ，**CCD**（charge coupled device）イメージセンサを組み合わせるCCD方式や，**図6.10**のようにRGB 3色のLEDを原稿台の幅に並べた光源と，**CMOS**（complementary metal oxide semiconductor）による受光素子を原稿台の幅に並べたラインセンサを組み合わせた**CIS**（密着型イメージセンサ，contact image sensor）方式がある。

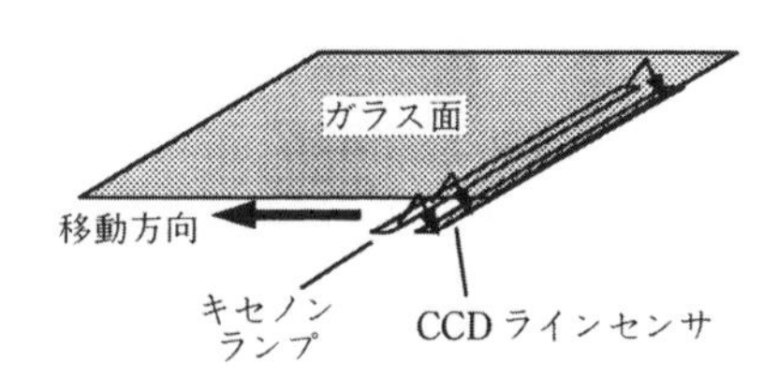

図6.10　CIS方式のフラットベッドスキャナの構造

光学解像度は2 400～9 600 **dpi**（dpi：dot per inch）のものが一般的である。なお，写真フィルムなどの透過原稿の読取りは，原稿台の上部に均一な面発光となる光源を用意し，原稿台に置いたフィルムに光を透過させてスキャンすることで実現している。

また，大量の文書を高速に連続してスキャンするため，CIS方式などのラインセンサを固定しておき，**ADF**（auto document feeder）により自動で原稿を連続して送りながらスキャンを行うドキュメントスキャナや，写真フィルムをスキャンすることに特化したフィルムスキャナなどのイメージスキャナ装置もある。

6.2.2　ディジタルカメラ

最近のディジタルカメラでは，静止画像や動画像はデータ圧縮を行い，画像ファイルとしてSDカードなどのフラッシュメモリに記録される。記録済みのメモリカードはPCのカードスロットに挿入されたり，USBや無線LANでカメラとPCを接続することで，短時間で画像データがPCに取り込まれ，編集されたり，保存されたりする。

最近のノートPCやスマートフォン，タブレット端末では，ディジタルカメラが内蔵されたものが一般的となり，写真撮影用途に加えて，Skype などのビデオ通話やネット会議，Facebook や Instagram などの SNS（social networking service）への投稿などにも用いられている。スマートフォンやタブレット端末には，写真撮影のための背面カメラに加えて，ビデオ通話や SNS への投稿などで用いるユーザ自身の撮影のための前面カメラを搭載している機種も多い。

一方，カメラが搭載されていないデスクトップ PC では，USB 経由で PC と接続できる**ウェブカメラ**が，上述のビデオ通話等で用いられている。また，カメラ単体で LAN やインターネットに接続でき，リアルタイムで動画像をストリーミング配信したり，ウェブ上で画像を公開したり，遠隔から撮影する機能を持つ**ネットワークカメラ**もあり，これらも広義のウェブカメラに含まれる。

これらのディジタルカメラでは，いずれも CCD や CMOS といった撮像素子が利用されるが，現在では CMOS センサが主流となった。スチルカメラとビデオカメラの構成は以下のようになっている。

〔1〕 **ディジタルスチルカメラ**　通常の個人用途のカメラで 1 000 万～2 000 万画素程度，プロ用の一眼レフタイプのもので 3 000 万～6 000 万画素程度の CMOS センサを配置し，高い解像度のカラー画像を撮影できる。**図 6.11** にディジタルスチルカメラの構成と撮像素子を示す。撮影画像は，例えば 800 万画素の場合には 1 画像当り 24 MB にも達するため，撮像素子の後段の LSI にて JPEG 方式の画像圧縮符号化処理を行い，写真の画質劣化を極力抑えながらデータ量を 1/10 程度まで圧縮している。

〔2〕 **ディジタルビデオカメラ**　最近のディジタルビデオカメラは，フル

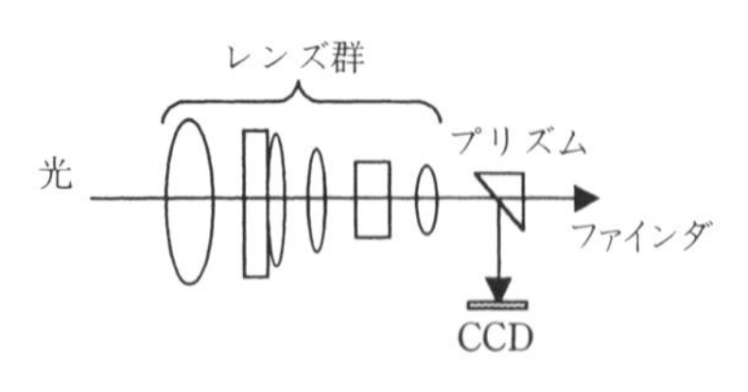

（a） ディジタルスチルカメラの構造

（b） 撮像素子

図 6.11　ディジタルスチルカメラの構造と撮像素子

HDの1 920×1 080画素や4K UHDの3 840×2 160画素の解像度での撮影に対応し，200万画素から2 000万画素程度のCMOSセンサを搭載したものが市販されている。業務用ビデオカメラでは色再現性を向上させるため，三つの撮像素子をカメラ内に搭載し，分光された3原色光（R・G・B）それぞれに対応したセンシングを行うようになっている。

動画像は，時間的に連続した静止画像で構成されているが，1秒当りに撮影する枚数（フレーム数）を意味する**フレームレート**は，映画用で24 **fps**（fps：frame per second），テレビ用では30 fpsや60 fpsが用いられる。また，各フレームの画像内のすべての行（フィールド）を記録する**プログレッシブ**（progressive）方式と，テレビのコンテンツなどで用いられる，フレームごとに交互に奇数フィールドもしくは偶数フィールドを間引き，各フレームの情報量を半分に削減する**インタレース**（interlace）方式に対応できる機能をもっている。記録媒体としては，ビデオカメラ内蔵の16～64 GBのフラッシュメモリや，外付けのSDメモリカードなどに対応している。動画像データはデータ量が非常に大きくなるために，静止画の圧縮符号化よりも高効率にデータ圧縮が行えるMPEG4-AVC/H.264（AVCHDやMP4）やXAVCなどの動画像圧縮符号化が採用されている。この符号化処理は録画中にリアルタイムで行う必要があり，専用のエンコードLSIを搭載している。

6.2.3　ペンタブレット

ペンタブレットは，板状のタブレット本体と専用ペンを用いて座標位置の入力や図形選択，図形描画などが行える入力装置である。**図6.12**に示すように，ペンの*XY*座標を数μm～数十μmの高分解能で検知できるとともに，方位角・高度などのペンの傾き情報や，数百～数千レベルの詳細な筆圧情報などが数百Hzの高時間分解能で検知できるため，イラストやグラフィックデザイン，画像編集，手書き文字の取込みなどで用いられる。

現在の主流である電磁誘導方式は，タブレットのセンサパネル内に，*X*方向と*Y*方向に細長いアンテナコイルが複数並んだ構造となっている。そのア

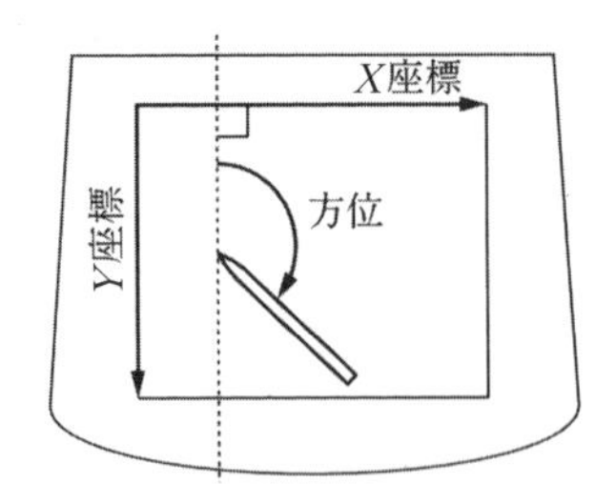

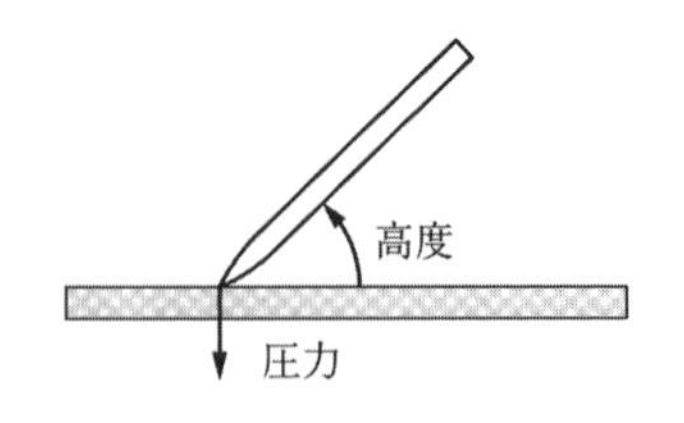

図 6.12　ペンタブレットで検知できるペンの情報

ンテナから送信した電磁波を専用ペン内のコイルとコンデンサからなるLC共振回路で受信し，専用ペンは筆圧センサやペン内蔵のボタンの状況に応じて送信する周波数を変化させた電磁波を送信する。この専用ペンが発する電磁波をセンサパネル内の複数のアンテナコイルで受信し，各アンテナコイルの受信強度の分布からペンの位置を特定するとともに，受信した電磁波の周波数で筆圧やボタンのON/OFFなどの情報を取得している。このような原理を用いることで，ペン内部の電源が不要な構造となっている。

6.2.4 プ　リ　ン　タ

コンピュータから送られてくる文字，図表，画像などの情報を，紙もしくはフィルム上に印刷して可視化する出力装置である。現在では，以下に述べる**レーザプリンタ**と**インクジェットプリンタ**が主流である。

〔1〕 **レーザプリンタ**　図6.13に示すように，まず，数百ボルトに帯電させた感光体ドラムの表面に，文字や画像のパターンをレーザ光で照射することでドラム表面の帯電電位を低下させる（露光）。その後，帯電した炭素の粉体（トナー）をドラム表面の電位が低い箇所に

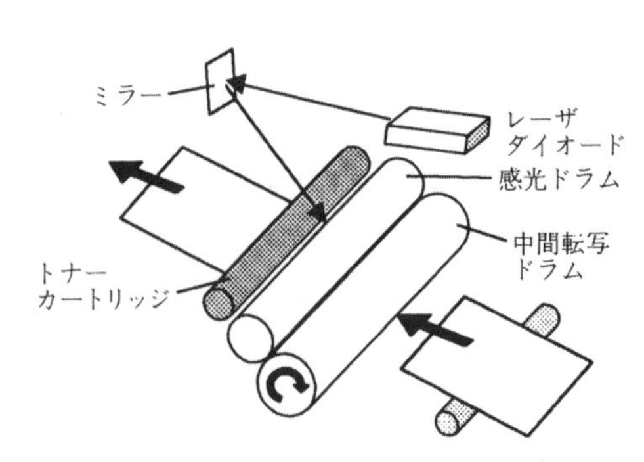

図 6.13　レーザプリンタの原理図

静電気力で付着させ（現像），中間転写ドラムに転写する。つぎに，用紙の裏から逆の電位を加えることで中間転写ドラムから用紙にトナーを転写し，その後，熱せられたローラーの間に用紙を通してトナーを圧力と熱で定着させる。

解像度は，600～1 200 dpi が一般的である。PC からレーザプリンタへの印刷データの受渡しは，PostScript や LIPS などの **PDL**（page description language）とよばれるページ記述言語を用いてベクトルデータで行い，プリンタ内部のプロセッサでビットマップデータに変換して印刷する方式や，PC 上であらかじめビットマップデータに変換したうえでプリンタにデータを送り印刷する方式がある。なお，モノクロプリンタの場合は，黒トナーの1色のみであるが，カラーの場合は **CMYK**（シアン（C），マゼンタ（M），イエロー（Y），ブラック（K））の4色のトナーを用いる。

〔2〕 **インクジェットプリンタ**　数ピコリットル（pico litter，pl，1ピコリットル＝10^{-12} リットル）の液体インクの微粒子をプリントヘッドから用紙に吹き付けて印刷するプリンタである。写真などのカラー画像を印刷するためのプリンタとして広く用いられており，その場合には CMYK の4色を基本とし，さらに色再現性を高めるため，薄いマゼンタや薄いシアン，赤，青，グレー，クリアなどを追加して6～12色のインクを搭載したものがある。

プリントヘッドにおけるインク粒子の制御方法には，キャビティとよばれるインク溜（だま）りにあるインクを，ヒータによって発生させた気泡で押し出す方式と，圧電素子によりキャビティ外部から圧力をかけて押し出す方式とがある。

6.2.5 ビデオプロジェクタ

プレゼンテーションツールとして最もよく用いられているのが，コンピュータからのビデオ信号によって数十～数百インチの大型画面をスクリーンに投影する**ビデオプロジェクタ**である。最近では，3枚の液晶パネルを用いた液晶方式と，1枚の **DLP**（digital light processing）パネルおよびカラーホイールを用いた DLP 方式が主流である。

〔1〕 **液晶方式**　**図 6.14** に液晶方式のビデオプロジェクタの原理図を示

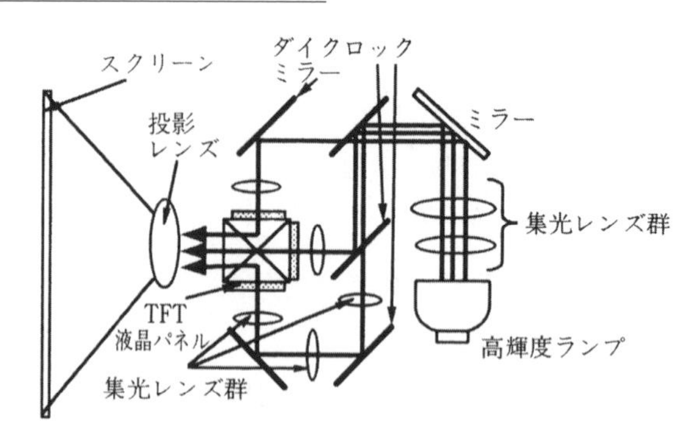

図 6.14　液晶方式のビデオプロジェクタの原理図

す。メタルハライドランプなどの高輝度な光源からの光はレンズによって集光後，ダイクロックミラー（特定の波長の光を反射するミラー）によって RGB の 3 原色に分離され，各色用の TFT 液晶パネルを通過させた後，投影レンズによりスクリーン上に結像させる。プロジェクタには，0.64 インチや 0.75 インチ程度のサイズの液晶パネルが用いられている。また，図 6.14 にて述べた一般的な透過型の液晶パネルとは異なり，D-ILA や SXRD とよばれる反射型の液晶パネル（**LCOS**，liquid crystal on silicon）を用いた液晶方式もある。

〔2〕 **DLP 方式**　DLP 方式は，MEMS（micro electro mechanical systems）技術を用いて半導体チップ上に集積化した，総画素数に相当する数百万個から数千万個の微小なアルミニウム製のミラーを高速に駆動することで光の反射量を制御する，Texas Instruments（TI）社が開発した **DMD**（digital micromirror device）チップを用いた方式である。光源からの白色光を，高速に回転している赤，緑，青のフィルタからなるカラーホイールに通して時分割の赤，緑，青の光とし，その光を DMD に当てて，その反射光を逐次投影することでカラー画像を表示している。

両方式ともに，投影レンズの焦点距離によって投影距離に対する投影サイズがきまり，例えば 2 m の投影距離では通常のレンズでは 50 インチ程度，短焦点レンズでは 100 インチ程度の大画面が投影できるものもある。解像度は，1 920×1 080 画素の FHD や 1 920×1 200 画素の UWXGA が主流であるが，

4 096×2 160 画素の DCI 4K の解像度を持つプロジェクタも登場している。基本的には，液晶パネルや DMD チップの解像度が投影画像の解像度を決定するが，画像の投影位置を 1 画素分もしくは半画素分シフトした投影と，通常位置の投影を時分割で高速に切り換えることで，FHD のパネルで 4K の解像度を擬似的に実現する技術も実用化されている。

6.2.6　通信機器（モデム，回線終端装置）

現在のように高速の光ファイバ回線が普及する前は，コンピュータ間の通信に電話回線を利用せざるをえず，ダイアルアップ IP 接続という方法をとっていた。その際，用いられていたのがディジタル信号とアナログ信号間の変換を行う**モデム**（変復調）装置である。2000 年頃までは，アナログモデムにより，アナログ電話回線の周波数帯域である 300〜3 400 Hz を利用し，周波数変調あるいは位相変調方式によって最大 56 kbps の通信速度でディジタルデータを伝送していた。1995 年からはディジタル回線である **ISDN**（integrated services digital network）回線が用いられ，ディジタル回線終端装置（**DSU**，digital service unit）とターミナルアダプタ（**TA**，terminal adapter）を用いて 64 kbps または 128 kbps のデータ通信が 2000 年頃まで行われた。これらの通信装置が使用されていた時期には，PC に 112.5 kbps まで対応した **RS-232C** とよばれるシリアルインタフェースが標準搭載されており，アナログモデムやターミナルアダプタとの接続に利用されていたが，現在では USB インタフェースに置き換わった。

2000 年以降，アナログ電話回線の数百 kHz〜数 MHz の非可聴帯域を用いる **ADSL**（asymmetric digital subscriber line）モデムや，ケーブルテレビ（CATV）回線を用いる CATV モデムによる，数十 Mbps の高速データ通信が可能なブロードバンド回線によるインターネット接続が普及した。また，光ファイバによる高速な **FTTH**（fiber to the home）回線と，光・電気信号間での変換を行う光回線終端装置（**ONU**，optical network unit）を用いて，現在では家庭からも 10 Gbps の超高速データ通信が可能となっている。これらのブロードバンドインターネット接続を行う通信装置と PC の接続は，6.1.4 項で述べた高速な有線 LAN インタフェースや無線 LAN インタフェースで接続するのが一般的である。

6.2.7　A-D および D-A 変換器

自然界はアナログの世界であり，コンピュータ内部はディジタルの世界である。計測や制御，音声の録音・再生などを行う場合，またはアナログ回線を使用した通信を行う場合，アナログ信号からディジタル信号へ，またはディジタル信号からアナログ信号への変換が必要となる。これらの機能を行うものが **A-D 変換器**および **D-A 変換器**である。

A-D および D-A 変換器では変換時間（A-D の場合はある時刻のアナログ信号を 0,1 のディジタルデータに変換するまでの時間，D-A の場合はディジタルデータを与えてからその値に応じた電圧や電流が出力されるまでの時間），精度（または分解能，ビット数）に応じて種々の方式が提案され実用化されている。変換時間を T_S とすると，これら変換器で扱えるアナログ信号の上限周波数 f_{max} が次式により決まるので，式（6.1）のようになる。

$$f_{\mathrm{max}} \leqq \frac{1}{2T_S} \tag{6.1}$$

f_{max} がわかっている場合には，式（6.1）を満足するような T_S を持つ仕様の変換器を使う必要がある。

図 6.15 に，4 ビットの電圧加算方式 D-A 変換器の原理図を示す。

S_0, S_1, S_2, S_3 のスイッチが右にあるときには対応するビットである D_0

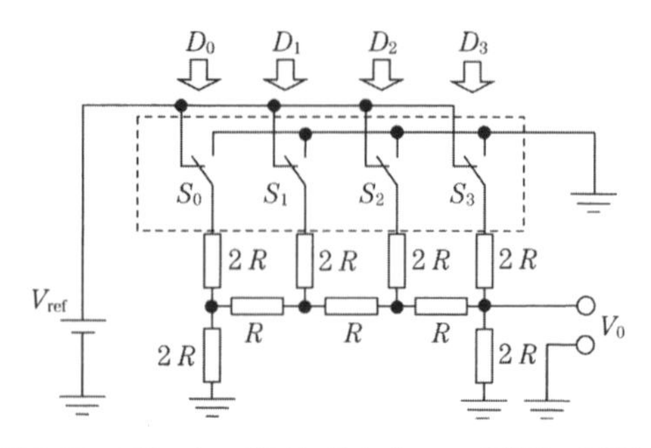

図 6.15　4 ビットの電圧加算方式 D-A 変換器の原理図

(LSB), D_1, D_2, D_3 (MSB) は0であり，左にあるときは1となる。このスイッチをトランジスタに置き換えることで，D-A変換器を構成できる。この変換器の出力電圧は式（6.2）で与えられる。

$$V_0=\frac{1}{3}V_{\mathrm{ref}}\sum_{i=0}^{3}2^{i-3}D_i \tag{6.2}$$

例えば，$V_{\mathrm{ref}}=3$ V であれば，D_0, D_1, D_2, D_3 の4ビットに任意の0もしくは1を定めることにより0〜1.875 Vの16通りの電圧が出力される。このようにディジタル入力 D_i に対応して出力電圧が得られるものをD-A変換器とよぶ。

A-D変換器には，積分方式，帰還比較方式，無帰還比較方式があるが，ここでは比較的原理がわかりやすく実際にも広く用いられている帰還比較方式の一種である逐次比較型A-D変換器について述べる。**図6.16**に構成および動作原理図を示す。この方法は，内部で作り出されたD-A変換器の出力信号と入力信号を，**SAR**（successive approximation register，逐次比較レジスタ）で逐次比較しながらディジタル出力の精度を上げていく方法である。

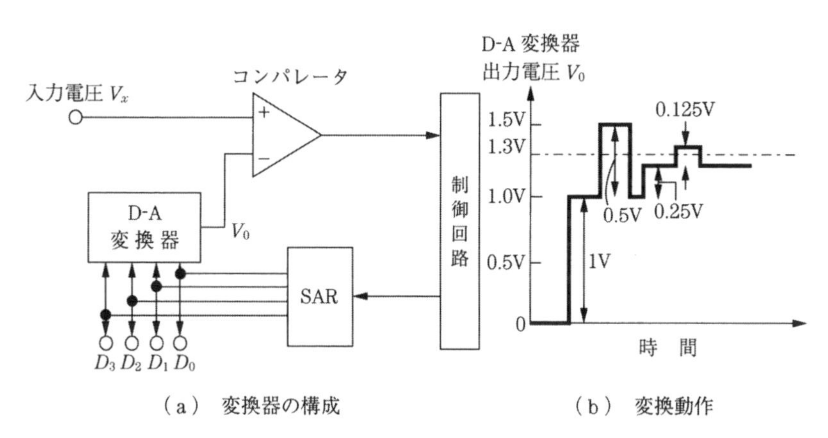

（a）変換器の構成　　（b）変換動作

図6.16　逐次比較型A-D変換器の構成および動作原理図

動作説明を簡単にするために図6.15のD-A変換器が使われ，正の電圧0〜1.875 Vの範囲の電圧を変換可能であるとしよう。いま入力に被変換アナログ電圧 V_x として1.3 Vが入力されたと仮定する。まずMSBの D_3 に1が与えられ，1 VがD-A変換器から出力される。コンパレータ（高精度比較器）で V_x

と V_0 が比較される。このとき $V_x > V_0$ であるので変換の最上位ビットは 1 で決定となる。つぎにこの結果をふまえて，制御回路から SAR に信号が加わり，D_2 に 1 が与えられ，比較される。このときの V_0 は 1.5 V となって $V_x < V_0$ となり，V_0 が大きすぎるので D_2 は 0 に戻される。つぎに，D_1 に 1 が与えられ，比較される。このときは，V_0 は 1.25 V となるので $V_x > V_0$ が成り立ち，D_1 は 1 で決定となる。最後に，D_0 が 1 になり，V_0 が 1.375 V となって $V_x < V_0$ となり，V_0 が大きすぎるので D_0 は 0 に戻される。以上の結果，$D_3D_2D_1D_0$ は 1010 と決定される。この逐次比較法では，出力のビット数分の回数だけ比較を行う必要があり，変換速度はビット数に比例して遅くなる。8 ビットの変換器では最大電圧の 1/256（約 0.4 %），10 ビットの変換器では最大電圧の 1/1 024（約 0.1 %）の変換精度が得られることになる。

演 習 問 題

1）**表 6.2** のような信号を出力するキーボード符号器を設計せよ。

表 6.2

押下キー	出　力			
	D_3	D_2	D_1	D_0
A	0	0	1	0
B	0	0	1	1
C	0	1	1	0
何も押さない	1	1	1	1

2）液晶ディスプレイで用いられている液晶材料にはどのようなものがあるか。

3）液晶ディスプレイの時間応答特性を改善するために，どのような対策がとられているかを説明せよ。

4）減法混色と加法混色について説明せよ。

7 入出力制御

6章で述べたように，さまざまな入出力機器が一つのコンピュータに接続されるようになり，質・量ともに異なるデータを容易に取り扱えるようなインタフェース規格や入出力プロトコルが用意されている。例えば，スキャナから画像データを読み込もうとした場合にはMB単位からGB単位のデータを急に受け入れなければならないのに対し，キーボードやマウスからのデータは，ときどき数ビットずつ入ってくるだけである。また，プリンタにデータを送って印刷するとなれば，大量の文字や画像データをプリンタの受け入れ速度に合わせて出力しなければならない。このように，入出力機器によってデータの入出力方法を変える必要があり，何らかの制御が必要となる。

一般に，入出力機器とコンピュータとの間のデータ転送においては，どちらかが主導権を握らなければならない。通常は，コンピュータが主導権を握って入出力制御を行うが，場合によっては入出力機器側が主導権をとることもある。このことは，どのようなインタフェース規格や入出力プロトコルであろうとも変わることはない。

本章では，まず入出力機器の基本的な制御手順と割込みを用いる制御手順について述べる。その後で，現在用いられている入出力インタフェースの規格とプロトコルについて述べることにする。

7.1 基本的な入出力制御手順

一般的に，入出力機器が扱うことのできる単位時間当りのデータ量は，コンピュータ本体が扱うデータ量に比べて格段に少ない。したがって，多くの場合，主導権はコンピュータが握り，つぎのような入出力手順に従う。

① 複数ある入出力機器のうち，特定の機器を指定する。

② 指定した装置が入力機器のときにはデータをコンピュータに送出するように，また，出力機器を指定した場合にはコンピュータからのデータを受

け取るように指示する。

③　メモリへのデータの受入れもしくはメモリからのデータの送出を行う。

④　実時間性よりも信頼性を重視する場合には，データの損失・誤りなどがなかったことを確認する。データの損失・誤りがあった場合には再送要求，誤り訂正などの対処を行う。

図7.1に，コンピュータ本体と入出力機器との関係を示す。図のように，入出力機器はインタフェース回路を介して接続され，入出力機器のデータ処理速度の遅さがCPUやバスラインへの負荷とならないよう配慮される。したがって，インタフェース回路の中には，小規模なメモリ，レジスタなどを含んでいることが多い。また，コンピュータ本体のデータバスには並列データが流れることから，直列データをやり取りする入出力機器に対しては，データの並列－直列変換を行う回路もこのインタフェース回路の中に含まれる。

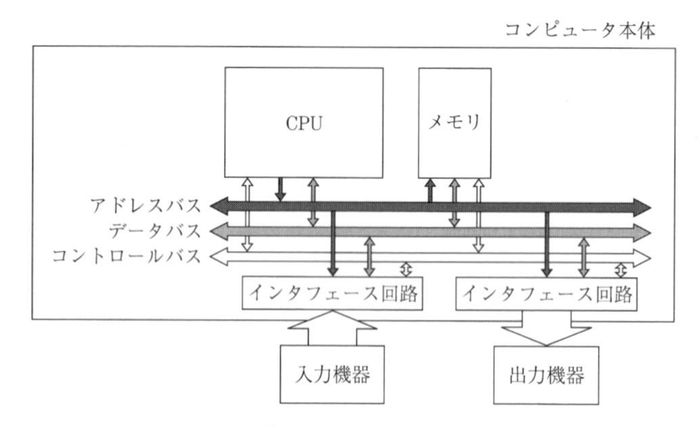

図7.1　コンピュータ本体と入出力機器の関係

図7.2に，インタフェース回路の内部構成を示す。アドレスバスの信号が接続されている入出力機器へのアクセスかどうかを判断するアドレスデコーダ，コンピュータ本体と入出力機器のデータ転送速度やデータフォーマットの違いを吸収するためのレジスタやバッファ，コントロールバスにあるREAD/WRITE信号をもとにタイミングをはかったり入出力機器からの割込みをコンピュータ本体に伝えるための制御回路などからなる。

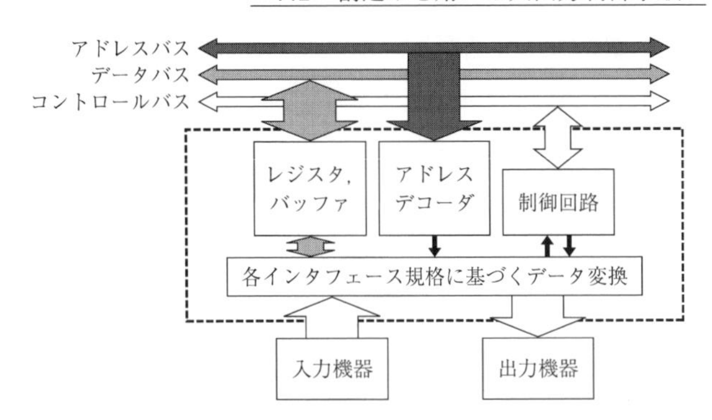

図 7.2 インタフェース回路の内部構成

7.2 割込みを用いる入出力制御手順

キーボードやマウスからの入力，プリンタの用紙切れやインク切れ，紙詰まりなど，何らかのアクションがあってから入出力装置の制御を行う，いわゆるイベントドリブン型の処理を想定した場合には，つぎのような**割込み**を用いる手順が一般的である。

① 割込み受付けを許可する。

② 割込み信号が検出されない限り，コンピュータ本体は通常の処理を行う。

③ 割込み信号が検出された場合，実行中の処理を中断し，他の装置からの割込みを不可能にする。

④ コンピュータ本体は，割込みを受け付けたことを該当する入出力機器に知らせ，割込み信号の発信を停止させる。

⑤ 中断中の処理を再開する際，のちほど必要となる情報を一時退避させる。

⑥ 割込み要因に応じた処理を行う。

⑦ 割込み処理後，他の装置からの割込みを可能にする。

⑧ 一時退避しておいた情報をもとに戻し，通常の処理を再開する。

割込み方式としてはおもに，コンピュータがハードウェアからの割込み信号によって実行中のプログラムに関係なく別の処理を行う**ハードウェア割込み**と，コンピュータで実行中のオペレーティングシステムやアプリケーションプログラムで発生し，実行中のプログラムから別のプログラムに処理を切り換える**ソフトウェア割込み**に分類されるが，以下では，3種類の代表的なハードウェア割込み方式について述べることにする。

7.2.1 専用線割込み方式

最も直接的なハードウェア割込みの方式として考えられるのは，コンピュータ本体に対する専用の割込み線を用いる方式である。この**専用線割込み**方式では複数の専用線が必要であるが，即座に割込み要因を特定できることから，緊急性が高い割込み，あるいはかなり優先順位が高い割込みに用いられる。例えば，携帯型コンピュータのバッテリ電圧が低下してきて至急，データをハードディスクに退避したい場合や，キーボードからの入力がほとんどなくなってコンピュータ本体を節電モードにしたい場合，あるいはコンピュータ本体の裏蓋が開けられてアラームを発したい場合などである。

通常CPUはこのような割込み入力を複数持ち，それらの入力を受け付けるか否かを決定する割込みマスクデータをCPU内部の割込みマスクレジスタに書き込んでおく。割込みを受け付けると，割込み優先順位に応じてあらかじめ定められたメモリアドレスがCPU内部のプログラムカウンタ（*PC*）に書き込まれ，該当するアドレスを開始番地とする割込み処理プログラムが実行される。

7.2.2 ベクトル化割込み方式

図7.3のような構成により，共通割込み要求線とデータバスを用いて，どの装置からのどのような割込みであるかを認知する方式である。共通割込み要求線からきた割込み信号だけでは，コンピュータ本体は割込み要求があったことは理解するが，どの装置からのどのような要求であるかがわからない。そのため，まず，共通割込み要求線に接続されている装置に要求を出したか否かを尋ね，割込み要求装置を特定する**ポーリング**（polling）を行う必要が生じる。この特定作業のために，割込み装置の識別データと割込み要因を表す「ベクトルデータ」を割込み装置がデータバスに送出し，CPUはこのデータをもとに定められた割込み処理をする。例えば，周辺機器で生じたトラブルが何であるか

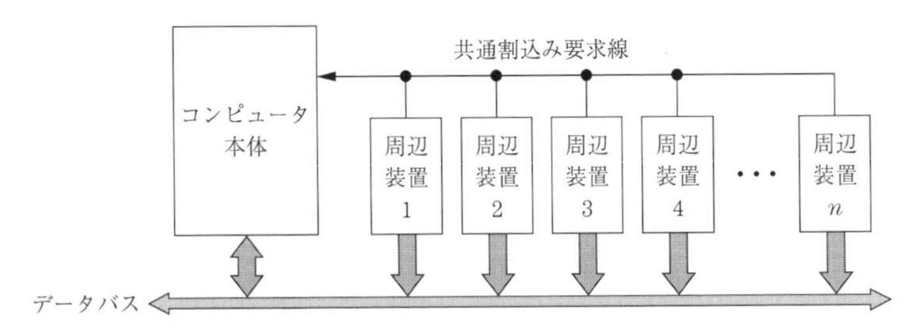

図 7.3　ベクトル化割込み方式の原理図

を示すのがベクトルデータであり，そのトラブルの種類に応じたメッセージをユーザに出すのが割込み処理である。

このように CPU が割込み要求を受けて，ただちに割込みルーチンを実行する方式を**ベクトル化割込み**方式とよぶ。

7.2.3　連鎖式割込み方式

周辺装置にあらかじめ割込み優先順位を付けておき，複数の装置から同時に割込み要求があった場合には優先順位の高いものから処理を開始するのがこの**連鎖式割込み**（daisy-chain priority interrupt）である。**図 7.4** に連鎖式割込み方式の原理図を示す。共通割込み要求線に信号が発生するとコンピュータ本体から割込み受理の信号が出力される。この信号は，まず優先順位の最も高い周辺装置 1 に送られる。割込み要求を出したものが周辺装置 1 でなければ，割込み受理信号はつぎに優先順位の高い周辺装置 2 に送られる。もし，周辺装置 2 が割込み要求を出した装置であれば，データバスにベクトルデータを送出し，

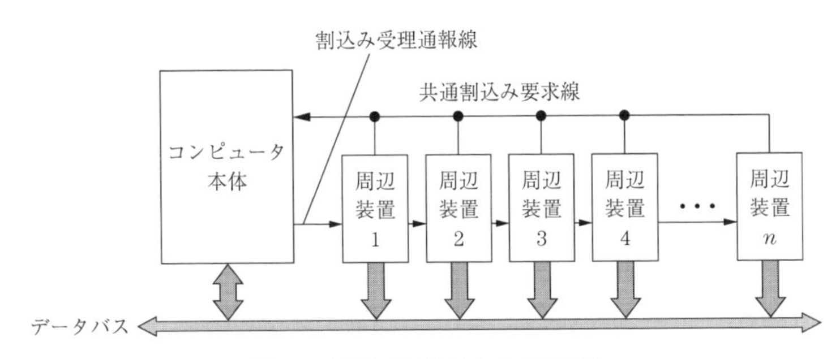

図 7.4　連鎖式割込み方式の原理図

割込み処理プログラムが実行される。

このようにすることで複数の割込み処理に対応し，なおかつ周辺装置間に割込みサービスの優先順位を付けることができる。

7.3　DMA を用いる入出力制御法

入出力機器からのデータをメモリに格納する際，いったん CPU のレジスタに格納してからメモリに転送するのでは，つぎからつぎへとくるデータ転送に追いつかない。また，CPU の処理能力がデータ転送処理に費やされるとともに，データ転送の間，ほかの処理に CPU の処理能力を割くことができない。そこで，CPU をデータ転送処理から開放し，周辺装置の動作上の制約からデータをまとめてメモリに格納したい場合などに，この **DMA**（direct memory access）が用いられる。**図 7.5** に DMA を用いた入出力制御法を示す。

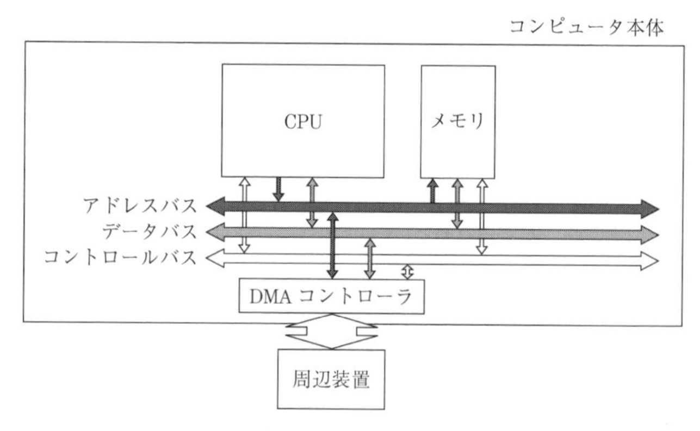

図 7.5　DMA を用いた入出力制御法

入出力制御は CPU が行うのではなく，DMA コントローラとよばれる専用のコントローラによって行われる。DMA コントローラには，メモリアドレスを指定するためのレジスタ，転送データ量を与えるカウンタ，DMA の動作を示すレジスタ，データバッファレジスタなどが含まれる。データ転送は CPU がデータバスとアドレスバスを占有していない時に行われるサイクルスチール方式が一般的であるが，場合によっては強制的に CPU をホールド状態にして行う場合もある。以下に，データ転送手順を示す。

① DMA コントローラの初期設定を行う。

② メモリ開始アドレスを DMA コントローラに書き込む。

③ 転送データ量を DMA コントローラに書き込む。

④ DMA の動作（メモリへの転送かメモリからの転送）を指定する。

⑤ DMA コントローラに動作開始信号を送り，DMA を開始させる。

DMA コントローラは，CPU からの動作開始信号を受け取ると CPU とは無関係に入出力命令の実行を開始し，CPU は他のプログラムの実行を開始する。実際にデータ転送が行われるのは，CPU がデータバスとアドレスバスを利用していない間である。指定されたデータ量の転送が完了すると，DMA コントローラは CPU に割込み信号を送り，動作完了を知らせる。

7.4 I/O チャネル方式

割込みや DMA を利用しても目標とするデータ転送速度が確保できない場合には，**I/O チャネル方式**が採用される。**図 7.6** に I/O チャネル方式の原理図を示す。チャネルは DMA コントローラあるいは，ある種の CPU で構成され，

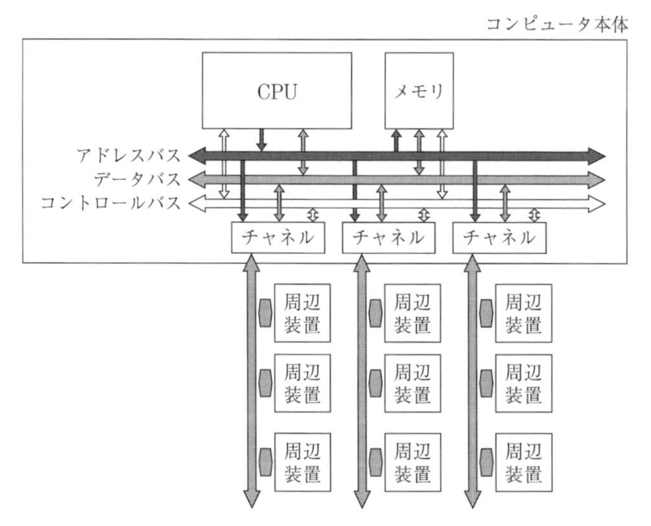

図 7.6 I/O チャネル方式の原理図

システムバスへ負荷がかからないようにする。I/O チャネル方式は大型コンピュータで採用された方式で，最近ではチャネルの部分を，CPU とその周辺の構成要素間のデータのやり取りを制御するチップセットという専用の LSI を複数利用し，7.5 節のような拡張バスのかたちで PC に取り入れられている。

7.5　拡張バスと入出力インタフェース

コンピュータを構成するには，CPU が使用するアドレスバス，データバス，コントロールバスなどのきわめて高速なシステムバスに加え，多種多様な周辺機器を接続するための拡張バス，両者のバスの橋渡しをするブリッジ機能が必要である。そのため，これらのインタフェースのコントローラなどの複数の重要な機能を持った LSI を**チップセット**とよび，CPU 周辺に組み合わされて使用される。以前の PC では，2〜3 個の LSI でチップセットを構成していたが，CPU からメインメモリやグラフィックボードなどへさらに高速にアクセスするため，2009 年頃からはチップセットが受け持っていた主要な機能が CPU に内蔵され，現在のチップセットは一つの LSI で構成されるものが多い。

図 7.7 に一般的な PC の入出力インタフェース構成例を示す。コンピュータ本体にはそれぞれのインタフェースに対して，さまざまな種類のバスが用意されている。初期の拡張バスとして，16 ビットのバス幅を持つ **ISA**（industry standard architecture）バスや，32 ビットの **EISA**（extended ISA），32 ビットもしくは 64 ビットの **PCI**（peripheral component interconnect）バスなど，**パ**

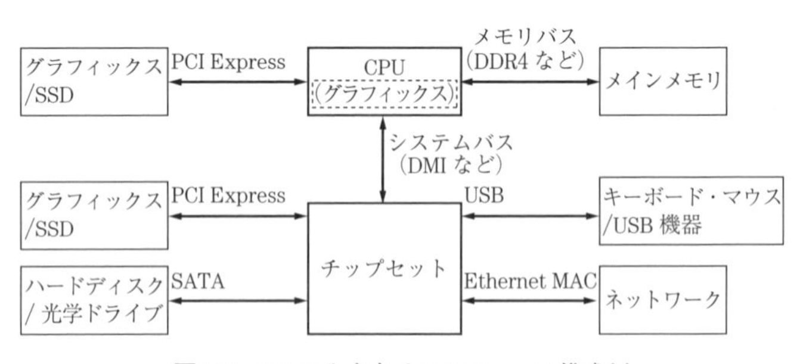

図 7.7　PC の入出力インタフェース構成例

ラレル伝送を実現するバスが用いられてきた。しかし，更なる高速化を実現するためにバス幅を拡張すると，LSIのピン数，ケーブルの芯線数，プリント基板の配線数が増加するという弊害が生じる。また，複数の信号線を用いた方式でクロック周波数を高めてゆくと，同時に送信した信号の到達時間がばらつくことで信号線間の受信タイミングを同期させることが困難となったり，信号線間の干渉（クロストーク）も問題となるため，パラレル伝送方式では更なる高速化は難しいとされた。

そのため現在では，CPUとメインメモリを接続するメモリバスはパラレル伝送方式のままであるが，PCI ExpressをはじめとしSATAやUSBなど主要なインタフェースが**シリアル伝送**方式のバスで構成されている。

また，GPUを搭載した**グラフィックボード**（ビデオカード，グラフィックカードともよばれる）は，以前はチップセットを介してビデオ専用の**AGP**（accelerated graphics port）バスとよばれる32ビット幅，2.1 GB/sのパラレル伝送方式のバスで接続されていたが，現在ではグラフィックボードの接続にもシリアル伝送方式のPCI Expressが共通利用されている。

7.5.1 メモリバス

メモリバスは，CPUと主記憶（メインメモリ）との間の非常に高速なバスである。PCにおいては，バス幅が64ビットである**DDR4 SDRAM**（double data rate 4 synchronous DRAM）が現在主流である。DDR4-3200とよばれるデータ転送レートが3 200 Mbpsのメモリを例にとると，複数個のメモリチップをプリント基板に実装した**DIMM**（dual inline memory module）とよばれるメモリモジュール当りのデータ転送速度は3 200 Mbps×64ビット＝204 800 Mbps＝25.6 GB/sとなり，非常に高速なバスであることがわかる。この転送速度から，このメモリモジュールの規格はPC4-25600ともよばれる。

7.5.2 PCI，PCI Express

PCI（peripheral component interconnect）バスはパラレル伝送インタフェー

スであり，1992 年に策定された初期のものは 32 ビット幅，33 MHz のクロックで 133 MB/s の転送速度であったが，その後に 64 ビット幅，66 MHz で 533 MB/s の転送速度の規格も登場した。多様なアーキテクチャに対応できるようにブリッジ回路を設けており，ビデオカード，ネットワークカード，サウンドカードなどのアドインボードを接続可能な拡張インタフェースであった。

2002 年には，より高速な拡張インタフェースとして，**PCI Express** が策定された。これは，少ない信号線でデータ転送が可能なシリアル伝送インタフェースであり，送信用と受信用の差動伝送路のペアを**レーン**とよび，1 レーン当りのビットレートは Rev. 1.1 で 2.5 Gbps，Rev. 2.0 で 5 Gbps，2012 年に策定された現在主流の Rev. 3.0 では 8 Gbps へと高速化されたが，さらに Rev. 4.0 で 16 Gbps，Rev. 5.0 で 32 Gbps へと，規格の策定が進められている。

PCI Express では，8 ビットのデータを 10 ビットのパターンで表現する **8b/10b 符号化**を行っているため，1 レーン当りの片方向の実効転送速度は，Rev. 1 で 250 MB/s，Rev. 2 で 500 MB/s，Rev. 3 では約 985 MB/s である。帯域幅を拡張するために複数のレーンを束ねて使用することができ，例えば，現在のグラフィックカードとマザーボードとの接続において主流である PCI Express 3.0 の 16 レーンをまとめた x16 リンクでは，985 MB/s×16 倍で約 15.8 GB/s の実効転送速度を備えている。また，現在では数 GB/s の高速なデータ転送速度を持つ SSD が出現し，600 MB/s の Serial ATA インタフェースではボトルネックとなってしまうため，PCI Express 2.0 x4 や PCI Express 3.0 x4 を用いて接続している。なお，7.5.4 項にて述べる USB 3.0 や，7.5.6 項にて述べる SAS などでは，PCI Express のデータ転送方式を用いている。

7.5.3　Serial ATA（SATA）

ATA（advanced technology attachment）は，PC に内蔵するハードディスクや光学ドライブなどのストレージをマザーボードと接続するためのインタフェースで，以前は 40 芯や 80 芯のフラットケーブルと角型コネクタを用いて 133 MB/s のパラレル伝送を行う Ultra ATA/133 規格などが主流であった。

現在では，シリアル伝送方式に変更した **Serial ATA**（**SATA**）によって，より高速なデータ転送が実現されている。150 MB/s の実効転送速度を備えた SATA（1.5 Gbps）から始まり，現在の Serial ATA 3.0（6 Gbps）では 600 MB/s に引き上げられ，ハードディスクドライブや SSD の接続に利用されている。また，外付けドライブを接続するためのインタフェースとして，**eSATA**（external SATA）規格が用意されている。

また，新たに規格化された **SATA Express** インタフェースでは，従来の Serial ATA 機器と互換性を保ちながら，SATA Express 規格に対応した機器間では PCI Express 3.0 のデータ転送方式を採用することで，更なる高速化を実現している。

7.5.4 USB

現在，**USB**（universal serial bus）はわれわれの身近で最も利用されているインタフェースで，PC に限らず，スマートフォンや Audio-Visual 機器，家庭用ゲーム機，電子楽器，IoT（internet of things，モノのインターネット）機器など，多種多様な電子機器で用いられている。近年の PC は，キーボードやマウスをはじめ，外付けハードディスクドライブ，外付け光学ドライブ，USB フラッシュメモリ，オーディオインタフェース，ウェブカメラなど，多くの周辺機器が USB で接続されている。

USB の規格は，1996 年に策定された 1.5 Mbps と 12 Mbps の転送速度を持つ USB 1.0 に始まり，1998 年には USB 1.1，2000 年には 480 Mbps のハイスピードモードを備えた USB 2.0，2008 年には USB 2.0 と上位互換性を持たせたうえで 5 Gbps のスーパースピードモードを備えた USB 3.0 が策定された。さらに，2013 年には USB 3.0 と上位互換性を持たせたうえで 10 Gbps のスーパースピードプラスモードを備えた USB 3.1，2017 年には 20 Gbps の USB 3.2 へと発展している。

USB 1.1 や USB 2.0 のケーブルは，1 組（2 本）の差動信号線で送信・受信を交互に行う半 2 重通信のための信号線に加えて，直流電圧 5 V の電源供給の線とグラウンド線の計4本である。データ転送速度が異なる127台までの機器を，ハブを使ってツリー状に接続できる。**図7.8**に，USBにおけるフレームとパケットを示す。フレームは，SOF（start of frame）パケット，トークンパケット，データパケット，およびハンドシェイクパケットからなり，つぎのような手順でデータ転送が行われる。

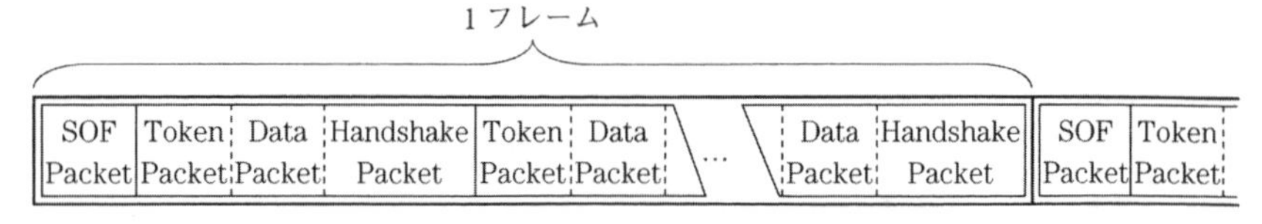

図7.8　USBにおけるフレームとパケット

① PC側から1フレームの開始を示すSOFパケットを送出。

② どの機器にどのようなデータ転送を行うかを指示するトークンパケットを送出。

③ 該当する機器がデータパケットを送出。

④ さらに該当する機器はフロー制御のためのハンドシェイクパケットを送出。

⑤ 正常にデータ転送が行われた場合，受信側からACKパケットを送出。

⑥ 異常の場合はNAKのパケットを送出。

⑦ 再び②から繰り返す。

なお，高速デバイスからのデータパケットは正論理，低速デバイスからのデータパケットは負論理であり，機器からの中断を要求するSTALLパケットも利用できる。また，ビデオ機器やオーディオ機器のように，データパケットの喪失は覚悟して，実時間性を重視したデータ転送方式である**アイソクロナス転送**（isochronous transfer）を選択することもできる。

USB 3.0では，USB 2.0との上位互換性を持たせるためにUSB 2.0同様の4本の線を備えたうえで，さらにUSB 3.0対応機器どうしでデータの送受信を同時に行う全2重通信を5 GHzで実現するための2組（4本）の差動信号線が追加され，計8本となっている。USB 3.0では，PCI Expressなどでも用いられている8b/10b符号化方式や，ケーブルの高周波特性を補償するイコライザ，ACK応答を待たずに連続してデータを転送する**バースト転送**などの多くの技術で高速化を実現している。USB 3.1では，さらに符号化方式などを変更することで2倍の10 GHzを実現し，USB 3.2ではUSB 3.1のレーンを二つにすることで20 GHzとしている。

また，USBインタフェースは，接続された周辺機器に直流電圧5 Vの電力を供給できる**バスパワー**機能を備えており，機器の利便性向上につながっている。供給できる電流は基本的には100〜900 mAであったが，機器のバッテリの充電などを想定したチャージングポートとして1.5 Aまで供給できるUSBポートを備えた機器も普及してきた。さらに，ACアダプタによるノートPCへの電力供給などの用途に向けて，最大直流電圧20 V，最大電流5 Aを供給できる給電に特化した**USB power delivery**規格も実用化されている。

7.5.5　映像インタフェース

PCとモニタ間で映像信号を伝送するインタフェースとして，映像信号をアナログ信号として伝送する**VGA**（video graphic array）端子や，ディジタルデータとして伝送する**DVI**（digital visual interface），**HDMI**（high-definition multimedia interface），**DisplayPort**などが用いられている。

〔1〕 **VGA**　　VGA端子は**アナログRGB**端子ともよばれ，1987年にIBMのPCに搭載されて以降，PC/AT互換機で標準のインタフェースとして主流となった。3原色である赤・緑・青それぞれの輝度値をディジタル・アナログ（D-A，digital to analog）変換したアナログRGB信号と，水平・垂直方向の同期信号などを伝送している。

〔2〕 **DVI，HDMI**　　より高い解像度の映像信号をアナログ伝送するためには，より高い周波数のアナログ信号を正確に伝送する必要があり，ノイズやケーブルによる信号劣化の影響を受けやすく，画質の低下につながる。そのため，画像の劣化がなく画像を伝送するため，非圧縮のディジタルデータとして伝送するDVIが1999年に規格化され，DVIと上位互換性を持たせつつ発展させる形でHDMI 1.0が2002年に規格化された。HDMI 1.0〜1.2aでは

4.95 Gbpsの帯域を持ち，フルハイビジョンの2K画像（1 920×1 080画素）までの伝送容量であったが，その後のHDMI 1.3〜1.4 bでは10.2 Gbpsとなった。その後，2013年のHDMI 2.0から2016年のHDMI 2.0 bでは18 Gbpsの帯域を持つことで，4K解像度（3 840×2 160画素）で60 fpsのHDR画像が伝送可能となり，さらに48 Gbpsの帯域を持ち8K解像度（7 680×4 320画素）のHDR画像を60 fpsで伝送可能なHDMI 2.1へと，上位互換性を確保しながら性能向上や機能の追加が行われている。

HDMIはDVIと同様に，RGB各色の画像を8b/10b符号化したシリアルデータをRGBそれぞれ1レーンずつと，シリアル伝送時の各画素の同期をとるためのクロックで1レーンの，計4組（4レーン）の差動伝送線路で，高速シリアル伝送している。なお，HDMIはPCとモニタやプロジェクタ間の接続に限らず，TVとブルーレイレコーダや家庭用ゲーム機，AV（audio-visual）アンプなどの映像機器との接続などにも広く用いられるため，各画素の色情報を伝送する際のピクセルエンコードや色空間は，PCで用いられるRGBと，TVやブルーレイなどの映像機器で用いられる輝度Yと色差信号Cb，Crからなる**YCC**の両者に対応している。また，音声データも，非圧縮のリニアPCM（pulse code modulation）やDSD（direct stream digital），音声圧縮符号化されたDolby digitalやDTSなどの各種フォーマットで，2 chステレオからマルチチャンネルまで画像とともに伝送することができる。なお，著作権保護が必要なコンテンツを伝送する際に，映像の複製ができないようにシリアルデータの暗号化を行う**HDCP**（high-bandwidth digital content protection）技術も搭載している。

〔3〕 **DisplayPort**　DisplayPortは，おもにPCとモニタの接続に特化して設計されており，映像と音声に加えてUSB信号まで伝送できるため，PCとモニタをケーブル1本で接続するだけで，モニタに搭載するUSBハブ機能やウェブカメラ，マイクなどのUSB機器を接続できる。2016年に規格化されたDisplayPort 1.4では，4レーンの差動伝送線路を用いて32.4 GHzの帯域を持っている。

〔1〕～〔3〕で述べたように，さまざまなインタフェースが存在するが，現在では，PCとモニタ間の接続はHDMIやDisplayPortなどのディジタルインタフェースに置き換わったが，設備の更新サイクルが比較的長いプロジェクタなどで現在でもVGA端子が使用されている。しかし，VGA・DisplayPort・DVI・HDMIの各種インタフェース間で相互に信号を変換するケーブルやアダプタが用意されており，ユーザが異なる時期の映像機器を併用する際の問題は少なくなっている。

7.5.6 その他の入出力インタフェース

〔1〕 **SCSI**　**SCSI**（small computer system interface）は，パラレル伝送方式のデータバスの一種である。8ビット単位のデータ転送が基本であるが，要求される転送速度が向上するにつれて16ビット幅の高速な**Ultra SCSI**方式も普及し，最高で320 MB/sの転送速度があるUltra-320 SCSI規格も策定された。その後，さらに高速な伝送を実現するために，2003年に**SAS**（serial attached SCSI）という，前述のSerial ATAの技術を用いたシリアル伝送方式のSCSIが規格化された。SCSIは，もともとハードディスクやCD-ROMドライブなどの外部機器をコンピュータに接続するためのものであったが，PCにCD-ROMドライブが標準で装備されるようになってIDEやSATAが主流となり，外部機器との接続ではUSBが主流となった。しかし，高速な処理や高い信頼性が求められるサーバなどの機器においては現在でもSCSIやSASが利用されている。

また，大容量のストレージを複数のサーバで共有する**ストレージエリアネットワーク**（**SAN**，storage area network）において，イーサネットとTCP/IP上でSCSIのプロトコルを用いて接続を可能にする**iSCSI**（internet SCSI）とよばれる技術にも応用されている。

〔2〕 **無線インタフェース**　前述のUSBなどにおいても無線を用いた方式があるが，ここでは他の無線インタフェースについて述べる。

IEEE 802.15では，無線PAN（wireless personal area network）に利用する

ための無線通信方式が規定されている。**Bluetooth** は，IEEE 802.15.1 として策定され，赤外線と違って通信可能範囲は広く最大 100 m で，障害物があっても通信が可能である。電子レンジや無線 LAN などで使われている 2.4 GHz 帯の ISM（industry-science-medical）バンドを用いており，干渉の影響が少ない**周波数ホッピング**方式を採用している。周波数ホッピング方式とは，非常に短い周期で周波数を変化させながら通信を行う方式であり，ある一部の周波数で干渉が発生しても，他の周波数でデータをやり取りでき，干渉に強い方式である。1 Mbps 程度の通信速度で，無線 LAN などと比較すると低速であるが，低消費電力であり，携帯電話やスマートフォン，PC などと，ハンズフリーヘッドセットやヘッドフォン，アンプ内蔵スピーカ，スマートウォッチ，キーボード，マウスなどとの間での接続に広く利用されている。

ほかにも近距離の無線通信方式が登場しており，消費電力をさらに低く抑えた IEEE 802.15.4 の **ZigBee** も無線インタフェースの一つである。ZigBee は，間欠的にデータを送受信させることで，数か月から数年間も電池交換なしで動作するほどの省電力化が行われており，さまざまな機器に取り付けて，遠隔で制御したり情報を取得したりする **IoT** で用いられることが期待されている。

〔3〕 **LAN インタフェース**　　コンピュータネットワークを構成するためのインタフェースであり，おもに TCP/IP プロトコルを利用してインターネットと通信するために用いられる。サーバや他のコンピュータにアクセスし，通信したりデータをやり取りする。6.1.4 項で述べたように，IEEE 802.3 の有線 LAN インタフェース，および IEEE 802.11 の無線 LAN インタフェースがある。

演　習　問　題

1）入出力のために特別の制御を考慮しなければならない理由をまとめよ。

2）DMA 転送におけるサイクルスチールとはどのようなことか。

3）拡張バスとシステムバスの橋渡しを行うチップセットとはどのようなものか。

4）データ転送時に行われるハンドシェイクとは何を目的としたものか。

5）PCI や ATA，SCSI を高速化していくために，転送方式がどのように変化してきたか。またそれらを何とよぶか。

8 オペレーティングシステム

コンピュータを効率よく使用するには，CPU，主記憶装置，入出力装置といったハードウェア，さまざまなアプリケーションプログラムやデータといったソフトウェア，さらには一般のコンピュータ利用者ならびにプログラマやオペレータといった人的資源まで含めた**資源**（resource）を効率よく管理，動作させるプログラムとデータが必要となる。これを総称して**オペレーティングシステム**（operating system，**OS**）という。

OSは今日までのコンピュータの発展に寄与し発達してきたもので，現在のコンピュータはOSなしには考えられないほど密接にかかわり合っている。その役割をひと口でいえば，コンピュータにおけるハードウェア資源，ソフトウェア資源および人的資源の間の調停役のようなもので，各資源を有効に使うようにすることにある。

8.1 OS の 目 的

OSの目的は各資源の有効利用にあるが，まとめると以下のようになる。

〔1〕 **スループットの向上**　　**スループット**はコンピュータが単位時間内に処理しうるデータ量である。これを向上させるにはつぎの2点が大きくかかわってくる。

① **資源の管理**　　処理を実行するにはさまざまな資源を使用するが，それらが効率よく用いられたときにスループットは大きくなる。

② **応答時間の短縮**　　OS内では，さまざまなプログラムが他のプログラムを参照しながら動作している。したがって，応答時間を短くするには効率のよいプログラムあるいは実行管理が要求される。

〔2〕 **使いやすさ**　　コンピュータの使いやすさは，プログラマやオペレータの処理量に直接影響を与える。ユーザの立場からいえば，なるべくわかりやすい方法でハードウェアに関する知識なしに目的の結果を得られることが理想

である。しかし，コンピュータシステムを構成するほうからは，操作方法がユーザフレンドリになればなるほど，機械語に翻訳して実行するまでの時間がとられる。OS はこのようなユーザとコンピュータシステムの仲介者として位置している。さらに使いやすさに関係する項目として，つぎのようなものがある。

① **汎用性**　コンピュータは決まったタスクをすることはほとんどなく，さまざまな種類のタスクを遂行しなければならない。そのうえ，それらのタスクの内容も時間の経過とともに変化していく。そのため，OS は目的とするタスクが変わってもハードウェアをすぐに変更せず，OS の対応によりこれらの変化に対処しうるようなサービスが提供できる必要がある。

② **拡張性**　コンピュータは導入の初期より多様なタスクを遂行しなければならなくなるのが普通で，そのため並列に処理するタスクの量が増加してくる傾向がある。またコンピュータ自身の発展も著しく，当初は予定していなかったハードウェアが開発され，そのハードウェアを使用することにより使用効率が大幅に改善されることはよくあることである。このようなとき，システム全体を変更することなく，局部的な変更でコンピュータシステムを拡張しうるようにしておくことが望まれる。

〔3〕 **資源の共用と保護**　情報とか主記憶といった資源を共用することは，コンピュータの有効利用という観点からは最も有効な手段である。データや主記憶装置を共用することにより主記憶の使用スペースを削減し，その結果として情報処理の範囲を拡張しうるので，コンピュータの共同利用を可能にし，システム全体の利用効率を画期的に高めることが可能である。しかし，ここで注意しなければならないのは，無計画な資源の共用は危険だということである。不特定多数がアクセスするシステムの**安全性**（security）とコンピュータシステムの効率については，両刃（もろは）の剣（つるぎ）であることを配慮する必要がある。

〔4〕 **信頼性の向上**　コンピュータシステムは，今日ではわれわれの生活に欠かせないものになっている。銀行のコンピュータシステムが故障して預貯金を引き出せなくなったり，証券取引所のコンピュータシステムがダウンして株の売買ができなくなったり，コンピュータシステムに起因するトラブルが新

聞紙上で報じられている。一方，膨大な部品数を使用するコンピュータシステムでは，故障を皆無にするということは不可能であり，必ず故障は発生するものと考えなければならない。したがって，故障が発生したとき，それをすみやかに発見し対策を講じ被害を最小限に抑え，その間に故障箇所を直し，システムを正常状態に戻したり，故障発生と同時に予備のシステムに切り替え，正常運転を継続するシステム構成などを考えておかなくてはならない。**RASIS** という言葉が使われるが，これは R（reliability，信頼性），A（availability，可動性），S（serviceability，保守性），I（integrity，完全性）および S（security，機密性）を指しており，その内容のほとんどは上述の項目と重複している。

8.2 OS の 構 造

8.2.1 OS の階層構造

OS はユーザとハードウェアに接していて，この両者間のギャップを埋めるとともに，コンピュータシステムの使用効率を高めることが重要な目的であることはすでに述べたとおりである。**図 8.1** に OS の資源割当て制御の概念図を示す。つぎつぎに生起してくるジョブは異なる性格を持ち，これらに対してシステム資源を適切に割り当てられるか否かによってシステムのコストパフォー

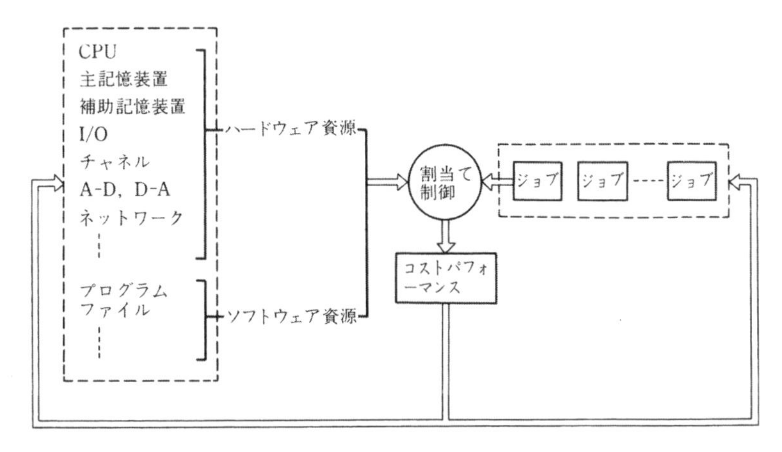

図 8.1 OS の資源割当て制御の概念図

マンス（性能価格比）は大きく影響を受けるので，OSの究極の目的はコストパフォーマンスにあると見ることができる。そのため，OSは多数の機能によって構成されているが，それらの機能は**図8.2**に示すような階層構造を採用している。図において，ユーザに近いほうを上位，ハードウェアに近いほうを下位としている。上位の機能は下位の機能で実現した結果を用いて成立している。したがって，下位の機能は上位の機能のサポートを受けることはできない。

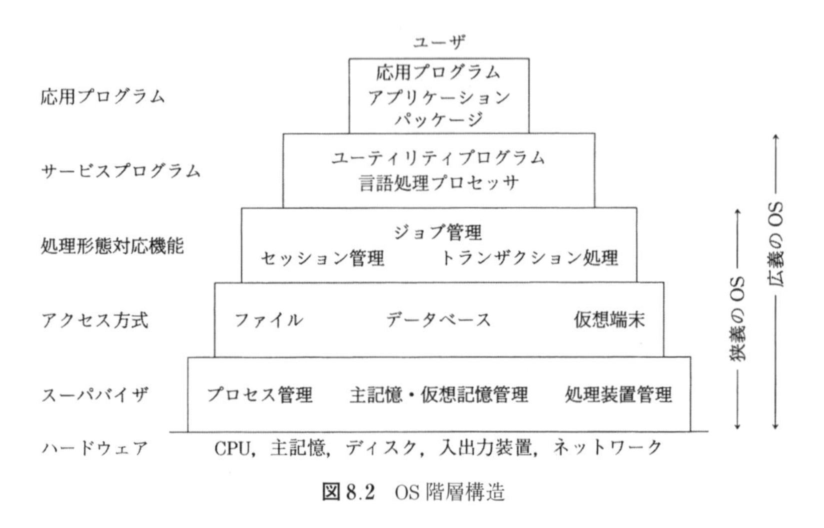

図8.2　OS階層構造

最上層（第5層）と第4層の応用プログラム，言語処理プログラムは通常OSには含めない。(3層以下のものを狭義のOSとよんでいる)。第4層までを含めたものを広義のOSとする場合もある。

〔1〕 **応用プログラム（応用ソフトウェア，アプリケーションパッケージ）**

コンピュータシステムの導入を容易にするため，業務処理の目的で作成されているプログラムである。コンピュータの知識がほとんどないような人でも利用できるように，通常，パッケージ化されている。応用ソフトウェアは個別応用ソフトウェアと共通応用ソフトウェアに大別できる。個別応用ソフトウェアとは交通管制システム，販売管理システム，座席予約システム，病院情報処理システムなどがあり，共通応用ソフトウェアとしてはワープロ，表計算，電子メールクライアント（メーラー），Webブラウザ，シミュレータ，CAD，統計処理，科学技術計算プログラムなどがある。

〔2〕 **ユーティリティプログラム** コンピュータを利用する際に，利便性向上のため補助的に用いられるプログラム群である。例えば，ファイルの編集を行うエディタ，ファイル操作や管理を行うファイルマネージャやバックアップソフトウェア，ウィルス対策を行うアンチウィルスソフトウェアなどに加えて，時計，メモ，カレンダ，スクリーンキャプチャなどのツール類もユーティリティプログラムに含まれる。

〔3〕 **言語処理プロセッサ** 言語プロセッサはJISで，「ある指定されたプログラム言語を処理するための必要な翻訳，解釈などの機能を遂行するコンピュータプログラム」のように定義されている。つまりC，C++，Java，BASIC，Pythonなどのプログラミング言語で書かれたプログラムをコンピュータの機械語に変換するプログラム群が言語処理プログラムであり，処理方式には9章で述べるインタプリタとコンパイラ方式とがある。

8.2.2 管理プログラム層

コンピュータシステムを管理・運用するためのプログラム群であり，主記憶に常駐するプログラム群と，必要に応じて補助記憶装置から主記憶装置に読み込まれるプログラムに分けられる。図8.2では処理形態対応機能，アクセス方式とに分けている。

〔1〕 **ジョブ管理** ジョブ管理はジョブ（ユーザから見た仕事単位）の実行を効率よく行うためのもので，つぎの①～④から構成されている。

① ジョブのスケジューリング作成

② ジョブの認識とステップの実行制御

③ コンピュータシステム資源の割当て管理

④ ジョブ実行の流れの制御：ユーザの指令によりジョブの流れを制御

なお，ジョブ管理はバッチ処理では**ジョブ管理**（job management）の形で標準化されたOSの機能の一つとなっているが，タイムシェアリングシステムではコマンドインタプリタがこれに相当する。

〔2〕 **データ管理**　　コンピュータシステムの扱う情報には，保存しておかなければならない情報もあれば，使用後は破棄してもよいものもある。入出力装置とシステム間の情報は一度，二次記憶中にファイルの形で格納される。そこで，指定された編成に従って作られたファイル編成，その登録・保存，さらには，それらのファイルへのアクセス，ファイルの共用と保護などを行う機能がデータ管理である。

〔3〕 **入出力管理**　　割込み制御を伴った入出力管理については，すでに7章で述べているので，ここでは省略する。

8.2.3 スーパバイザ層

OSの最下層で，**スーパバイザ**（supervisor）または**制御プログラム**（control program）とよばれる。この層の特徴は，ハードウェアと直に接しているので，ハードウェアを制御するための各種の制御機能があることである。

〔1〕 **プロセス管理**　　コンピュータシステムに与えられたジョブは，さらにいくつかのジョブステップに分けられる。しかし，コンピュータ内で実際に情報を処理する単位は**タスク**（task）または**プロセス**（process）によって行われる。一つのジョブステップの実行を複数個のタスクによって実行するほうが，さまざまな資源を分割してタスク間で共有し，独立に実行できる部分は多重プロセシングの考え方を採用し並行処理を行ったほうが効率がよくなる。このような処理方法を**マルチタスキング**（multi tasking）または**マルチプロセシング**（multi processing）とよぶ。プロセス管理は，コンピュータシステム内のタスクの状態を把握し，タスクを生起させたり，消滅させたりする機能を有する。

〔2〕 **処理装置管理**　　コンピュータシステムの高効率化を図る一つの方法として，マルチプログラミングの方法がある。この利点はCPUの使用効率を高め，システム全体としてのスループットを高めることにあった。しかし，そのためにはプロセスへの物理的なCPUの割当てが必要で，その割付けはOSによって行われる。処理装置管理はCPUの状況を知り，CPUをいつ，どのプ

ロセスに割り当てるかを決定する。この決定を行う処理装置管理内のプログラムを**スケジューラ**（scheduler）という。このスケジューラによって決定された割当てを行うのが**ディスパッチャ**（dispatcher）である。このほかに，処理装置管理はプロセスが割当て時間を超過してCPUを使用しているときは，CPUを強制的にそのプロセスから切り離す。

8.3 実 際 の OS

OSの考え方が一般的になったのは，1960年代に現れたIBM360シリーズのときからである。同じメーカの異なるシリーズに対応するために作られたのであるが，それが現在では異なるメーカのPCの上に同じプラットフォームを提供するために用いられている。**表8.1**に，2018年現在，市場に出回っているおもなOSを用途別に示す。

表8.1 現在のおもなOS（用途別）

	サーバ	PC	スマートフォン・タブレット	組込み・IoT（リアルタイムOS）
Windows系	Windows Server	Windows	Windows mobile	Windows IoT
mac OS系，iOS系		mac OS（OS X）	iOS	
UNIX系，Linux系	Linux，各種UNIX	Linux		Linux
Android系			Android	
その他				TRON

〔1〕 **Windows系**　1984年にPC/ATに導入されたOSであるマイクロソフトの**MS-DOS**（Microsoft disk operating system）が起源である。MS-DOSはシングルタスクを前提としていたためにコマンドラインにキーボードからコマンドを入れる**CUI**（character user interface）方式であった。1990年代にリリースされたMicrosoft Windows 3.x/9xやWindows NT 3.x/4などでは，アイコンとマウスを組み合わせた**GUI**（graphical user interface）とよばれるマンマシンインタフェースを導入し，複数のウィンドウを表示してマルチタスク

を実行できるOSとなった。2018年現在，statcounterやNet Marketshareの統計では，マイクロソフトの**Windows**が世界のデスクトップOS市場で約82～88％のトップシェアを誇っている。

図8.3にWindows 10のアーキテクチャの概略図を示す。

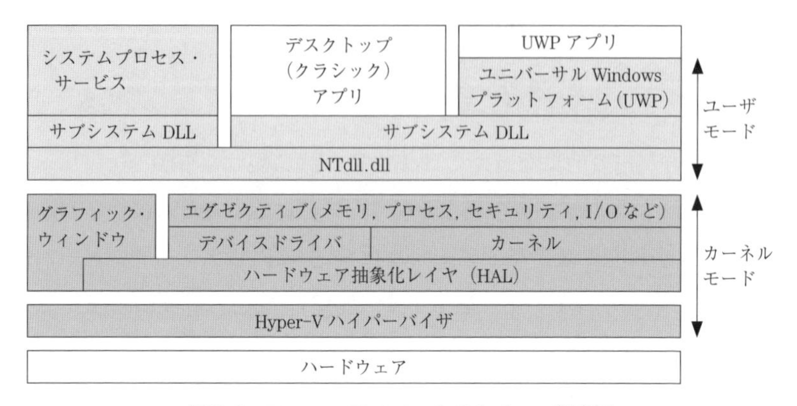

図8.3　Windows 10のアーキテクチャの概略図

〔2〕 **mac OS系，iOS系**　　**mac OS**や**iOS**は，米国Apple社が開発し販売する機器のための専用OSであり，mac OSはiMacやMacBookなどのPCで，iOSはスマートフォンであるiPhoneや音楽プレーヤのiPod touch，タブレット端末であるiPadで使用される。

1974年にApple Ⅰ，1977年にApple Ⅱが登場したが，Mac-OSといえるのは1984年のSystem 1からで，このときすでにマウスを利用するGUIを持ち合わせていた。シングルタスクであるにもかかわらずファイルの扱いに重点を置いたFinderは注目され，1988年のSystem 6ではマルチタスクに対応するMulti-Finderが導入された。その後，仮想メモリなど，さまざまな機能が追加されたMac-OSは，2001年にその役割を終えた。

現在供給されているmac OSは，Mac OS X（バージョン10）が改名されたもので，UNIXのFreeBSDをもとに作られており，Mac OS 9およびそれ以前のOSのアーキテクチャとは異なっている。**図8.4**にMac OS Xのアーキテクチャの概略図を示す。2018年現在，世界のデスクトップOS市場で第二位の9

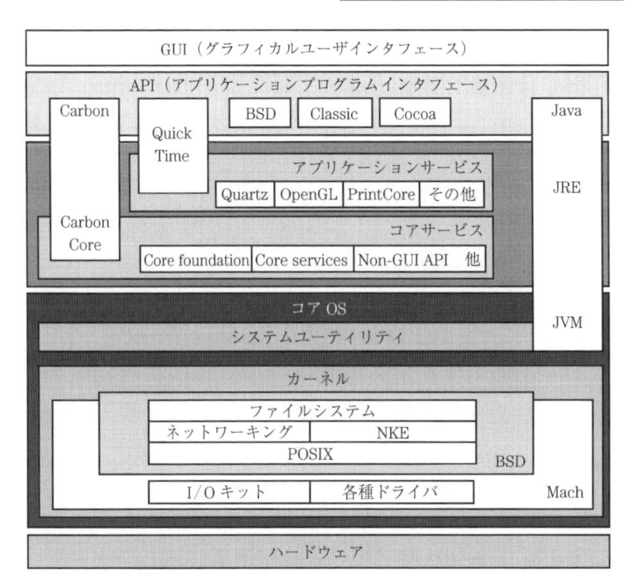

図 8.4 Mac OS X のアーキテクチャの概略図

〜13 %のシェアを有する。

一方の iOS は，mac OS をもとにモバイル機器に最適化した OS であり，iOS はスマートフォンなどで 20〜28 %のシェアを，タブレット端末では 52〜70 %のトップシェアを有する。

〔3〕 **UNIX 系**　UNIX は 1969 年に AT & T ベル研究所のケン・トンプソン（K. L. Thompson）とデニス・リッチー（D. M. Ritchie）によって開発された OS で，1973 年に C 言語で書かれた UNIX のソースプログラムが公開されるとハードウェア依存性がないことなどにより，一気に普及した。しかし，AT & T が無料公開を停止し，SystemV を普及させようとしたのに対し，UCB（the University of California, Berkeley，カリフォルニア州立大学バークレイ校）の学生たちが中心となって改良した 4.2 BSD（Berkeley Standard Distribution）が発表され，1982 年に TCP/IP（transmission control protocol/internet protocol）がこの 4.2 BSD に移植されてからはネットワーク機能をサポートする OS の中核となった。その後，最終形の 4.4 BSD から派生した FreeBSD や

OpenBSDなどの開発が進められている。

一方，SystemVは商用UNIXとしてSUNマイクロシステムズのSolaris，HPのHP-UX，IBMのAIXなど各社で独自に拡張され，OS自身が徐々に巨大化していった。

〔4〕 **Linux系**　オランダのテネンバウム（Tanenbaum）教授がUNIXの教育を目的として公開したMinixを皮切りに，オープンソースとよばれるソースコードすべてを公開して利用者に問題点をフィードバックしてもらい完成度を上げていく方法がネットワークの普及とともに広がっていった。1991年9月，ヘルシンキ大学の学生であったリーナス・トーバルズ（L. B. Torvals）によって**Linux**バージョン0.01が公開され，現在に至るまで世界中の開発者やユーザの協力により進化を続けている。ユーザのインストールや利用が容易になるように，カーネルやツール，ユーティリティ，アプリケーションなどを集めてパッケージ化した**ディストリビューション**とよばれる形態で配布されており，RedHatやDebianをはじめとする数多くのLinuxディストリビューションが用意されている。

2018年現在，世界のデスクトップOS市場で第三位の1.7～2.2％のシェアを占めている。

〔5〕 **Android系**　**Android**は，Googleが中心となり2007年に組織された84の企業からなるOHA（open handset alliance）によって共同開発された，LinuxをベースとしたOSとソフトウェア群からなるモバイル機器向けのプラットフォームである。そのため，さまざまなメーカのスマートフォンやタブレット端末に広く搭載されており，2018年現在ではスマートフォンなどのモバイル機器で70～77％のトップシェアを，タブレット端末で第二位となる33～48％のシェアを有している。**図8.5**にAndroidのアーキテクチャの概略図を示す。

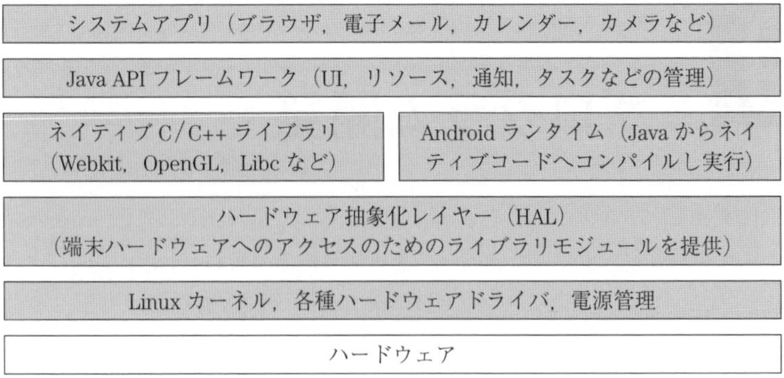

システムアプリ（ブラウザ，電子メール，カレンダー，カメラなど）	
Java API フレームワーク（UI，リソース，通知，タスクなどの管理）	
ネイティブ C/C++ ライブラリ（Webkit，OpenGL，Libc など）	Android ランタイム（Java からネイティブコードへコンパイルし実行）
ハードウェア抽象化レイヤー（HAL）（端末ハードウェアへのアクセスのためのライブラリモジュールを提供）	
Linux カーネル，各種ハードウェアドライバ，電源管理	
ハードウェア	

図 8.5　Android のアーキテクチャの概略図

演　習　問　題

1）　つぎの言葉のちがいを説明せよ。

（1）　マルチ（多重）プログラミングとマルチ（多重）プロセッシング

（2）　ジョブとプロセス（タスク）

2）　OS の階層構造の必要性をまとめよ。

3）　OS の管理プログラムについて述べよ。

4）　タスク管理において，タスクの生成から消滅まで（1）実行状態，（2）実行可能状態，（3）待機状態の三つの状態がある。これら状態間の遷移を図に示して，各状態を説明しタスク管理の概要を示せ。

5）　OS のスーパーバイザ層について述べよ。

6）　RASIS の意味について述べよ。

9 プログラム開発

8章までで，コンピュータのハードウェア構成からOSまでを説明してきた。本章では，コンピュータ上で実際に動作させるOSやアプリケーションソフトウェアを作成するために必要なプログラム言語について述べる。命令セットが少ないCPUや小規模のプログラムはアセンブリ言語のような低水準言語を用いることもできるが，ほとんどの場合はC言語やJavaのような高水準言語が用いられる。

9.1 プログラム言語の種類

9.1.1 低水準言語と高水準言語

4章で説明したアセンブリ言語では，CPUが実行する個々の命令をすべて記述しなければならない。アセンブリ言語は**アセンブラ**（assembler）によって各命令を機械語へ1対1で変換することが可能で，機械語を直接プログラミングすることができる。このようなプログラム言語を，**低水準言語**とよぶ。

しかし，高機能なアプリケーションソフトを作る場合は，単純な命令しか持たない低水準言語ではプログラムが大規模で複雑になってしまい，誤りも多くなる。われわれが普段コンピュータで使っているさまざまなアプリケーションソフトも，非常に単純な処理を大規模に組み合わせたものとなっており，CPUにとっては個々の機械語命令を一つ一つ実行していることに変わりはない。しかし，低水準言語ではCPUのレジスタレベルの動作をすべて記述しなければならないため，複雑な処理を行わせるプログラムは大規模になってしまい，その開発はとても困難である。

一方，**高水準言語**では，さまざまな高機能命令やライブラリが事前に用意されており，プログラミングしやすい言語となっている。高機能な命令やライブラリは，低水準言語で表現すると当然複雑なものであるが，高水準言語によるプログラミングでは，それらを組み合わせて利用することで，簡単に高度なプログラムを記述することができる。ただし，高水準言語によるプログラムは，CPUがそのまま実行することができないため，翻訳ソフトを用いて機械語プログラムに翻訳する必要がある。高水準言語では短いプログラムでも，機械語に翻訳すると非常に大きなプログラムとなることがある。

9.1.2 さまざまな高水準言語

高水準言語にはさまざまなものがあり，以下のように分類することができる。

〔1〕 **手続き型言語**（procedural language） プログラム命令の小単位である手続きを，処理手順に基づいて組み立てていく手続き指向手法に基づいている。BASIC，FORTRAN，C言語など，広く用いられている言語の形態である。

〔2〕 **オブジェクト指向型言語**（object oriented language） 処理対象を物（オブジェクト）として考えている言語である。処理対象が持つデータやそれらのデータに対する処理自体をひとまとめにして扱う。C++，Java，Python，PHPなどは，オブジェクト指向型のプログラミングが可能な言語である。

〔3〕 **論理型言語**（logic programming language） 論理式の集まりで記述する言語で，人工知能分野で開発された。例としてPrologがある。

〔4〕 **関数型言語**（function programming language） 関数の組合せで記述する言語で，人工知能分野や数学分野で利用されており，例としてLISP，Haskellなどがある。

実際にソフトウェアを作成する際には，用途によって選択すべきプログラム言語が決まってくることがある。PCで実行するプログラムであれば，C言語，C++，Javaなどを用いることが多い。インターネットのホームページを作成する場合には，HTMLという記述言語を用い，HTTPでやり取りする。動きのあるページを作るには，JavaScriptによってウェブブラウザ上で動作させる方法，CGI/PerlやPHPなどによってサーバ側で動的にHTMLを作成する方法がある。データベースを用いる場合には，SQLが用いられる。iOSのアプリケーションを作成するには，Objective-CやSwiftが必要になる。ビッグデータの分析のための言語としては，R言語がある。人工知能分野では，Pythonが利用されることが多い。コンピュータによる数値計算やシミュレーションにおいては，さまざまなアプリケーションソフトが利用されるようになっており，それらの中で用いるプログラム言語も存在する。例えば，MATLABは幅広い分野で利用されている数値解析ソフトウェアであり，MATLAB言語により作成したプログラムを実行できる。

9.2　プログラムの実行手順

プログラムを開発する際には，テキストエディタとよばれる編集プログラムを用いてソースプログラムを作成する。高水準言語のソースプログラムの場合には，CPU自体は機械語しか実行できないため，CPUが実行できる形式への翻訳が必要である。ソースプログラムの命令を一つずつ翻訳しながら逐次的に実行する方式を**インタプリタ**（interpreter）方式とよぶ。一方，ソースプログラム全体を一括して翻訳し，実行可能な機械語のプログラムを生成する方式を**コンパイラ**（compiler）方式とよぶ。

9.2.1　インタプリタ方式による実行の流れ

インタプリタ方式では，ソースプログラムの命令を一つずつインタプリタで機械語に翻訳し，すぐにCPUで実行する。インタプリタは，プログラムに書かれた高水準言語の命令を一つずつ解釈し実行していくので，解釈実行系または直接実行系ともいわれる。実行の前に必要な作業はなく，実行までに手間がかからないのが特徴である。インタプリタ方式の言語としては，BASIC，Perl，Python，PHPなどがある。簡易的なプログラム作成方法として，スクリプト言語があるが，これもインタプリタ方式の一種に分類される。

9.2.2　コンパイラ方式による実行の流れ

コンパイラ方式では，ソースプログラム全体を一括して翻訳し，オブジェクトプログラムという機械語プログラムを作成する。機械語に翻訳するソフトをコンパイラといい，この操作を**コンパイル**（compile）という。一般的には，プログラムのコンパイルと実行は同一コンピュータ上で行うのが普通であるが，異なるコンピュータ上で行うときもあり，これをクロスコンパイル（cross compile）とよぶ。コンパイラ方式では，完全な機械語プログラムを実行できるので，インタプリタ方式と比較して，実行速度は速いのが特徴である。

実行形式のプログラムを作成して実行するまでの流れを**図 9.1** に示す。まずソースプログラムをコンパイルしてオブジェクトプログラムを作成した後，**リンカ**（linker）というプログラムによって他のオブジェクトプログラムやライブラリと結合（リンク）させ，**ロードモジュール**（load module）という実行形式のプログラムが作成される。

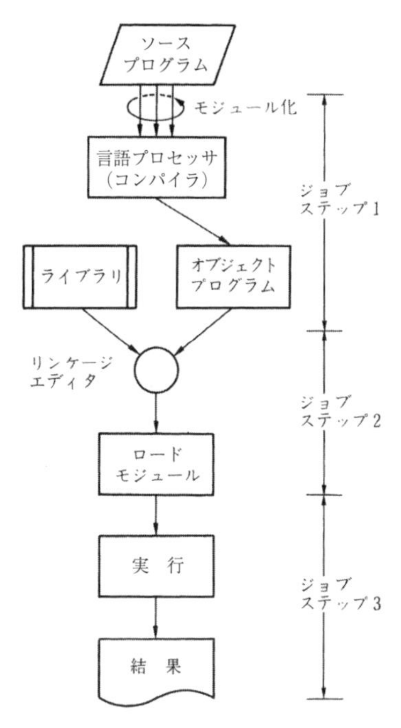

図 9.1 コンパイラ方式を用いた場合の実行の流れ

C 言語，C++，FORTRAN などは，コンパイラ方式の言語である。C 言語を例として，実行に至るまでの過程を少し詳細に述べる。C 言語では，複数のソースプログラムに分割してさまざまな機能（関数）を別々に開発し，最後にリンクさせて実行形式のファイルを作ることができる。ここでは，そのような開発法を示すために，非常に簡単ではあるが $c=\sqrt{a^2+b^2}$ の計算を例にあげて説明する。**図 9.2** に示すように，この例では，main.c，input.c，calculation.c，および ouput.c という四つの C 言語のソースファイルを用いており，数値入力，計算，結果の出力という三つの関数をメインプログラムから分離してある。メインプログラムから，input()，calculation()，output() という三つの関数をよび出すことで，数値の入力，計算，計算結果の出力が行われる。

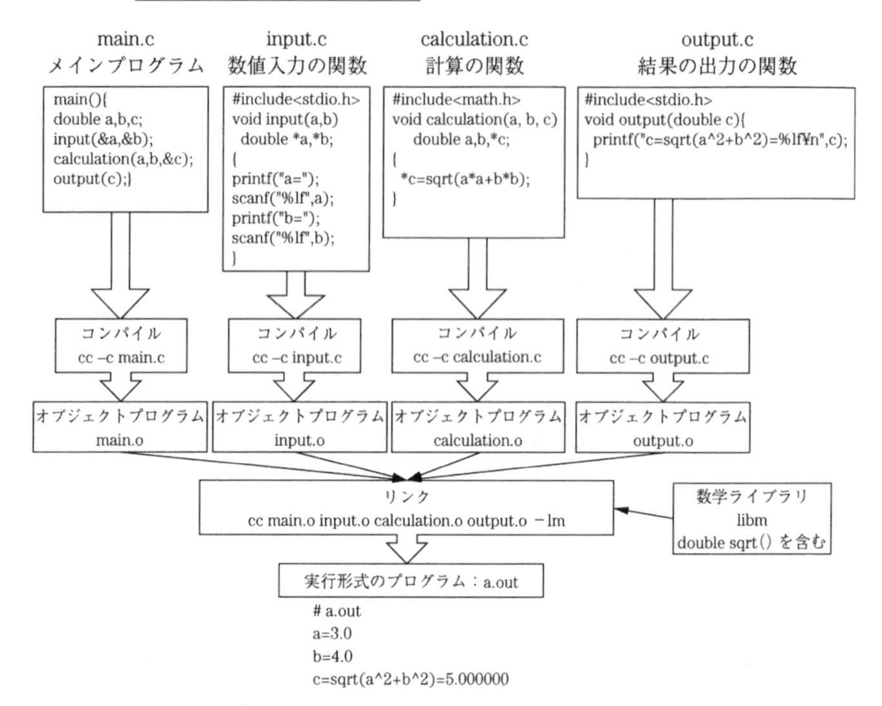

図9.2　$c=\sqrt{a^2+b^2}$ の計算に関するC言語のプログラムとコンパイルの流れ

このように分割して開発されたC言語をコンパイルしてリンクし，実行ファイルを作成するまでの手順を具体的に述べる。

① C言語で作られたそれぞれのプログラムをコンパイルし，オブジェクトファイルとよばれる機械語プログラム main.o，input.o，calculation.o，output.o を作成する。

② これらのオブジェクトファイル，および必要なライブラリをリンクさせる。calculation.c で，数学ライブラリに含まれる sqrt() という関数が用いられている。この関数の実行に必要な libm というライブラリを読み込み，オブジェクトファイルとともにリンクする。

③ 実行ファイル a.out が得られプログラムが実行可能な状態に完成する。

ここでは簡単な例で説明しているが，大きなプログラムになればなるほど，このようなまとまった小単位に分けてプログラムを開発することが必要となる。

9.2.3 中間言語を用いる言語

Javaでは，コンパイラ方式と同様に，ソースプログラムの事前のコンパイルが必要だが，CPUが実行できる機械語に翻訳するのではなく，中間言語とよばれるプログラムに翻訳する。実行する際には，機種やOSの環境に応じて用意されているJava VMという**仮想マシン**のプログラムで実行する。

Java VMは，さまざまな種類のコンピュータや端末，さまざまな種類のオペレーティングシステム向けに用意されている。このような形態をとることで，同じプログラムを多くのコンピュータ環境で実行することを可能にしている。

9.3 ライブラリの役割

高水準言語では，高度な処理を行う関数（サブルーチン）が多数用意されており，それらをプログラムの中で用いたり組み合わせたりすることで，複雑なプログラムを作成できるようになっている。このように，あらかじめ用意されている関数（サブルーチン）を**ライブラリ**といい，プログラムの作成者が自分のプログラムの中で自由に利用できるようになっている。

図9.2のプログラムでは，数学ライブラリに含まれているsqrt()という高機能な命令が使われている。最も基本的な例としては，標準入出力があり，図9.2のプログラム中のinput.c，および，output.cで用いられている出力命令printf()や入力命令scanf()がこれにあたる。これらはキーボードなどの入力装置からの入力や，ディスプレイなどの出力装置への出力を行う命令群であるが，高水準言語のプログラムでは，このような命令で簡単に入出力装置を利用したデータ入力や文字出力などができるようになっている。各入出力機器とのやりとりはOSによって制御され，出力装置に出力する際には，このバッファに書き込まれた内容が出力装置に送られて表示される。OSとアプリケーションとの間のインタフェースを，**API**（Application Program Interface）といい，さまざまなものが用意されている。インターネットを利用するアプリケーションが多くなっているが，ネットワークインタフェースへのデータ入出力も，ソケットというAPIを用いて，標準入出力と同様なイメージで利用できるよう

になっている。

プログラミング言語に最初から用意されているライブラリを，**標準ライブラリ**という。一方，さまざまなプログラマによって作成されたその他のライブラリを，**外部ライブラリ**といい，インターネットなどで公開されているものがある。例えば，画像処理関連で利用される OpenCV Library は，C 言語，C++，Python，Java，Matlab などに対応している。人工知能分野で利用される TensorFlow という外部ライブラリは，C 言語，C++，Python，Java などに対応している。

9.4　プログラム開発の進化

9.4.1　記　述　言　語

コンピュータで用いる言語には，プログラミング言語だけでなく，記述言語もある。代表的なものとして，WWW で用いられている **HTML**（Hyper Text Markup Language）がある。HTML 自体はテキスト形式で書かれているが，ウェブブラウザで受信すると，さまざまな大きさや色の文字，画像も表示でき，またほかのページへのリンクなども入れることができる。最近では音楽や動画も容易に埋め込むことができるようになっている。さらに拡張性に優れた記述言語としては，**XML**（extensible markup language）などがある。

9.4.2　アプリケーション開発環境

ソースプログラムは，テキストエディタで作成して保存する。テキスト形式で保存されたプログラムをコンパイル等して実行する。しかし，大きなプログラムを開発する場合には，テキストエディタで作成・保存し，コンパイラでコンパイル・実行しながらデバックするのはかなり面倒になってくる。

そこで，テキストエディタと実行環境，さらにプログラムのデバッグツールなどが統合された統合開発環境（IDE，integrated development environment）がよく用いられている。例としては，Visual Studio，Eclipse，Xcode，Andriod Studio などさまざまなものがある。Windows のアプリを開発する際には Visual Studio，Java のアプリでは Eclipse，iOS のアプリを開発する際には Xcode，アンドロイドのアプリを開発する際にはAndroid Studioが利用される。

9.4.3 インターネットの発展によるプログラム開発の変化

さまざまな外部ライブラリや統合開発環境はインターネット上で公開され，自由にダウンロードできるようになっている。それらを用いて開発環境を整え，だれでも自在にさまざまなアプリケーションを作成できるようになっている。

さまざまなプログラマが作成したアプリケーションも，やはりインターネットから取得できるようになっていることが多くなっている。さらに，そのバージョンアップやバグフィックスも，インターネット上で公開された更新版のアプリケーションをダウンロードしたり，パッチをダンロードしてインストールしたりする。WindowsやMac OSなどのオペレーティングシステムにおいても，アップデートをインターネットからダウンロード可能になっている。さまざまなアプリケーションで，このようなアップデートが頻繁に行われるようになってきた。

インターネットがなかった以前のコンピュータでは，アプリケーションのバージョンアップは容易ではなかった。はがきでユーザ登録をしたうえで，バージョンのCD-ROMを郵送で受け取る必要があった。現在では，アプリケーションをコンピュータにインストールした後でも，開発者はアップデートの開発を続けることができ，高性能化，安定化したソフトをユーザに配布し続けることが容易になっている。

演　習　問　題

1） インタプリタとコンパイラの特徴の違いを述べよ。
2） 手続き型言語とオブジェクト指向型言語の違いを述べよ。
3） Javaの特徴を述べよ。
4） 高水準言語のプログラムにおいての，ライブラリの役割を述べよ。

10 コンピュータネットワーク

1968年，アメリカにおいて構築された**ARPANET**（advanced research project agency computer network）が手本となったコンピュータネットワークが全世界へと広まり，いまやインターネットなしではコンピュータを語ることができなくなった。コンピュータネットワークを構成しているのは，もちろん複数のコンピュータとネットワークであるが，その背後には共通化された通信手段（プロトコル）が存在していることを忘れてはならない。インターネットは，世界を結ぶグローバル性があると同時に，コンピュータ特有の柔軟性があり，さまざまな用途に利用されるようになってきた。当初は，データ送信や電子メールなどが中心であったが，**IP**（internet protocol）をコアとしたインターネットは，有無線のさまざまな高速回線が利用されるようになり，さまざまなインターネットアプリケーションが登場してきた。

本章では，まずコンピュータネットワークの本来の目的と形態について述べ，その後で実際のコンピュータネットワークがどのようになっているかについて説明する。

10.1 ネットワークの歴史と基本概念

コンピュータネットワークでは，ハードウェアからソフトウェアに至るまでさまざまな資源（resource，リソース）を共有することにより，コストパフォーマンスの改善，プログラム開発期間の短縮，データの共有と公開，信頼性の向上，負荷の分散化，システムの拡張性の確保，リアルタイム性の向上などを実現している。

〔1〕 **コストパフォーマンスの改善**　コンピュータやプリンタなどの周辺機器のハードウェアや，高速計算が可能な高価な大型コンピュータを，複数の部署で共有してネットワークを介して利用したり，1台のプリンタをネットワーク経由で共同利用したりすることで，コストパフォーマンスが改善される。

〔2〕 **プログラム開発期間の短縮**　プログラムサイズが大きくなると，一個人ですべてを開発することは長期間かかり，非効率的である。そのため，処理をモジュール化して複数人が開発を担当し，最後にそれらを持ち寄ることで開発期間を短縮しようという手段をとる。ネットワークを介し，共通のハードウェアとソフトウェアをすべての開発者がいつでも共通して利用できるようにすることで，開発期間の短縮につながる。

〔3〕 **データの共有と公開**　常時更新されるデータは，利用者にとって価値のあるものである。共有データの参照，更新を，ネットワークを介して行うことができれば，データを利用する側も供給する側も即時性を確保でき，大きな価値を共有できる。公開情報のように不特定多数が参照するようなデータについても即時性は重要であり，ネットワークの利用価値は高い。

〔4〕 **信頼性の向上**　ネットワーク上で接続された複数のコンピュータにデータや処理を共有配置することによって，一つの構成要素（コンピュータ）に障害が生じても，他の構成要素で代行できるように設定することで，システム全体の信頼性を向上できる。

〔5〕 **負荷の分散化**　特定の構成要素に負荷が集中し，その要素の能力の限界を超さないように負荷を動的に分散させれば，最大の負荷に合わせるような過剰投資は不要になる。

〔6〕 **システムの拡張性 / 柔軟性の確保**　コンピュータをアドホック的に接続可能にすることでネットワークの拡張が容易に行え，大きなネットワークシステム構築を実現できる。共通のルール（プロトコル）に従ってアプリケーションを開発することにより，さまざまな用途への応用が柔軟に行える。

〔7〕 **リアルタイム性の向上**　ネットワークの伝送帯域，混雑度などにもよるが，十分な伝送帯域があればプログラムやデータ転送を迅速に行うことができ，メディアを持ち歩くことと比べるとリアルタイム性ははるかに向上する。

コンピュータに通信回線を組み合わせた初期の利用例としては，1960年代に登場したタイムシェアリングシステム（TSS）がある。コンピュータが高価であったために，1台のコンピュータに複数の端末（キーボードとプリンタを組み合わせたもの）を接続し，複数のユーザが同時にコンピュータを利用できるようにしたものであった。1970 年代には，通信回線を経由して複数のコンピュータを接続しデータのやり取りをリアルタイムに行うことができるシステムが登場し始めた。1980 年代になって異なるコンピュータ間でデータのやり取りを行う手順の標準規格化が始まった。1990 年代にはインターネットは世界中に広がり，2000 年代以降，インターネットは地球規模の社会的インフラとして重要な通信手段となってきている。電子メールや WWW は情報伝達や情報検索のための主要なビジネスツールとなり，電子商取引やインターネットバンキングのような重要なデータ通信にもインターネットが使われるようになった。2010 年代にはスマートフォンやタブレットなどのモバイル端末の利用が爆発的に普及し，インターネットへの接続端末はモバイル端末が多くを占めるようになってきた。さまざまなモバイルアプリケーションが開発され，インターネット利用者は増え続けている。2018 年現在のインターネット利用者数は 40 億人といわれ，その数は拡大の一途をたどってきた。

インターネットは，TCP/IP の標準プロトコルを利用したコンピュータネットワークが，有機的につながれたネットワークの集合体であり，世界中をつなぐ大規模ネットワークとなっている。インターネットの基盤技術はアメリカ国防総省の研究プロジェクトが構築した ARPANET 上で蓄積された。1990 年にこの ARPANET が解散するまでにアメリカでは BITNET（because it's time network），NSFNET（national science foundation network），CSNET（computer science network）などが誕生した。

10.2　コンピュータネットワークの構成

10.2.1　パケット通信

インターネットでは，送信するデータをパケットという小単位に分割して転送するパケット通信方式を採用している。それまで用いられてきた回線交換型の通信方式は，接続中は 1 ユーザが 1 回線を占有する方式であったため，データを連続的にやり取りしないリアルタイムなデータ通信には不向きであった。

パケット通信方式では，より広帯域な回線を複数のユーザで共有して通信する方式であるため，回線が空いているときは高速にパケットを送出することができ，ネットワーク資源を効率的に利用することができる。

パケット通信の概要を，**図 10.1** に示す。データの送信や受信を要求するのは，送受信コンピュータのアプリケーションである。送信コンピュータのアプリケーションから送信するデータは，パケットに分割され，宛先コンピュータのネットワーク上の**アドレス**などを格納したヘッダをそれぞれのパケットの先頭部に付加し，外部のネットワークへと送り出す。パケットが**ルータ**に到達すると，ヘッダ情報に基づいて宛先コンピュータの位置に該当するネットワークに向けてパケットは転送され，複数のルータを経由して転送が繰り返され，宛先コンピュータが接続されているネットワークへとパケットが届けられる。

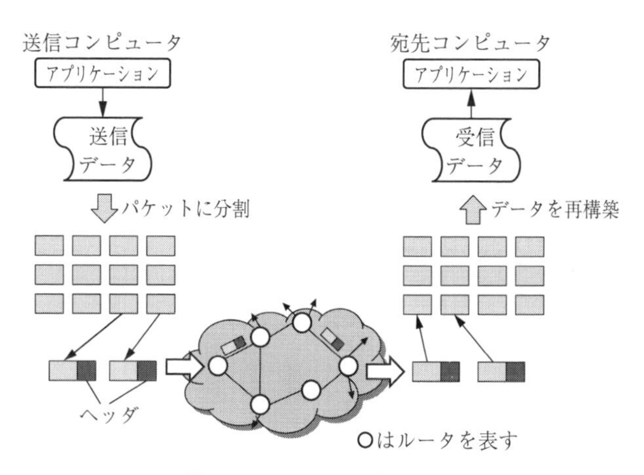

図 10.1　パケット通信の概要

宛先のコンピュータでは，分割して送られてきたパケットから，送信元のコンピュータのアプリケーションが送信したデータを再構築することで，宛先コンピュータ上のアプリケーションにデータが届けられる。このような通信方法におけるパケットの構成方法や送受信の手順などを定義しているのが**プロトコル**である。

10.2.2 OSI 参照モデルとプロトコル

図 10.2 に，実際のコンピュータネットワーク利用環境の例を示す。LAN ケーブル，無線 LAN，光ファイバなど，異なる通信媒体に接続されたコンピュータ間であっても，通信プロトコルを統一することによって，さまざまなネットワークを経由した相互の通信が可能になる。また，同じプロトコルを利用すれば，さまざまなネットワークアプリケーションを利用可能となっている。

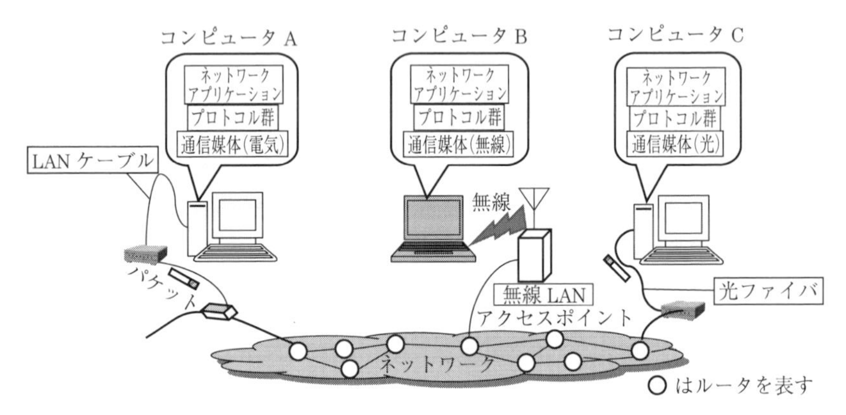

図 10.2　コンピュータネットワークの利用環境の例

プロトコルは，役割に応じて階層化して分類されており，ISO（International Organization for Standardization）が提唱した **OSI**（open system interconnection）参照モデルは，**図 10.3** に示すような七つの階層が存在する。

物理的なネットワークを構築する際の形態を，ネットワークのトポロジーとよぶ。基本的なネットワーク形状の例には，**図 10.4** のように，（a）**バス型**ネットワーク，（b）**スター型**ネットワーク，（c）**リング型**ネットワークに大別でき，それぞれつぎのような特徴がある。

バス型は，ケーブルを一筆書きのように這わせたもので，ケーブルの両端に信号の反射を防ぐための終端を設ける必要がある。伝送路を時分割で共用するので，端末数や通信データ量が増加するとデータの衝突回避のための待ち時間が長くなる。10BASE5 は代表的なバス型ネットワークであった。スター型は中心のノードにすべてのコンピュータからの回線をいったん集結させる。デー

7	アプリケーション層	E-mail や WWW などのアプリケーション上でのさまざまなプロトコル
6	プレゼンテーション層	データの表現形式，フォーマットを管理
5	セッション層	通信しているコンピュータ間の論理的な通信の確立状態を管理
4	トランスポート層	コンピュータ間で，欠落のないデータ通信。輻輳の制御
3	ネットワーク層	複数のネットワークを経由して宛先のコンピュータまでパケットを届ける
2	データリンク層	同じ物理層で直接つながっているコンピュータ間の通信を確立し，制御
1	物理層	電気，無線，光などのさまざまな通信媒体で，0，1のビット列を伝達

図 10.3　OSI 参照モデル

（a）　バス型ネットワーク　（b）　スター型ネットワーク

（c）　リング型ネットワーク

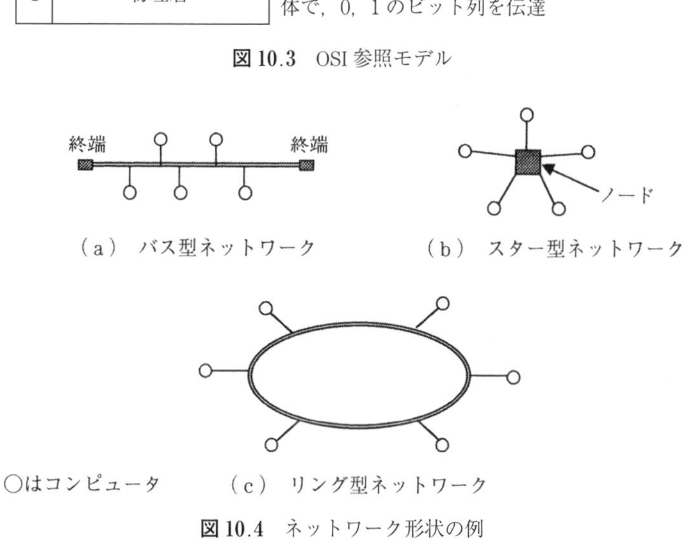

図 10.4　ネットワーク形状の例

タの宛先を調べて再配信することもできるので，衝突を防ぎ高速化を実現できる。リング型は通信ケーブルをリング状に接続し，データ伝送を1方向とすることでデータの衝突を防ぐ方式で，点在するコンピュータを高速で接続するのに適している。

コンピュータネットワークの例を**図 10.5** に示す。インターネットではさまざまなトポロジーでデータリンク層のネットワークが形成されるが，それらが

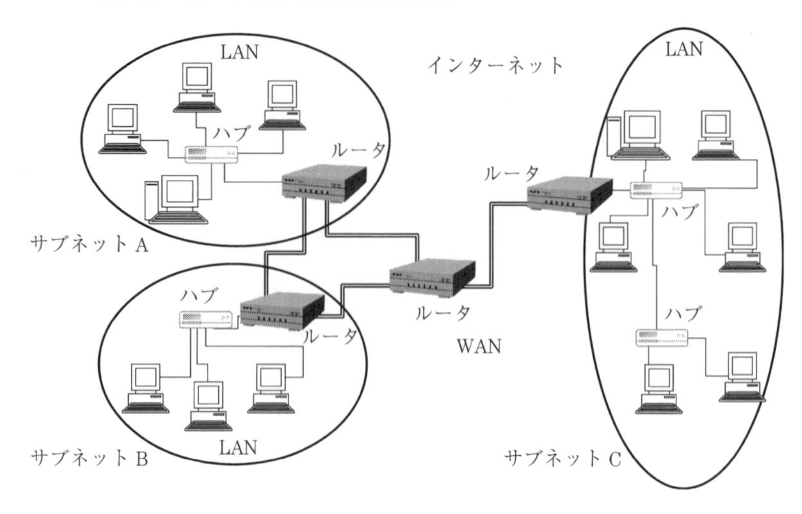

図10.5　コンピュータネットワークの例

相互に接続されて，大規模なネットワークが構成されている。同じデータリンク層で接続された一つのセグメントを，ネットワークセグメント，あるいはサブネットとよぶ。図10.5の例は，三つのサブネット（サブネットA，サブネットB，サブネットC）から構成されている。外部のサブネットに転送するにはルータが必要となる。ルータは，どこのサブネットに送られるパケットであるかをヘッダに格納されている宛先アドレスから判断して中継処理を行う。宛先のコンピュータが遠隔地にある場合は，複数のサブネットを経由してパケットが転送されていく。

10.3　物理層の通信方式

ここでは，インターネットで用いられている物理層の媒体である電気，光，無線を用いたネットワーク構成要素について説明する。

〔1〕 **ツイストペアケーブル**　　ツイストペアケーブルは，デスクトップPCをインターネットやLANに接続するためにしばしば用いられているものである。2本の導線の対をより合わせ信号の減衰を抑えたものであり，**UTPケーブル**（unshielded twisted pair cable）とよばれているものである。2本の線を

より合わせることで，外部からの電気的な影響に強い特性を持たせている。

図 10.6 に示すように，UTP ケーブルには 4 対の導線が用いられており，利用するイーサネット規格によってケーブルの種類が異なる。例えば，100 Mbps の UTP ケーブルはカテゴリ 5 とよばれ，図の 1，2 および 3，6 の対が使用される。これに対し，1 Gbps のエンハンスドカテゴリ 5 とよばれる UTP ケーブルでは，図のすべての対が使用される。

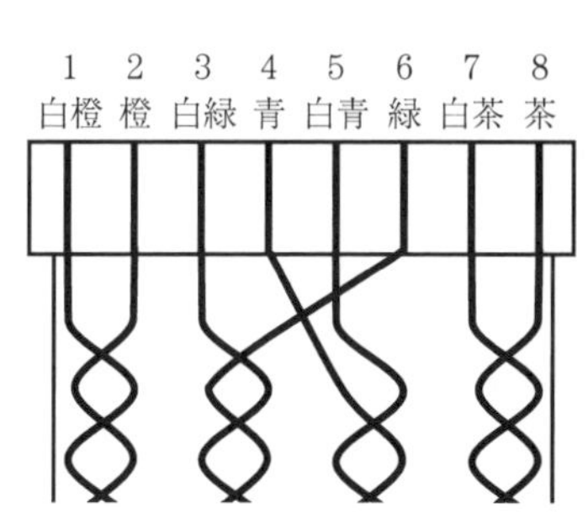

図 10.6　UTP ケーブル（コネクタと結線）

〔2〕 **光ファイバ**　　光ファイバを用いた光信号による通信は，電気のようにノイズや干渉の影響がないため，高速な通信が可能である。同軸型の光ケーブルでは，多いもので百本以上の細い光ファイバが束ねられ，大容量の伝送が可能である。高速であり長距離の伝送に利点があるが，折れ曲がりに弱いためケーブルの引き回しには注意が必要である。

光ファイバはコアとクラッドという 2 種類の石英ガラスで構成されている（**図 10.7**）。クラッドに比べてコアの屈折率を高くしておくことで，光がコア内を全反射しながら進んでいく。光ファイバには，屈折率の分布の違いからマルチモードファイバとシングルモードファイバの 2 種類がある。マルチモードファイバは，コア系が 50 μm，あるいは 62.5 μm あり，光はファイバの中をらせん状に反射しながら進んでいく。引き回しやコネクタの接続，光ファイバどうしの融着など，取扱いは比較的容易であるが伝送損失が大きいために長距離伝送には向かない。光の波長が 850 nm で伝送速度が 10 Gbps の規格では最長 300 m の伝送が可能である。一方，シングルモードファイバは，5～15 μm の

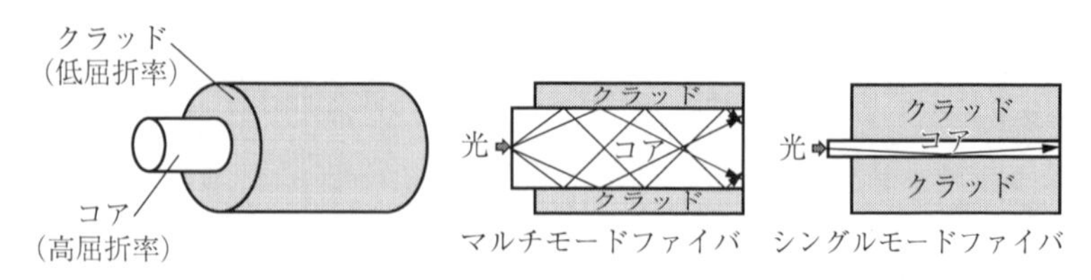

図 10.7　光ファイバ通信のしくみ

コアで，光は直線的な反射を繰り返しながら進んでいく。低損失な伝送が可能であるが，マルチモードと比較すると高価である。波長が 1 550 nm で，伝送速度が 10 Gbps 規格では最長 40 km の長距離伝送が可能である。

〔3〕 **無　線**　　電波を伝送媒体とする無線通信は，つぎのような特徴を有しているために広く用いられるようになってきた。

① ケーブルの引き回しが不要。

② アクセスポイントを用意すれば，移動体機器とのデータ送受信が可能。

③ コンピュータの設置場所を選ばない。

アメリカ電気電子学会に所属する IEEE 802 委員会で標準化された無線 LAN は，電波利用に免許の必要がない 2.4 GHz 帯や 5.2 GHz 帯の ISM バンドとよばれる帯域を用いている。最近広く使われている WiFi（wireless fidelity）とよばれる無線 LAN は，DSSS（direct sequence spread spectrum）あるいは OFDM（orthogonal frequency division multiplexing）といった方式を採用している。複数のアンテナを用い，無線が伝搬する空間を使って多重化する MIMO（multi-input multi-output）も採り入れられている。最大 54Mbps の方式が広く普及してきたが，最大 6.9 Gbps の方式も利用されている。

最近のノート PC には無線 LAN モジュールが内蔵されていることが多く，無線 LAN がカバーしているエリアであれば，何も追加することなしにインターネットに接続できる。ただし，無線 LAN のアクセスポイント 1 台でのカバー範囲は見通しでもせいぜい 100 m 程度で，屋内ではそれよりかなり狭くなる。携帯電話網もインターネットに接続されるようになり，移動中でも数十 Mbps の通信が可能になっている。音声電話網も含めすべての通信が IP によるパケット通信に置き換わろうとしている。ディジタル無線通信技術の高速化は，スマートフォンによるインターネット利用の爆発的な普及に大きく貢献してきたといえる。

10.4　データリンク層のプロトコル（イーサネット）

データリンク層プロトコルはLAN内のコンピュータ間の通信方法を定めている。MAC（media access control）アドレスというネットワークインタフェースカード（NIC）が持つ固有のハードウェアアドレスが用いられる（イーサネットの場合，48ビット）。送信するパケット（これをイーサネットフレームとよぶ）のヘッダ部分に，宛先のMACアドレスを含めておく。送信されたパケットはLAN内のすべてのコンピュータが受信する。宛先が自分であることを確認したコンピュータは上位層であるネットワーク層に渡して処理される。自分宛でないことを確認したコンピュータは，そのパケットをそのまま破棄する。

有線LANと無線LANのどちらにおいても，パケットの送信を集中制御することはなく，自律分散型のプロトコルが用いられる。インターネットではその設計概念として，集中的な通信制御を行わず，ネットワークの拡大を促す分散型動作が可能なプロトコルが多く取り入れられている。複数のコンピュータが同時にパケットを送信してしまうと，どちらのパケットも正常に伝達することができなくなる。これをパケットの衝突という。そのため，パケットを送信する際のルールが，MACプロトコルによって決められている。

1983年からさまざまな方式が規格化されている**イーサネット**では，各コンピュータが送信タイミングを争う**コンテンション方式**が基本となっている。

〔1〕 **イーサネットとCSMA/CD**　有線LANで用いられているイーサネットでは，送受信タイミングの制御にCSMA/CD（carrier sense multiple access with collision detection）とよばれる伝送制御手順が用いられている。具体的なデータ伝送手順は以下のとおりである。

① 信号線上に他のコンピュータからのデータが出力されていないかを確認。

② 信号線が空いていたら，自身のデータを送出。信号線が空いていなかっ

たら，空くまで待機。

③ データ送出とともに，信号線上の電圧変動をモニタ。

④ モニタした変動と送出されたデータが同じであるかどうかを監視し，他のコンピュータからのデータと衝突していないことを確認。

⑤ データが衝突していなければ正常終了するが，もしも，衝突した場合には，内部で乱数を発生し，その時間分だけ待機。

⑥ 乱数値に応じた時間だけデータ送出の開始を見合わせ，その後，①から再度やり直す。

ハブ（Hub：英語で中枢という意味）とよばれる集線装置を用いると簡単にスター型のネットワークを構成できる。構造が簡単なリピーターハブは，共有バスと複数のポートのみからなっており，すべてのポートにLAN内のデータが転送されるため，大容量のデータをやり取りすると衝突が起こりやすくなる。一方，スイッチングハブは，各ポートに接続するコンピュータのMACアドレスを学習し，余計なパケット送信を行わない。スイッチングハブの学習の様子を，**図10.8**に示す。各ポートのMACアドレス情報を得ていないときは，AからB宛に送信されたフレームはすべてのポートから送信される。このとき，Aから1番のポートでデータを受信したので，1番ポートにAが接続していることを記憶する。つぎに，BがA宛に返信のフレームを送信する。スイッチングハブは，Aが1番ポートに接続していることは既知なので，1番ポートのみからこのフレームを送信する。また，このとき同時に，Bが2番ポートに接続していることを記憶する。このように学習していくことで，他のコンピュータの回線に影響を与えることなくなり，通信速度が向上する。

CSMA/CDは，衝突が発生する半二重通信（片方向ずつの送信）を前提とした初期のイーサネットのためのプロトコルであった。スイッチングハブが普及し，全二重通信（双方向同時に送信可能）が可能な高速なイーサネットでは利用されなくなってきている。イーサネットの規格は，10 Base 5という10 Mbpsの方式から始まり，100 Mbps，1 Gbpsさらに10 Gbpsの非常に高速な方式まで規定されている。例えば，1000 Base-Tでは，1 GbpsのLANが，UTPケー

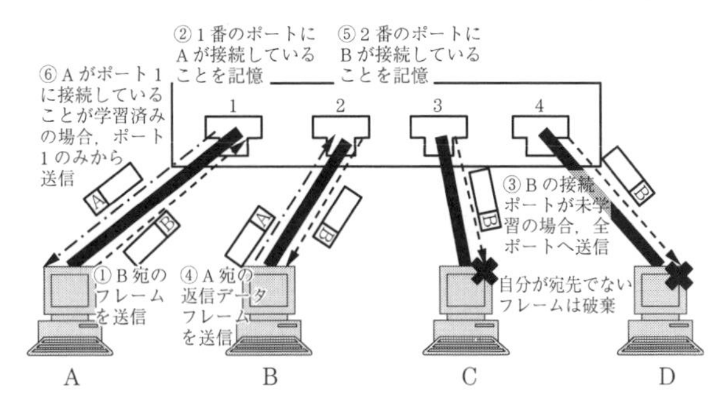

図10.8 スイッチングハブによるポートの学習の様子

ブルで簡単に構成できる。100 GBASE という 100 Gbps レベルの規格もある。

〔2〕 **無線 LAN プロトコル**　IEEE 802 委員会は 1997 年に IEEE 802.11 の標準化を行い，1998 年に ISO で承認された。当初は 20 Mbps の伝送速度を目指しながらも，周波数の確保が難しいために 1 Mbps もしくは 2 Mbps の規格化でとどまっていた。その後，無線通信技術の進歩によって 11 Mbps の IEEE 802.11 b，54 Mbps の IEEE 802.11 g や IEEE 802.11 a，100 Mbps 以上の伝送速度を目指した IEEE 802.11 n，さらに，7 Gbps 近い通信モードも備えた IEEE 802.11 ac の普及も進んでいる。

無線通信においては，送信電力と比較して受信電力がきわめて小さく，また通常は送信と同時に受信を行うことはできないため，CSMA/CD のようなデータ衝突の検知を行うことができない。そのため，無線 LAN における MAC プロトコルでは，他のコンピュータがデータを送信中は待機し，さらに，送信タイミングを乱数でずらすことで衝突を回避する CSMA/CA（carrier sense multiple access/collision avoidance）という以下のような手順に従っている。

① 同じチャネル上で，他のコンピュータがパケットを送信していないか確認する。送信されていたら待機する。

② 他のコンピュータのパケット送信が終わった時点から，IFS（inter frame space）とよばれる一定時間待機する。

③ 乱数を発生させ，乱数値に応じた時間だけさらに待機する。この時間をバックオフ時間という（複数のコンピュータが送信しようとしているとき

には，それぞれが発生する乱数は異なり，待機時間もばらつくことを期待する)。

④　待機時間（バックオフ時間）が終了するまでに，他のコンピュータからの送信を検知しなかった場合，パケットを送信する。すなわち，コンピュータが複数存在する環境においては，乱数で決定されるバックオフ時間が最も短かったコンピュータが送信できることとなる。

⑤　バックオフ時間中に他のコンピュータからの送信を検知した場合には，つぎの送信機会を得るために，② からやり直す。

無線 LAN においては，アクセスポイントを介した通信モードだけでなく，コンピュータ間相互で直接通信させるアドホックモードがある。無線 LAN のインフラがなくても，複数のコンピュータ間で直接データを送受信することも可能であり，災害などによって通信インフラが破壊された非常時に有効なネットワークなどとして期待される。

複数のコンピュータやアクセスポイントの位置関係によっては，他のコンピュータが送信していることを把握できない問題（隠れ端末問題）が生じ，上記の MAC プロトコルが正常に動作しない場合がある。そのような場合には，送信前に RTS（request to send）を送信し，それを受信した宛先の局が CTS（clear to send）を送信することで周りのコンピュータに自分がいまから受信を始めることを知らせ，パケット衝突が起こらなくさせる工夫もされている。

10.5　ネットワーク層のプロトコル（IP とルーティング）

10.5.1　IP パケットと IP アドレス

ここまでサブネット内でパケットのやり取りを行う技術を説明したが，遠隔地のコンピュータやサーバとの通信には，図 10.5 に示すようにルータを介して別のサブネットに転送し，複数のサブネットを経由して宛先までパケットを届ける必要がある。サブネット内では，すべてのコンピュータにフレームを届ける MAC アドレスによる通信が基本となるが，外部のサブネットへの転送するときには，一つ上層のネットワーク層の **IP**（internet protocol）のプロトコ

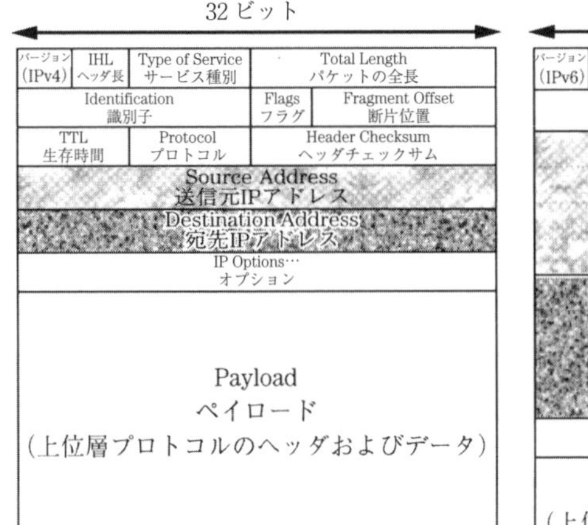

（a） IP version 4 パケット

32ビット
バージョン (IPv6)
Traffic Class トラフィッククラス
Flow Label フローラベル
Payload Length ペイロード長
Next Header つぎのヘッダ
Hop Limit ホップリミット
Source Address 送信元IPアドレス
Destination Address 宛先IPアドレス
Extension Headers 拡張ヘッダ
Payload ペイロード (上位層プロトコルのヘッダおよびデータ)

（b） IP version 6 パケット

図 10.9　IPパケットのフォーマット

ルが用いられる。IPパケットのフォーマットを**図 10.9**に示す。

現在，広く一般的に利用されているIP version 4（IPv4，図10.9（a））のIPアドレスは，32ビットの長さであり，通常，0から255までの8ビットの数字を4個用いて表現される。例えば，東京理科大学のWWWサーバのIPアドレスは133.31.180.213と表される。IPアドレスは，各コンピュータに固有の識別子であると同時に，インターネット上の位置を示しており，それに基づいてパケットが宛先まで転送される。

インターネット上の位置はサブネットごとに設定され，IPアドレスの上位ビットのネットワークアドレス部で指定する。ネットワークアドレス部のビット数はサブネットマスクで指定される。1でマスクされたビットがネットワークアドレス部に対応し，0の部分がサブネット内のコンピュータ識別に利用されるホスト部となる。例えば，上位24ビットがネットワークアドレス部で下位8ビットがホスト部の場合，サブネットマスクは255.255.255.0と表現される。先ほどのWWWサーバのサブネットマスクが，255.255.255.0だったとすると，このサーバは133.31.180.の部分がインターネット上の位置を示すことになる。このネットワークアドレスは，サブネットマスクのビット数を使って

133.31.180.0/24と表される。ネットワークアドレスはサブネットごとに付けられるので，同じサブネット内のコンピュータのIPアドレスは，ネットワークアドレス部がすべて同じであり，下位のホスト部のみ異なる。同じサブネットに接続するコンピュータが多い場合は，サブネットマスクのビット数を少なくしてホスト部のビットが大きくなるように設定する必要があるが，IPアドレス数には限りがあることにも注意が必要である。

グローバルなインターネットに接続する各コンピュータには，すべて固有のIPアドレスを付けなければ通信できないが，IPv4のアドレスは32ビットであるので，最大で2の32乗＝約43億個となっており，この程度の数ではインターネットが広がるにつれ，全世界のコンピュータに固定のIPアドレスを割り当てることが難しくなっている。そこで，アドレス数を拡大するために，IP version 6（IPv6）というIPが1995年に規格化された。図10.9（b）にパケットのフォーマットを示す。IPv6のIPアドレスは128ビットに拡張されており，10進数では約3.4×10^{38}という膨大なアドレス数を提供可能である。

10.5.2　IPによるルーティング

図10.5に示したようなインターネットで，あるサブネットに接続されたコンピュータから，別のサブネットのコンピュータ宛にパケットを送信する場合，まず同じサブネットに接続しているルータに送り，ルータから宛先ネットワークに向けて転送してもらう必要がある。したがって，サブネットの出口となるルータのIPアドレスは，事前に各コンピュータに設定しておく必要がある。宛先ごとに転送するルータを設定することもできるが，端末となるコンピュータをネットワークに接続する際は，通常使うルータ（デフォルトゲートウェイ，あるいは，デフォルトルータとよぶ）を設定しておく。

サブネット外のIPアドレス宛のパケットは，まずこのデフォルトゲートウェイに送られ，さらにこのルータからパケットの宛先IPアドレスに基づいて，つぎに転送すべきルータに向けて転送される。各ルータは，ルーティングテーブルという宛先ネットワークアドレスごとの，転送先ルータのリストを持っており，パケットを受信すると，これをもとに，つぎに転送すべきルータへと転送する。ネットワーク上の位置関係が離れている場合には，何段階かこのような転送が行われ，宛先IPアドレスのサブネットに接続しているルータに到達する。このルータは，受け取ったパケットをLAN側へと転送し，宛先コンピュータにパケットが送り届けられる。

図10.10にIPルーティングの例を示す。IPアドレスが10.1.1.1のコンピュータAから，10.2.2.5のコンピュータBにパケットが転送される過程を例にして説明する。コンピュータBに送信する場合，パケットのIPヘッダの宛先IPアドレスに，10.2.2.5を格納して送信する。コンピュータAのデフォルトゲートウェイは，図の例では10.1.1.254と指定されているため，サブネット外に送られるこのパケットはまずルータAに届けられる。ルータAは，パケットヘッダの宛先IPアドレスより，10.2.2.5宛であることを認識し，このアドレスが含まれるサブネットをルーティングテーブルより検索する。

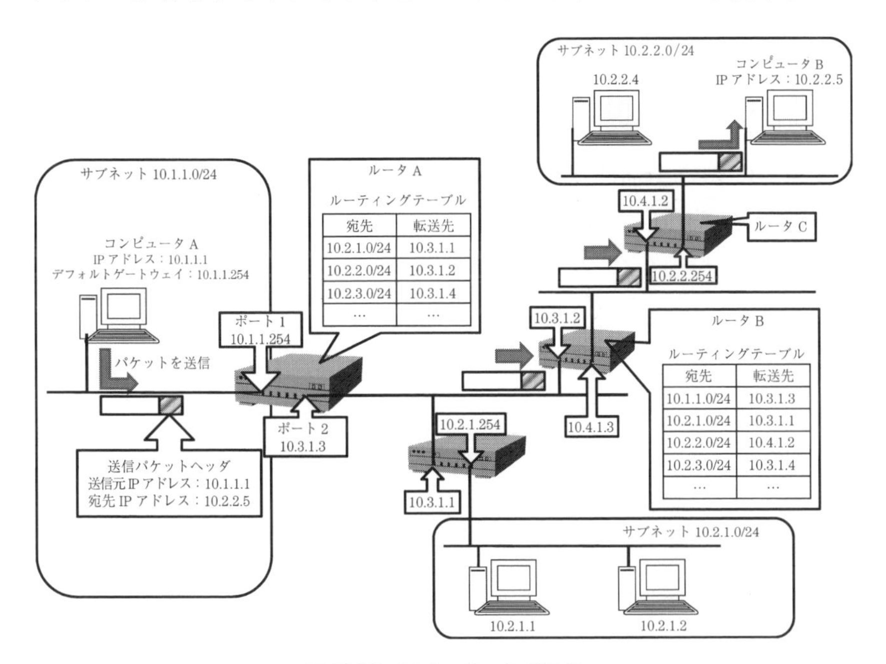

図10.10　IPルーティングの例

10.2.2.5は10.2.2.0/24のサブネットに含まれるので，ルーティングテーブルの情報に基づき，10.3.1.2に転送する。ルータBも同様にルーティングテーブルを参照し，10.4.1.2に10.2.2.5宛のパケットを転送する。最終的に転送されたルータCに10.2.2.0/24のサブネットが接続されており，このルータのLAN側ポートから宛先のコンピュータBまでパケットが送り届けられる。

10.6　トランスポート層のプロトコル（TCPとUDP）

インターネットでは，TCPとIPが重要な役割を果たしている。IPが通信相手にパケットを届けるプロトコルであることはすでに述べたが，これは単に相手に向けてパケットを届ける方法であって，それが届いたかどうか，あるいは，接続中セッションが切れていないかどうかなど，論理的な回線の確立までは保証していない。これまで利用されてきた回線交換型の通信では，相手との通話が確立していることは前提であったが，インターネットのパケット通信では，WAN上のどこかの線でエラーが起きたり，あるいは，過剰なトラフィックによってデータがあふれてパケットロスが起きたりしても，IPはそれに関与しない。パケット通信と回線交換通信の大きな違いがここにある。

データをきちんと届けたり，混雑を避けるように転送速度を制御したりする機能はトランスポート層が持ち，インターネットでは**TCP**（transmission control protocol）がその役割を果たす。通信を行っているコンピュータ間でTCPがデータ送信レートを調整してネットワーク回線に輻輳を起きない速度に合わせ，また送信したパケットの送達確認ができなかった場合には，データを再送信させることで高信頼な通信を保証している。WWWやE-mailなど，一般的なデータ通信ではほとんどがTCPを利用している。TCPでは，送信側からのパケットを受信側のコンピュータが受信すると，それを受け取ったことを示す送達確認（**ACK**，acknowledgement）パケットを，送信側に送る。送信側では，ACKが返ってくることを確認しながら送信するが，ACKが一定時間返ってこなかった場合には，同じパケットを再送する。このようにして，すべてのパケットが確実に受信側まで届けることを保証する。

一方，通信相手からの応答を待たずにデータ通信を行うような音声や動画像のリアルタイム通信においては，信頼性よりも実時間性が重要であり，その場合は **UDP**（user datagram protocol）というトランスポートプロトコルが用いられる。

TCP や UDP のヘッダにはポート番号とよばれる識別番号がついており，これによってサーバや通信相手となるコンピュータのデータの入口を指定している。例えば，**HTML**（hypertext markup language）を利用してさまざまな情報を提供する **HTTP**（hypertext transfer protocol）サーバであれば TCP ポートの 80 番，メールの受信に用いる POP（post office protocol）サーバであれば TCP ポートの 110 番，データの送受信に用いる **FTP**（file transfer protocol）の制御用コネクションであれば TCP ポートの 21 番，**SSH**（secure shell）によるリモートログインであれば TCP ポートの 22 番が指定される。

あるクライアントコンピュータ上のウェブブラウザの動作を例にとってそのステップを，**図 10.11** を用いて説明する。クライアントのウェブブラウザ上で HTTP サーバが指定されると，サーバの IP アドレスに対し，ポート 80 宛ての

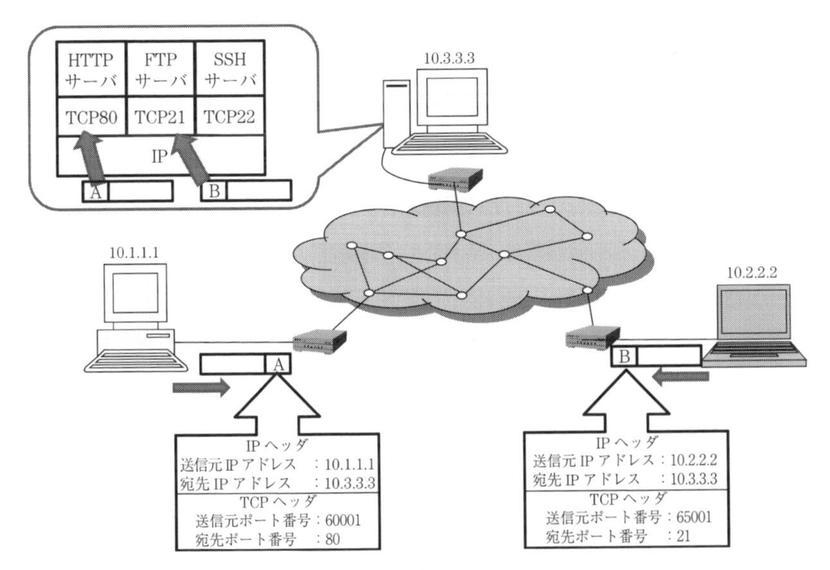

図 10.11 TCP のポート番号とサーバへのアクセス

TCPパケットでアクセスする。インターネットを介してサーバにデータが届くと，サーバはそのパケットの宛先ポートを解読する。TCPポート80宛であること分かると，このパケットをHTTPサーバアプリケーションに取り込む。この要求に対する応答は，送信されてきたパケットの送信元ポート番号（図10.11の例では60001）に向けて返信される。このような送受信ポートのペアを利用して，クライアントとサーバ間でやりとりが行われる。

10.7　アプリケーション層のプロトコル

10.7.1　DNS

インターネットではIPアドレスに基づいた通信が行われていることを説明したが，数字のみのアドレスは人間にとっては使いづらい。そこで，WWWやE-mailなどのネットワークアプリケーションでは，www.tus.ac.jpのような直感的で使いやすいドメイン名が用いられている。この例では，wwwがサーバ種類を示し，tusという機関名である東京理科大学を示し，acが機関の属性である学術を意味し，jpが日本を意味するトップドメインである。

ドメイン名を使うアプリケーションでは，これをIPアドレスに変換しなければインターネットにパケットを送信できないが，全世界のどこにつながったコンピュータからも，共通のデータベースによってドメイン名からIPアドレスに変換できるシステムが必要である。これを**DNS**（domain name system）といい，通常，おのおののLANにDNSサーバが設置され，それらは階層構造の分散型データベースを形成している。

あるLANのDNSサーバに対して，ドメイン名からIPアドレスへの変換の要求があったとき，同サーバが保持している情報であった場合は，そのIPアドレスを回答する。同サーバが保持していない情報の場合には，まず上位のサーバに問い合わせてそのドメイン名を管理するDNSサーバの情報を得て，そのDNSサーバ宛にアドレス変換の要求を行う。

10.7.2 電子メール

電子メールは，世界中の人に瞬時に情報を送ることができる。送信者は相手の状況や時差を気にせずにいつでも送信でき，受信者は都合のよいときにダウンロードして読むことができる。メール送信時やメールサーバ間の通信には，**SMTP**（simple mail transfer protocol）が用いられ，受信の際には **POP**（post office protocol），あるいは，**IMAP**（internet message access protocol）とよばれるプロトコルが用いられている。

メールアドレスは名前@住所の形をしており，住所に対応するメールサーバアドレスはDNSによって管理されている。メールアドレスのドメイン名は，MXレコードというメールのためのドメイン名としてDNSに登録されており，通常使っているドメイン名とは異なるものに設定することができる。**図10.12**にE-mailの送受信のしくみを示す。電子メールを送信する際には，まず，送信者のコンピュータのメールソフト（Outlookなど）から，SMTPによってSMTPサーバにメールが送信される。送信者側のSMTPサーバは，メールを受け取ると，宛先（受信者）のメールアドレスを確認し，そのアドレスに対応するメールサーバのIPアドレスをDNSから取得し，SMTPで転送する。受信者のメールサーバは，受け取ったメールを保持しておく。受信者が，自分の都合のよいときにPOPなどでメールサーバにアクセスすると，送信者から送られてきたメールが受信者のコンピュータにダウンロードされる。

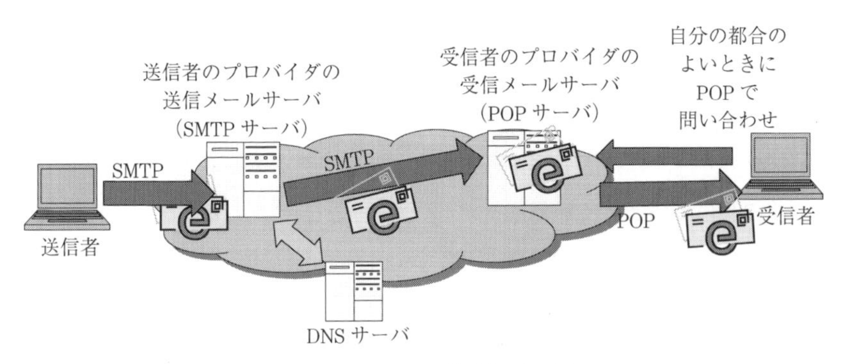

図10.12 E-mailの送受信のしくみ

10.7.3　WWW

インターネットは，旧来の集中型ネットワークから分散型ネットワークへ変化し，その情報源もまさにクモの巣（web，ウェブ）状になっている。**WWW**（world wide web）は，分散して設置されているサーバからの情報を，利用者はその位置を意識することなく利用することができる。WWW サーバでは，**HTTP**（hyper-text transfer protocol）デーモンとよばれるプログラムが動作し，ハイパーテキストである **HTML**（hyper text markup language）で書かれた情報ファイルをクライアントであるコンピュータからの要求に基づいて転送する。端末からの要求には，**URI**（uniform resource identifier）という識別子が使われ，情報にアクセスする手段（スキーム）が HTTP の場合は，http://ドメイン名 / パスのように記述する。このクライアント側のコンピュータ上で実行されるのが WWW ブラウザであり，マイクロソフト社のインターネットエクスプローラなどがこれにあたる。

10.8　インターネットへの接続

10.8.1　インターネットへの具体的な接続方法

図 10.5 では，LAN と WAN という最も基本的なインターネット構成について説明したが，ここでは，さまざまな環境で，実際にどのようにコンピュータがインターネットに接続されているかを説明する。

〔1〕 **PPP**（point-to-point）**接続**　以前には，電話回線の音声帯域を利用したインターネット接続が利用されていた。コンピュータのモデムから **ISP**（internet service provider）のネットワークまで電話回線で接続し，これを経由して ISP のルータに接続し，インターネットにアクセスする方法である。しかし回線の利用効率が悪く通信速度が低いため，使われなくなっている。最近では，回線の認証のために **PPPoE**（PPP over Ethernet）が使われることがある。

〔2〕 **ADSL，FTTH，ケーブルテレビ**　**ADSL**（asymmetric digital subscriber line）は，既存の有線アナログ電話回線を利用する方式であるが，26 kHz 以上の音声よりも高い周波数を用いて高速なデータ通信を実現してい

る。各家庭に設置される ADSL モデムと電話局の交換機手前に設置されるモデムとの間が ADSL 接続であり，電話局からは専用のディジタル回線で ISP のルータに接続され，これを経由してインターネットにつながっている。ADSL 接続の部分は，最高で下り 50 Mbps 以上の高速通信が可能である。

FTTH（fiber to the home）は光ファイバを用いた接続方法で，ADSL よりもさらに高速で安定な通信を提供する。上りも下りも 100 Mbps が一般的である。ケーブルテレビ回線を用いた接続方法もあり，テレビ放送で使われていない空き周波数帯域を利用してデータ通信が行われる。

〔3〕 **専用線**　会社の本支店間や大学のキャンパス間などでは，専用回線を用いて WAN に接続し，インターネットにつながっているのが普通である。各機関内には，WAN との間のゲートウェイとなるルータを設置し，その内側のサブネットアドレスを機関内で使用するコンピュータに割り当てる。社内や学内のサブネットを部署ごとのさらに小さなサブネットに分けて利用する場合が多い。機関ごとに独自のネットワークアドレスを持つことになり，のちに説明するドメインネームの上位を社名や大学名などの同じ ID に設定することもできる。

10.8.2　インターネットへの接続で活躍するプロトコル

〔1〕 **NAT**　コンピュータをインターネットに接続するためには，IP アドレスを設定しなければならないが，すでに説明したとおり，固有の IP アドレスの数に限りがある。そのため，各家庭で用いる複数台のコンピュータ，大学やオフィスで用いるすべてのコンピュータにグローバルな固有の IP アドレスを割り当てることは難しい。そこで，限られた IP アドレスを複数のコンピュータで共有する方法として，**NAT**（network address translator）や **NAPT**（network address ports translator）が使われている。これは，社内，学内，家庭内などの LAN の中では，その中でしか使わないプライベート IP アドレスを用い，固有のグローバル IP アドレスは，このプライベートネットワークの出入口にあたる NAT 対応ルータのみに割り当てる方法である。

プライベートネットワーク内でプライベートIPアドレスが割り当てられているコンピュータから，外部のグローバルネットワーク上のサーバにパケットを送信する場合，まずこのコンピュータのデフォルトゲートウェイとして設定されているNAT対応ルータで，送信されるパケットの送信元アドレスをこのルータのグローバルIPアドレスに置き換え，送信元ポート番号も変換して送信される。宛先コンピュータからは，この変換されたIPアドレスとポート番号に向けて応答パケットが返される。NAT対応ルータはそれを受け取ると，そのポート番号に基づいて，もとのIPアドレスとポート番号にヘッダを置き換え，プライベートネットワーク側へとパケットを転送する。このような仕組みによって，一つのグローバルIPアドレスのみで，複数のコンピュータから別のサブネットのコンピュータにアクセスすることができるようになっている。

〔2〕 **DHCP**　コンピュータのネットワーク設定を自動的に行う方法として，**DHCP**（dynamic host configuration protocol）がある。DHCPを有効にするLANには，IPアドレスの自動割当と管理を行うDHCPサーバを設置しておき，DHCPでIPアドレスを自動的に取得するコンピュータには，DHCPクライアントを設定しておく。DHCPクライアントが設定されたコンピュータが，DHCPが有効なLANに接続されると，アドレスの要求がDHCPサーバに伝えられ，サーバは，利用可能な一つのIPアドレスを伝え，また同時にデフォルトゲートウェイやDNSサーバのアドレスなども通知する。クライアント側のコンピュータでは，手動でこれらの設定を行わなくてもすぐにインターネットと通信するための設定が整う。このような動的な割り当てを行うことで，各クライアントに固定的にIPアドレスを割り当てる必要もなく，設定も容易であるため，広く普及している。

10.8.3 インターネットのさまざまな利用法

インターネットを利用するアプリケーション層プロトコルには，WWWやE-mailのほかにもさまざまなものがある。遠隔コンピュータで作業するためのリモートログインプロトコル（TELNETや暗号化されたSSH）や，データ転送プロトコル（FTP）などは古くから用いられている。

WWW での HTML を使った情報伝達では，文字や画像のデータが中心であったが，音声や動画像ストリーミングも行われるようになってきた。これは，ネットワークが高速になり，コンピュータの処理速度向上によって，リアルタイムな動画像のデコード処理，表示が可能となったことによる。

音声通話や動画像通話のアプリケーションでは，セッション確立のために **SIP**（session initiation protocol）をベースにしたプロトコルが使われている。インターネットは，回線交換型通信と比較するとコストが安く，柔軟性も高いため，従来の音声電話ネットワークも IP や SIP を使ったネットワークに置き換わっている。固定型の電話だけでなく，移動電話も IP に置き換わろうとしているが，すでに説明したように IP アドレスはネットワーク上の位置を示しているため，位置が変わってしまうと同じ IP アドレスで通信ができなくなってしまう。そこで，モバイル IP などモバイルインターネット技術の規格化も進められてきた。

インターネット上に分散された高性能なコンピュータを数多くつないで一つのコンピュータシステムと見なし，大規模な並列計算や大容量なデータ保存などを行うグリッドコンピューティングという概念も登場した。このようにインターネットは，演算処理速度の向上やデータ容量の増大にも貢献している。

インターネットでは，ネットワーク層に IP を用いてさえいれば，その下の物理層やデータリンク層にはさまざまな媒体や MAC プロトコルが利用可能である。また，IP より上位のプロトコルも，さまざまなものが利用できる。インターネットが始まった当初は，遠隔ログインやデータ転送，電子メールなどがおもな用途であったが，さまざまな情報を公開することが可能な WWW が普及し，さらに現在では，SNS やゲームなど，その用途は多様化している。インターネットの拡張性によって，このようなさまざまなネットワークアプリケーションが開発されてきた。

10.9　情報セキュリティ

電子メールや電子商取引など，ネットワークを経由して個人情報や金銭情報が伝達されるようになり，データ保護や秘匿といった安全性に対する要求がますます高まっている。インターネットは性善説に立脚したオープンなネットワークとして設計されていたため広く普及してきたがその半面，悪用しようとすれば，不正侵入，通信内容の盗聴，情報の改竄，ウィルスの配布，通信妨害などが行えてしまう。外部からの侵入を防ぐファイアウォール，暗号通信，ウィルス対策など，さまざまな対策が施されるようになっているが，それでもインターネットを利用した情報漏えいや不正アクセスがあとを絶たない。

本節では，最初にインターネットにおけるセキュリティ上の問題点について述べ，その後で実際の対策例について述べる。

10.9.1　インターネットのセキュリティ上の問題点

インターネットでは，グローバルな IP アドレスを持ったすべてのコンピュータ間での通信が可能である。悪意を持ったユーザがインターネットにアクセスできるコンピュータを持っていて，あるサーバを攻撃しようとして何らかの手段で侵入できてしまうと，そのサーバの内容が改ざんされたり，情報を盗まれたりしてしまう。あるいは，侵入はできなくても，不必要なパケットを大量に送りつけることでサーバの機能を停止させられることもある。送信元である自分のコンピュータのアドレスを隠ぺいし，攻撃者を特定できない状態で攻撃することも問題となっている。最近では，迷惑（スパム）メールやウィルスメールが社会問題ともなり，インターネットを流れるデータの多くの割合を占めるようになってきた。このようにオープンシステムで使い勝手のよいインターネットであるが，対策が施されないと多くの問題が発生する。

10.9.2　ファイアウォールによる不正侵入の防止

不正侵入からシステムを守る方法の一つにファイアウォールを用いる方法が

ある。ファイアウォールとは，本来，火事などの延焼を防止するための防火壁のことであるが，コンピュータを外敵から守るという意味で用いられるハードウェアおよびソフトウェアの総称である。外部のネットワークからLANを守るためのファイアウォールは，デフォルトゲートウェイとなっているルータに設置される場合が多い。また，各コンピュータ個々に設定することも可能であり，必要のないポート番号へのアクセスを遮断するような設定が行われる。

10.9.3　暗号化による盗み見，改ざんへの対策

盗み見や改ざんは，ネットワーク上を流通しているファイルやハードディスク上にあるデータを，第三者も不正にコピーされたり，その一部あるいは全部を書き替えられたりしまうものである。

暗号技術はコンピュータが利用され始めた初期から検討されてきたが，1960年代から急速に発展した。大別すると，暗号化のための鍵を秘密にする秘密鍵暗号方式（共通鍵暗号方式ともよばれる）と公開された鍵を利用する公開鍵暗号方式とがある。

〔1〕 **秘密鍵暗号方式**　**図10.13**に，秘密鍵暗号方式における暗号化と復号化の流れを示す。送信者は，平文（暗号化される前のファイル，データなど）を受信者と共通の鍵で暗号化して，ネットワーク上に流す。受信者は，送られてきた暗号文（暗号化されたファイルやデータなど）を鍵で復号し，平文を得るというものである。この方式で最も重要なのは，鍵と手順を送信者と受

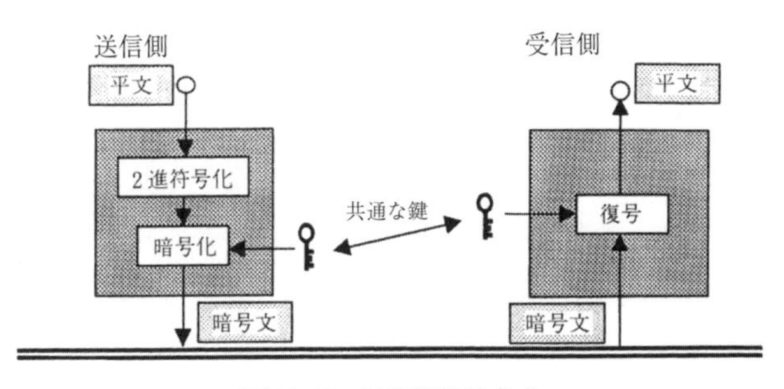

図10.13　秘密鍵暗号方式

信者でどのように共有するかという点にある。両者を第三者に公開しなければ機密度は上がるが，すべてを秘密にすると一般の人が利用することはできず，いまのように暗号方式が普及することはなかった。

1977 年に規格が公開された **DES**（data encryption standard）あるいは，その後継で 2001 年に規格化された **AES**（advanced encryption standard）などは，暗号化と復号化の手順を公開しても，鍵のみの共有で暗号システムを構築できるという点で優れている。

〔2〕 **公開鍵暗号方式**　　一つの鍵を複数の箇所で管理することが難しかったり，安全な鍵配送ができなかったりする場合には，暗号化のための鍵と，復号のための鍵を，別のものにできる公開鍵暗号方式が有効である。**図 10.14** に示すように，受信者は秘密鍵と公開鍵の二つを用意し，公開鍵を送信者に送る。送信者は，この公開鍵によって平文を暗号化し，暗号文を受信者に送る。この暗号文は，公開鍵では復号できないもので，秘密鍵のみで復号できるものになっている。したがって，受信者のみがもっている秘密鍵によって，受診者のみが復号できることとなり，安全に情報を受信することができる。

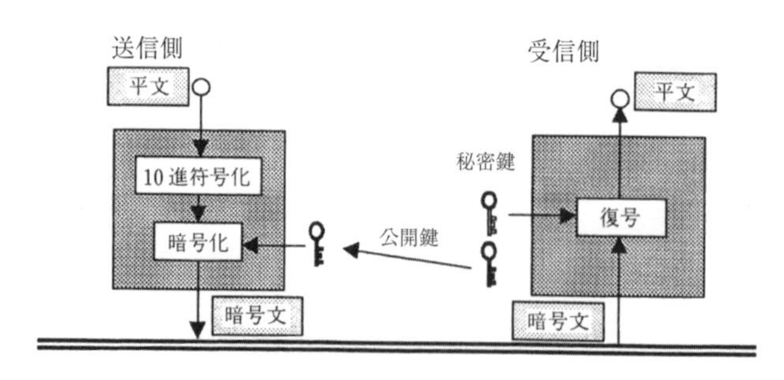

図 10.14　公開鍵暗号方式

1978 年に MIT のリベスト（R. L. Rivest），シャミア（A. Shamir），エーデルマン（Adleman）が考えた RSA 暗号は，この公開鍵暗号方式の一つで，たがいに素な整数の積から大きな整数を作り出すことは容易であるが大きな整数から素因数分解することは難しいという性質を利用している。すなわち，80 桁程度の二つの素数 p，q から 160 桁程度の整数 N（$=pq$）を作り，平文（10 進数で表現）を e 乗する。公開鍵はこのときの $\{N, \ e\}$ とし，秘密鍵は $\{p, \ q, \ d\}$ とする。ここで，d は $de \bmod \mathrm{LCM}\{(p-1)(q-1)\}=1$ を満たす d である（LCM は最小公倍数)。なお，RSA 暗号についての詳細は紙面の関係から他書に譲る。

10.9.4　機器や人の認証

インターネットなどを経由してさまざまな秘密情報にアクセスする場合，ネットワークの秘匿性だけでなく，各端末での認証も重要となる。すなわち，ユーザ本人が利用していることを確認したうえで，秘密情報へのアクセスを許可するようにしなければならない。

これまではパスワードによる認証がほとんどであった。しかし，パスワードや暗証番号が盗まれてしまった場合には，他人に秘密情報をとられてしまうことになる。IC カードを用いた認証では，複製が困難なものであるので，本人以外には持っていないものとして認証することができる。本人の指紋，虹彩，指静脈パターン，顔などを利用した生体認証は，本人以外に絶対に持つことのない認証となる。**FIDO**（fast identity online）Alliance では，パスワードではなく，生体認証を利用してすばやく認証する技術の規格化が進められている。

演　習　問　題

1）地球規模のネットワークをどうして WWW とよぶのか。

2）インターネットを接続してあるコンピュータシステムの長所と短所を述べよ。

3）コンピュータネットワークで利用されているパケット通信の特徴を述べよ。

4）インターネットに接続している 10.1.1.0/27 のネットワークでは，最大で何台のコンピュータを接続できるか。

5）WWW ブラウザの機能をまとめよ。

6）WWW サーバにファイアウォール設定時，どのように設定するのが適切か。

7）プライベートネットワークに利用できる IP アドレスには，どのようなものがあるか調べよ。

8）利用しているコンピュータのネットワーク環境について調べよ。

11 新たなサービスを支える基盤技術

インターネットが普及することで世界中の無数のコンピュータがつながるとともに，スマートフォンの出現でだれもが容易にネットワークサービスを利用できるようになり，業務にかかわるサービスだけでなく，ソーシャルネットワーキングサービス，E コマース（electronic commerce, EC，電子商取引），フィンテックなどの大規模なサービスが新たに生みだされ，展開されている。その結果，インターネット上に多種多様な情報がつぎつぎと集約，蓄積され続ける構造ができて巨大な情報の集合体であるビッグデータが生まれ，この複雑で大規模なデータを解析し有用な情報を抽出し活用する技術も発展している。さらに，深層学習（deep learning）アルゴリズムの進化で実用的な水準まで高度化した AI（artificial intelligence，人工知能）が，画像認識や音声認識，言語理解，データマイニングなどをリアルタイムで実現し，業務の効率化や人を支援する AI アシスタント機能へとつながっている。

これらの巨大なネットワークサービスを支えるインフラとして，クラウド技術や仮想化技術，GPU コンピューティングなどの新たな技術が生み出され，導入されている。

本章ではまず，これら現代のコンピューティングを支える基盤技術を解説したうえで，それらの技術を用いた代表的なサービスについて紹介する。

11.1 現代のコンピューティングを支える基盤技術

本節では，現在のコンピューティングを支える基盤技術として，GPU コンピューティング，AI，Deep learning，仮想化，PC クラスタについて説明する。

11.1.1 GPU コンピューティング

GPU（graphic processing unit）は，数千個ものコアを持つ CPU と考えることができる。CPU と比べると，GPU の命令は種類が限られるが，特定の計算において非常に高い処理能力を持つ。

GPUは，グラフィックボードあるいはグラフィックアクセラレータとよばれたリアルタイム映像処理のために開発されてきたボードであり，3Dグラフィックスなどに活用されてきた。GPUは，膨大な数のコアにより，非常に多くの処理を並列実行することが可能である。GPUの高い並列演算性能を，汎用的な演算にも利用可能にしているのが，**GPGPU**（general purpose computing on GPU）であり，特定の計算においてはスーパーコンピュータの性能にも迫ることがある。

GPUは非常に多くのコアを持つが，まとまったコア数のグループが，階層的に結合した構造となっている。NVIDIA社のGPUでは，同じ数のコアのグループで共有メモリや1次キャッシュを共有するstreaming multiprocessor（SM）を構成し，さらに多数のSMが2次キャッシュを共有する構成となっている。AMD社のGPUでは，16基のALUがSIMDユニットを構成し，さらにSIMDユニットを四つ搭載したcompute unit（CU）内で1次キャッシュを共有し，さらに多数のCUが2次キャッシュを共有する構成となっている。

11.1.2 人工知能，ディープラーニング

AI（Artificial Intelligence，**人工知能**）が急速に進歩している。**機械学習**や**ニューラルネットワーク**（人工神経回路網）の研究は数十年前から行われていたが，近年の目覚ましい進歩は，コンピュータの発展に依存するところが大きい。コンピュータが高速化したことにより，大量の演算が行えるようになった。機械学習で必要となる大量のデータを保存することができるような大容量ストレージが使えるようになった。さらに，コンピュータネットワークが高速化したことにより，大量のデータ（**ビッグデータ**）を収集できるようになった。大量の学習用データを用いて多くの演算を行うことにより，性能のよい人工知能を実現することができるようになる。

機械学習のアルゴリズムとして，脳の数理モデルを用いたニューラルネットワークがある。脳の中には，膨大な数の**ニューロン**とよばれる神経細胞があ

り，それらがシナプス結合によって複雑に結合しあっている。各ニューロンは，外部から複数の正電位が入り電位が上がると，活動電位を発生してそれをほかのニューロンへとそれを伝達する。脳では，巨大なニューラルネットワークの中でのこのような電気信号の複雑なやり取りによって，高度な情報処理が行われている。人工ニューラルネットワークを機械学習に応用する場合には，ニューロンを入力側から出力側に向けて，複数の階層に分けて接続する。ニューロン間のシナプス結合の重みを調整することによって，入力層に入力したデータに対して，正しい答えを出力層に出力するように，学習させることができる。バックプロパゲーションというアルゴリズムでは，シナプス結合の重みを出力層から入力層へ向けて順次修正する。コンピュータの性能が向上し，大量のデータを扱うことができるようになったことにより，**ディープラーニング**（**深層学習**，deep learning）という層の数が多いニューラルネットワークを用いた学習が，人工知能の重要な役割を担うようになってきた。

11.1.3 仮想化技術

ユーザが利用するPCにおいては，1台のコンピュータで一つのOSを実行し，そのコンピュータが備えるCPU，メモリ，ストレージ（記憶装置）などのハードウェアリソースを占有して直接使用する形態が一般的である。一方，こうしたハードウェアリソースを物理的な構成にとらわれずに論理的に扱う技術が**仮想化**技術である。仮想化技術には，**サーバの仮想化**や**ストレージの仮想化**，**ネットワークの仮想化**などが含まれ，後述のクラウドコンピューティングを構成する重要な技術の一つとなっている。

〔1〕 **サーバの仮想化**　従来では，1台のサーバで一つのサービスを提供する実行環境を構築し，サービスごとに異なるサーバを用意していたが，サーバの仮想化により，1台の物理的なコンピュータハードウェア上で**仮想マシン**（**VM**，virtual machine）とよばれる複数の論理的なコンピュータを稼働させ，各仮想マシンで個別のOSやサービス，アプリケーションソフトウェアを動作できるようになった。サーバの仮想化の利点は以下のとおりである。

① ハードウェアリソースを仮想マシン間で共有することで，ハードウェアリソースの利用効率も高まるとともにサーバ台数も削減できる。それに伴い，設置スペースや消費電力の面でも効率が高まる。

② OSやサービスの実行環境が仮想マシン間で独立しているため，ある仮想マシンで生じたOSやアプリケーションのソフトウェア障害は，ほかの仮想マシンの実行環境に影響を及ぼさない。

③ 仮想マシン上に構築したOSやミドルウェア，アプリケーションに加えてそれらの設定や蓄積したデータなど，仮想マシンの状態すべてが数個のファイルで保存されているため，故障や更新に伴う新たなハードウェアへの移行が，これらのファイルの移動だけで容易に実現できる。さらに，類似した構成のサーバを複数用意する際にも，仮想マシンのファイルをコピーすることで容易に構築できる。

④ 企業などの基幹業務で用いられてきた古いコンピュータシステムを更新する際，アプリケーションソフトウェアが必要とする古いバージョンのOSやライブラリが，現行のハードウェアで動作しないことがある。そのためにシステム全体を一から開発し直して導入すると，より高額なコストや開発期間の長期化などの問題が生ずるが，仮想化を用いることで，古いOSに対応した仮想マシン上で従来のOS，ミドルウェア，アプリケーションソフトウェアを動作させることで，新たなコンピュータシステムへ容易に移行することができる。

現在主流である仮想マシン方式のサーバ仮想化は，**図11.1**に示す**ホストOS型**と**ハイパーバイザ型**に分類される。ホストOS型となるMicrosoft Virtual PCやVMware workstationは，WindowsやLinux，macOSなどの通常のOS（ホストOSとよばれる）上で仮想化ソフトウェアを動作させる手軽な方式であるため，ワークステーションやPCを中心に利用されている。しかし，ハードウェアと仮想化ソフトウェアの間にホストOSが入るために，ハイパーバイザ型と比べると実行速度は劣る。一方，Microsoft Hyper-VやVMware ESXなどで用いられるハイパーバイザ型は，仮想化ソフトウェアとハードウェアがホ

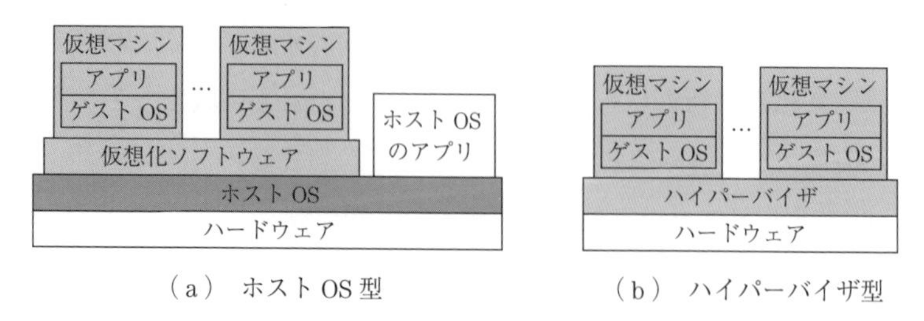

（a） ホスト OS 型　（b） ハイパーバイザ型

図 11.1　仮想マシン方式の仮想化の構造

スト OS を介さずに動作するため，性能が重視されるサーバの仮想化において現在主流の方式となっている。

〔2〕 **ストレージの仮想化**　**直接接続型ストレージ**（**DAS**, direct attached storage）は，各サーバにハードディスクやバックアップ装置などのストレージをそれぞれ用意して直接接続している形態である。そのため，複数のサーバからなるシステムで DAS を用いると，おのおののストレージについて，RAID 構成（5 章にて解説）で信頼性を確保したり，ストレージ容量に余裕を持たせたり，バックアップ装置を用意するなど，システム全体で冗長性が増すとともに利用効率が低下する。そのため，複数のストレージを専用のネットワークで統合し，その集合体を単一のストレージと見なす **SAN**（storage area network）を構築し，SAN 内に仮想的なドライブを複数用意し，複数のサーバから SAN 内のそれぞれの仮想的なドライブを利用することで，ストレージの利用効率の改善や管理面での負担軽減を実現している。SAN は，ファイバチャネル（FC, fibre channel）や iSCSI（internet SCSI），FCoE（fibre channel over ethernet）などのインタフェースを用いてサーバと接続される。SAN は DAS 同様に，ブロックとよばれる固定長のデータ単位でサーバからアクセス可能な**ブロック型ストレージ**として機能する。

〔3〕 **ネットワークの仮想化**　組織内の LAN において，ネットワークに接続される PC やサーバ，ネットワーク接続ストレージ（NAS, network attached storage）などの機器は，セキュリティや管理の観点から部署やグループごとにネットワークをサブネットに分割することでグループ化して運用され

る。その際，LAN ケーブルやスイッチングハブ，ルータなどのネットワーク機器の物理的な接続や配置でネットワークを構築してしまうと，組織構成の変更に伴う部署や機器の移動，ユーザの異動などに対して柔軟に対応できない。そのため，物理的な接続にとらわれず論理的にグループ化が可能で，仮想的にネットワークを構築できる **VLAN**（**仮想 LAN**，virtual local area network）が広く用いられている。ネットワークトポロジや機器が属するサブネットの変更は，VLAN 対応のスイッチやルータ，両者を統合した L3（layer 3）スイッチなどのネットワーク機器を用いることで柔軟に対応できる。

11.1.4 PC クラスタ

現代の IT インフラを支えるコンピュータには，高度なアルゴリズムや大量のデータを処理するための高い処理能力，つねに安定してサービスを提供するための高い信頼性と可用性が要求される。しかし，単体のコンピュータでは，処理能力や信頼性には限りがある。そのため，複数台のコンピュータを結合することでより高い処理能力や信頼性を得るものが**クラスタ**である。コストパフォーマンスのよいパーソナルコンピュータ向けの汎用部品を利用して構成されるクラスタを **PC クラスタ**とよび，最近の主流となっている。

クラスタは，複数のコンピュータ間で処理を分散し並列処理することで高い処理能力を追求する **HPC**（high performance computing）**クラスタ**と，高い可用性・信頼性を追求した **HA**（high availability）**クラスタ**に分類される。

HPC クラスタはおもにシミュレーションや数値解析などの科学技術計算に使われることが多く，OS にはおもに Linux が使われ，PC 間を接続するネットワークには，イーサネットや InfiniBand のような高速なネットワークが用いられている。また，並列計算を行うためには，複数の PC で計算処理を分担したり，PC 相互での計算結果の受け渡しが必要となるため，計算プログラムがクラスタに対応している必要がある。そこで，C 言語や FORTRAN では，並列計算用の関数が用意された **MPI**（message-passing interface）**ライブラリ**がプログラミング時に利用される。近年では，スーパーコンピュータもクラスタや

PC クラスタで構成されるものが多くなっている。

一方の HA クラスタは，**フェイルオーバークラスタ**と**負荷分散クラスタ**に分類される。フェイルオーバークラスタは，同じ構成のコンピュータを複数台用いて，実際に稼働しているコンピュータ（稼働系ノード）が故障した際に，待機している予備のコンピュータ（待機系ノード）に切り換えることでサービスを継続して提供でき，高可用性を実現するものである。また，負荷分散クラスタは，フェイルオーバークラスタの高可用性に加えて，大量のアクセスやサービス利用の集中などで処理負荷が高まった場合に複数のコンピュータに処理を振り分けることで総合的な処理能力を改善するためのものである。

さらに，クラスタどうしをインターネットを介して結合し，更なる性能や可用性を追求する**グリッドコンピューティング**とよばれる形態もある。

11.2　現代の IT サービスの代表例

本節では，11.1 節で述べた基盤技術を活用して成立している現在の IT サービスの代表例として，クラウドコンピューティング，AI アシスタント，ソーシャルネットワーキングサービス，E コマース，フィンテック，ビッグデータについて説明する。

11.2.1　クラウドコンピューティング

ネットワーク（通信網）の発達の初期には，クライアントであるユーザが手元にあるローカルコンピュータで入出力操作を行い，ネットワーク上にある高性能なコンピュータやサーバで処理を行ったり，データを蓄積してサービス提供を受ける**クライアント・サーバ型**のネットワークコンピューティングが多くみられた。さらに最近は，インターネットの爆発的な普及とネットワークの高速化が**クラウドコンピューティング**を当たり前のものとし，いつでもどこでもどのようなデバイスからもインターネットを介してサービスやデータを利用できる状況となった。ネットワーク構成図などを描く際に，インターネットに接続された多数のコンピュータや回線網を一括して一つの雲の形をした図形で描いていたことや，2006年にGoogle社が自社のサービスをクラウドとよんだことが用語の始まりともいわれている。

現在，ユーザの身近で普及している**クラウドサービス**の例として，データをクラウドに置き，インターネットを介してPCやスマートフォンからアクセスできるOneDriveやBox，iCloudなどの**オンラインストレージ**サービスや，自分の電子メールがクラウドに保存される**Webメール**サービス，自分の予定表がクラウドに保存され共有されるカレンダー機能，クラウドに蓄積された大量の音楽や映像を見たいときに視聴できる配信サービスなど，多種多様なサービスがある。これらのサービスは，ローカルの機器の処理能力や記憶容量が限られていても，インターネットに接続されていれば，いつでもどこからでも利用できるメリットがある。

一方，これらのサービスを提供するために，多くのクラウド事業者は利用者に対してつぎのようなリソースやソフトウェアを用意している。

① Webサービスなどのサーバに必要なCPUや通信回線，大容量の記憶領域（ストレージ）などのハードウェア・リソース

② WebサーバやSQLデータベースなどのミドルウェア・リソース

③ スマートフォンなどのモバイル機器用のインタフェース

④ データの解析・検索ツール

⑤ サービスの利用状況の監視・解析ツールなどのソフトウェア・リソース

クラウドサービスの形態としては，**図11.2**に示すように，おもに**IaaS**（infrastructure as a service），**PaaS**（platform as a service），**SaaS**（software as a service）の3種類に分類される。

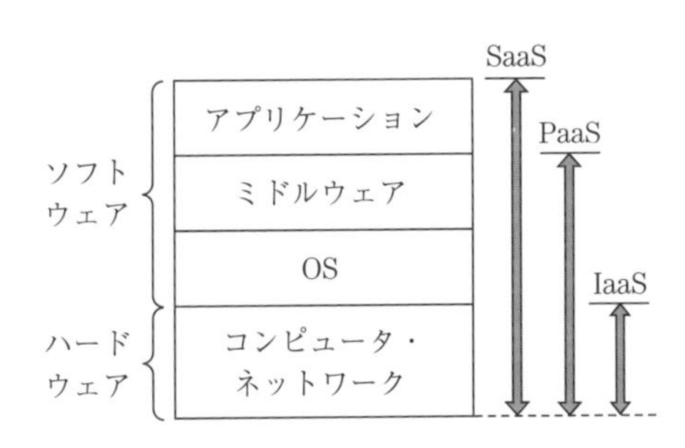

図11.2 クラウドサービスの構成

〔1〕 **IaaS** 仮想化されたコンピュータのハードウェアリソースと通信回線が提供されるため，ユーザがOSやミドルウェア，アプリケー

ションソフトウェアをインストールし設定して使用する形態となる。以前はホスティングサービスとよばれていた。

〔2〕 **PaaS**　　IaaS に加えて OS やミドルウェアも併せて提供されるため，ユーザはアプリケーションソフトウェアをインストールし動作させることができる。プログラム開発をチームで行うための開発環境であったり，研究や開発で使用する高速な演算が必要となるシミュレーションソフトウェアなどの実行環境などの基盤となるものである。

〔3〕 **SaaS**　　PaaS に加えて，従来はクライアントで実行していたアプリケーションソフトウェアに相当する機能を，ユーザがインターネットを介してクラウド上で利用するサービスも提供される。前述のオンラインストレージ，Web メール，音楽・映像配信サービスや，インターネット検索エンジンなども SaaS で提供されるサービスの一例である。

〔1〕～〔3〕の形態がある一方で，クラウドサービスの提供の仕方により，**プライベートクラウド**，**パブリッククラウド**，**ハイブリッドクラウド**に分類される。

プライベートクラウドは，クラウドを一つの組織が占有して用いる利用形態であり，データの機密性を担保しやすい利点や，OS やミドルウェアなどが選択できるなどのシステム構築の自由度が高い利点がある。

パブリッククラウドは，不特定多数のユーザや組織が同じクラウドを共用する形態となっており，Amazon Web Services や Google App Engine，Windows Azure などのクラウドサービスもこの形態である。このパブリッククラウドはプライベートクラウドと比べてサービスが安価に提供される利点があるが，基本的にはクラウドサービスにより提供された OS やミドルウェアを利用するため，独自のシステム構築には制約がある。

ハイブリッドクラウドは，複数のクラウドから構成されており，クラウド間が接続されることでデータなどの連携がとれる形態である。さらに，サーバやストレージなどの設備を自社内に設置してクラウドを運用する**オンプレミス**（on premises）**型**と，他社が用意したプラットフォームを遠隔で使用する**オフ**

プレミス（off premises）**型**に分類できる。

クラウドを利用した事業を行う企業にとってクラウドサービスには，つぎのようなメリットがある。

① クラウド事業者からインフラやプラットフォーム，サービスが提供されるため，短期間でサービスが開始できる。

② 自社でサーバを構築し管理・運用する必要がなく，機器や技術者のコストを削減できる。

③ サーバの処理能力や記憶容量などの拡張や削減に柔軟に対応できる。

しかし運用時には，処理し蓄積するデータがクラウド事業者など自社以外の場所に置かれることによるセキュリティリスクや，事業者によっては法律が異なる海外のデータセンターに置かれることによるリスクなどが存在することに注意が必要となる。また，すべての処理をクラウドで行うと，クライアントとクラウド間をつなぐインターネットの通信回線速度やクラウド側のサーバ負荷などの要因により遅延が発生するため，高頻度に大容量データの送受信を伴う処理やリアルタイム性が要求される処理，IoTのように接続されるデバイスの数が非常に多い場合などでは問題となる。この問題に対する解決策として，クラウドへアクセスするクライアント機器が存在するローカル側のネットワーク境界にエッジサーバを設けて，ローカル側で処理したうえでクラウドと連携を行う**エッジコンピューティング**とよばれる分散処理手法が登場している。

11.2.2　ソーシャルネットワーキングサービス（SNS）

ソーシャルネットワーキングサービス（**SNS**，social networking service）とは，人と人とのつながり（ソーシャルネットワーク）を，インターネットを利用してサポートするサービスである。会員登録をし，専用のアプリやウェブブラウザからアクセスができる。

SNSにおける交流手段としては，テキストメッセージをやりとりするチャットをはじめ，テキストメッセージや動画，写真，URLなどを投稿する電子掲示板や動画・写真共有などの機能，音声通話やビデオ通話の通信機能などが組み込まれている。

現在では，Facebook（フェイスブック）やInstagram（インスタグラム），LINE（ライン），Twitter（ツイッター）など，それぞれ特徴を持ったSNSが世界規模で利用されている。

〔1〕 **Facebook**　2004年に米国でサービスが開始され，2018年の時点で約22億人のアクティブユーザを持つ世界最大のSNSで，ユーザは実名で利用し，個人情報をプロフィールで公開するとともに，ニュースフィードとよばれるタイムラインにテキストや画像の投稿を行い，承認したメンバと情報を共有することができる。また，投稿に対して閲覧した友達から「いいね！」を送ることで共感を示すことができるのが特色である。実名で利用することから，ビジネスツールとして利用するユーザもいる。

〔2〕 **Instagram**　2010年に米国でサービスが開始され，2018年の時点で約10億人のユーザを持つSNSである。Instagramのアプリで写真の撮影と加工を行い投稿することで公開・共有が行える。感想を掲示板に投稿することもできるのが特色である。

〔3〕 **LINE**　韓国企業の日本法人が2011年にサービスを開始したSNSで，約2億人のユーザを持つ。友人間や家族間などで広く利用されているSNSで，チャット機能のほか，無料通話機能やスタンプ機能を利用できるのが特色である。

〔4〕 **Twitter**　2006年から米国でサービスが開始され，2008年から日本にも展開されたサービスで，2018年時点で約3億人のユーザを持つ。Twitterは，1バイトの半角文字であれば280文字以内，日本語の全角文字のように2バイト文字であれば140文字以内の「ツイート」（つぶやき）とよばれるテキストを単位として画像や動画，URLなども交えてメッセージを不特定多数へ発信できる。また，興味のある人物を「フォロー」する形で登録することでその人物のツイートを時系列で閲覧したり，ハッシュタグとよばれる#記号をキーワードに付けて投稿することでキーワードに関連した投稿をまとめて閲覧できる。個人や企業，自治体などからの情報が投稿，伝達，閲覧できる

ことから，災害時にも活躍しており通信メディアと位置付けられることもある。

〔1〕～〔4〕で解説したこれらのSNSは，ソーシャルネットワーキングのための利用に加えて，政治活動や芸能活動，企業活動などの広告メディア，広報メディアの一つとして利用される面もある。なお，SNSを運営する企業は，ユーザに無料でサービスを提供する代わりに，ユーザの個人情報やコミュニケーションの履歴などの情報をもとにインターネット広告を表示して収益を上げるビジネスモデルとなっている。

11.2.3　AIアシスタント

AIアシスタントは，近年急速に発展した人工知能（AI，artificial intelligence）と自然言語処理（NLP，natural language processing）を用いて，人が日常的に使う言葉を用いて対話的に，情報検索や機器の操作，企業などへの問い合わせや申込，商品の購入などを実現したものである。ユーザからAIアシスタントへの入力方法は，音声もしくはテキストによる。一方，AIアシスタントからユーザへのフィードバックや情報提示は，音声合成による発話音声やディスプレイ上に表示される画像や文字により行われる。現在普及しているAIアシスタントは2011年頃から登場し始めたもので，AmazonのAlexaやAppleのSiri，GoogleのGoogle NowやGoogle Assistant，MicrosoftのCortanaなど，スマートフォンやPCのOSに内蔵する形で搭載されるものや，アプリケーションソフトウェアとして提供されるものがある。2015年頃からは，Amazon EchoやGoogle Home，LINE Clovaなどの製品に代表される**AIスピーカ**もしくは**スマートスピーカ**とよばれるデバイスが登場し，2017年頃から急速に一般家庭にも広まってきた。音声による情報検索，天気予報やニュース，音楽やラジオの聴取，メールやSNSの送受信，スケジュール確認，アラーム設定，商品購入などを行うことができる。今後は，自動車，テレビ，家電製品，ロボットなどにも組み込まれてゆくと予想されている。

AIアシスタントの機能はアドインソフトウェアにより拡張でき，GoogleやAmazonからは，開発者向けのSDK（software development kit）などのライブラリやツールとともに，開発された拡張機能のソフトウェアを配信するプラットフォームも併せて提供されている。この拡張機能は，Google Assistant ではActions on Google，Amazon Alexa ではスキル（Skills）とよび，Amazon のスキルは 2018 年現在ですでに 4 万種類があるといわれている。

なお，AI アシスタントは，前述のスマートフォンやスマートスピーカなどの消費者側における使用に加えて，企業のお客様サポートや問い合わせ窓口，予約窓口などにも一部使用され始めている。

11.2.4　E コマース

E コマース（electronic commerce，**EC**，**電子商取引**）とは，PC やスマートフォン・携帯電話などのコンピュータと，インターネットや携帯電話のネットワークを利用して，モノやサービス，情報などの販売や購入，契約，決済などの商取引を電子的に行うことであり，IT 技術を活用しネットワーク上で効率的に商業活動を行うインターネットビジネス（E ビジネス）の一部である。E コマースを販売者と購入者の観点で分類すると，企業から消費者（B to C，business to consumer），企業間（B to B，business to business），消費者間（C to C，consumer to consumer）に大別される。

〔1〕 **B to C**　　企業から消費者に対する E コマースとしては，ネットショッピングが最も代表的である。経済産業省の電子商取引に関する市場調査によると，平成 29 年の日本国内の B to C の市場規模は 16.5 兆円で商取引全体の 5.79 % を占めているといわれている。日本国内では 1997 年に楽天市場，1999 年に Yahoo! ショッピング，2000 年に amazon がショッピングサービスを開始し，現在では店舗数や扱う商品数，顧客の人数において巨大な E コマースへと成長しており，これらを支えるインフラとしてクラウドコンピューティングが利用されている。さらに，高度なオンラインマーケティング機能も，クラウドと AI，ビックデータ解析などの技術によって提供されている。

〔2〕 **B to B**　　企業間の商取引では，モノやサービスの発注や受注，決済に E コマースが活用されており，前述の市場調査によると，B to B の E コマー

スは317.2兆円の市場規模があり，商取引全体の29.6％を占めるといわれている。また，原料の調達から生産，物流，販売までの一連の工程にかかわる情報を，ネットワークを用いて関連する企業間で共有し管理することで，過剰在庫の削減や生産，販売体制の最適化のための効率的な連携を実現する**サプライチェーンマネジメント**も，B to BのEコマースの一例である。

〔3〕 **C to C** 消費者間（C to C）のEコマースの例としては，インターネット上に用意されたオークションやフリーマーケットのサイトを用いて，個人間でモノの売買を行うネット・オークションやフリーマーケットアプリ（フリマアプリ）があげられる。前述の市場調査によると，C to Cはネットオークションで3 569億円，フリマアプリで4 835億円との市場規模があるといわれており，IT技術で巨大な市場が急速に生み出されている。

11.2.5 フィンテック

フィンテック（fintech）とは，金融（finance）と情報技術（IT，information technology）を合わせて作られた言葉で，スマートフォンやインターネット，クラウド，人工知能，ビッグデータ解析，ブロックチェーン・分散型台帳などのIT技術を駆使して生まれた，より利便性が高くコストが低い金融サービスや，既存の枠組みにとらわれない新たな金融サービスを指し示している。

従来は金融機関が専門に取り扱っていた金融サービスであるが，近年ではIT企業やスタートアップ企業など，さまざまな業種や規模の企業が参入している。フィンテックにより提供される金融サービスの例としては，以下のようなサービスがあげられる。

〔1〕 **海外送金・振込** 近年のフィンテックの一例として，両国間で海外送金を希望する複数ユーザを結び付け，送金・振込の対応関係を管理することで，国内のユーザ間の送金・振込を両国間の海外送金に結び付けて，海外送金手数料を大幅に削減したサービスがある。

〔2〕 **決 済** オンライン決済サービスには，2億5 000万人以上が利用するPayPalをはじめ，Eコマ スサイトが提供するAmazon Payや楽天ペイ，

スマートフォン関連企業が提供する Apple Pay など，B to B や B to C 向けにすでにさまざまなサービスが提供されている。

〔3〕 **融　資**　企業や個人が事業を行うための資金を，インターネット上に用意されたプラットフォームで公募することで，賛同する企業や投資家，個人から調達する仕組みである。出資者とのマッチングには，一対多数や一対一の形態がある。リターンは，金利を含めた金銭や開発した製品やサービスによるものなど多様である。

〔4〕 **財務管理**　クラウド上で企業の会計処理を行うクラウド会計は，社内の専用システムの構築が不要で新規導入が容易であるとともに，クラウドで連携する金融機関の口座の取引データの自動反映や，その状況を考慮した請求書自動発行など，会計処理の負担軽減を実現している。

〔5〕 **資産運用**　個人や投資家の資産状況や運用方針に沿って，AI が株式や金融商品の紹介や運用アドバイス，もしくは実際の運用を行うものである。この機能を取り持つ AI は，ロボアドバイザーともよばれる。

〔6〕 **仮想通貨**　ビットコイン（bitcoin）をはじめ ripple や Monacoin など，さまざまな**仮想通貨**（**暗号通貨**）が生み出されて流通し，現実に取引きされている。従来の通貨は，政府が発行することで信用を得て価値を持ち，銀行が中心となり取り扱われてきたが，仮想通貨では，世界中の膨大な数のコンピュータ間で通貨を取り扱い，ネットワーク全体で仮想通貨を管理している。そのため，特定の機関に依存しないことから，政府の金融危機や銀行の経営悪化などの影響を受けにくい利点がある。

11.2.6 ビッグデータ

近年では，コンピュータの高性能化やインターネットの高速化をはじめ，スマートフォンの普及，SNS や E コマースなどのさまざまなクラウドサービスの普及などにより，多くのデータが流通するとともに蓄積される。例えば，E コマースサイトの閲覧・購買履歴，ソーシャルメディアへの投稿データ，車の走行記録，人の移動履歴，さまざまなセンサやセンサネットワークにより計測されたセンサデータなどである。IDC Japan の調査結果によると，全世界で 1 年間に発生するデータ量は，2013 年には 4.4 ZB（ゼッタバイト，10^{21} バイト，ギガの 1 兆倍）であったのが 2016 年には約 16 ZB となり，年々増加の一途を辿っており，さらに 2020 年には 44 ZB，2025 年には 163 ZB に達するとされる予測がたてられている。

このような背景の中，**ビッグデータ**は明確な定義はないまま 2010 年頃に広まった用語であるが，前述のように，従来の技術では管理・解析ができないほど膨大なデータのことを指す。流通・蓄積されるデータの内容や形式，構造は多種多様であり，新たな技術を用いないと解析や処理が困難である。最近では，ビッグデータの説明として，volume（量），variety（種類），velocity（生成速度）の 3V や，veracity（正確さ）や value（価値）を含めた 5V の特徴を一部もしくは全部備えるデータとの表現も用いられている。

このビックデータならびにその解析技術は現在すでに，人や車の流れを把握し予測するとともにインフラ整備計画へ反映させたり，災害時の被害状況を多方面から把握して救援・支援活動に役立てたり，検索キーワードや SNS・ブログなどの投稿内容などから社会現象やトレンドの実情や今後の予測などを得たりするなど，多種多様な分野や用途，目的ですでに幅広く活用されている。このように，従来のデータマイニング技術では抽出が難しかった新しい情報や有用な情報を得たり，把握が困難であった対象の傾向を把握したり，未来の予測・推測の精度を高めたりすることを可能にしている。ビッグデータの蓄積や処理・解析は，前述の PC クラスタやクラウド，GPU などの技術によるコンピュータの劇的な高性能化や，深層学習などの人工知能を用いた解析技術の進化に加え，**NoSQL** とよばれる新たな方式のデータベースや**分散処理フレームワーク**，**データストリーム処理**などの技術の進化が相まって実現されている。

〔1〕 NoSQL データベース　　ビッグデータは内容や形式，構造などが多様で複雑な**非構造化データ**であることが多いため，従来の SQL データベースなどのリレーショナル（関係）データベースでは対応が困難である。そのためビッグデータの解析には，非構造化データに対応した新たな **NoSQL データ**

ベースが開発され使用されている。このNoSQLデータベースは，SQLを用いずにクエリを行う方式のデータベースの総称で，従来のデータベースでは保証されていた**ACID特性**（atomicity：原子性，consistency：一貫性，isolation：独立性，durability：永続性）を一部犠牲にすることで，大量の非構造化データを高速に分散処理することに重点をおいている。なお，NoSQLデータベースは，データ管理形式の観点では，識別子とデータ本体のペアで扱うキーバリュー型，識別子と複数種のデータのペアで扱う現在主流の列指向型，XMLやJSON形式のドキュメントを扱うドキュメント指向型，内容の関係性をグラフ構造で表現したデータを直接扱うことができるグラフ指向型に分類される。

〔2〕 **分散処理フレームワーク**　　ビッグデータの処理・解析に必要な分散処理および並列処理を実現するため，大容量のデータを複数のストレージに分散して蓄積し高速かつ安全にアクセスするための**分散ファイルシステム**（HDFSなど）や，大容量データに対し大量のコンピュータ（ノード）で構成されたクラスタなどで並列計算を行うためのフレームワーク（MapReduceなど），クラスタのシステム全体や各ノードのCPU・メモリ・ストレージ・ネットワークなどのリソースを管理し，アプリケーションの実行を最適なノードに適応的に配分することで，クラスタ上での分散処理の効率を高めるフレームワーク（YARNなど）が用いられている。これらを集めた分散処理フレームワークの代表的なものがApache Hadoopである。

〔3〕 **データストリーム処理**　　ビッグデータの中で，センサデータやソーシャルメディアへの投稿，各種ログなどのデータは，つぎつぎと生成され続けるため，データストリーム処理において，これら一連のデータストリームを一定区間ごとに分割し，その各部分でデータのフィルタリングや類似パターンの抽出などで必要な情報を抽出しデータベースに登録する処理を逐次行っている。これらの処理を**連続問合せ**（continuous query）とよび，この分析シナリオを記述するために，CQL（continuous query language）やStreamSQLとよばれる言語が用いられている。

参　考　文　献

（URLは2018年12月現在のもの）

1）黒川一夫，半谷精一郎，見山友裕：改訂 電子計算機概論，コロナ社（2001）
2）電子情報通信学会 編：電子情報通信技術史，コロナ社（2006）
3）インテル：http://www.intel.co.jp/
4）G. Gilder ほか：Cao's Law, Gilder Technology Report, **V**（10）（2000）
5）G. Gilder ほか：The Tunable Telecosm, Gilder Technology Report, **V**（12）（2000）
6）コンピュータ博物館：http://museum.ipsj.or.jp/index.html
7）東芝会社概要（歴史と沿革）：http://www.toshiba.co.jp/about/histo_j.htm
8）D. B. Yoffie ほか：ストラテジー・ルールズ，パブラボ，星雲社（2016）
9）富士通ジャーナル：http://journal.jp.fujitsu.com/2017/02/15/01/
10）河野健二：オペレーティングシステムの仕組み，朝倉書店（2007）
11）Silberschatz ほか：Operating System Concepts 7th edition（2005）
12）D. E. Comer：Operating System Design, The XINU Approach（1984）
13）D. A. Patterson ほか：コンピュータの構成と設計，第3版（上・下）日経BP社（2006）
14）天野司：Windows はなぜ動くのか，日経BP社（2002）
15）小川博司ほか：図解 ブルーレイディスク読本，オーム社（2006）
16）情報機器と情報社会のしくみ素材集：http://www.sugilab.net/jk/joho-kiki/
17）情報処理推進機構：http://www.ipa.go.jp/
18）小泉修：図解でわかるプログラムのすべて，日本実業出版社（2003）
19）竹下隆史ほか：マスタリング TCP/IP 入門編，オーム社（2007）
20）今中良一：光ディスクの秘密，電波新聞社（2005）
21）IEEE 802 LAN/MAN Standards Committee：http://www.ieee802.org
22）American National Standards Institute-ANSI-：https://www, ansi.org
23）USB Implementers Forum, Inc.：http://www.usb.org
24）PCI-SIG—Specifications：http://www.pcisig.com
25）喜連川優：ストレージ技術，オーム社（2015）
26）長野英生：高速ビデオ・インターフェース HDMI & DisplayPort のすべて，CQ出版社（2013）
27）畑山仁ほか：PCI Express 設計の基礎と応用，CQ出版社（2010）
28）柴山潔：改訂新版 コンピュータアーキテクチャの基礎，近代科学社（2003）
29）野崎原生ほか編著：USB 3.0 設計のすべて，CQ出版社（2011）
30）P. Yosifovich ほか：インサイド Windows，第7版（上），日経BP社（2018）
31）FinTech ビジネス研究会：60分でわかる！ FinTech フィンテック最前線，技術評論社（2017）
32）林雅之：この一冊で全部わかるクラウドの基本，SBクリエイティブ（2016）
33）清野克行：仮想化の基本と技術，翔泳社（2011）
34）片岡信弘ほか：インターネットビジネス概論，共立出版（2018）
35）原隆浩：ビッグデータ解析の現在と未来，共立出版（2017）

演習問題解答

【2章】

1）（1） $53_{(10)}$　（2） $49.375_{(10)}$

2）（1） $1101001_{(2)}$　（2） $11001.10011001\cdots_{(2)}$

3）（1） 10101001　（2） 1101010011

4）（1） $96_{(16)}$　（2） $EA_{(16)}$

5）（1） 107　で小文字のｋ　（2） 221でカタカタの「ン」

6）（1） $100010_{(2)}$　（2） $110000_{(2)}$

7） 2の補数を用いて計算

（1）

$$\begin{array}{r} 011011_{(2)} \\ +\,101011_{(2)} \\ \hline \underline{\underline{1}}000110_{(2)} \end{array}$$

桁上げがあるので結果は正

結果　$110_{(2)}$

（2）

$$\begin{array}{r} 10010_{(2)} \\ +\,10001_{(2)} \\ \hline \underline{\underline{1}}00011_{(2)} \end{array}$$

桁上げがあるので結果は正

結果　$11_{(2)}$

8） $15.65_{(10)} = 1111.1010011001\cdots_{(2)} = 1.1111010011001\cdots_{(2)} \times 2^3$

$= 1.1111010011001\cdots_{(2)} \times 2^{130-127}$

ゆえに　M＝1111010011001100110011001…,　E＝10000010

メモリ中では（8ビットごとに表示すると）

11000001　01111010　01100110　01100110

【3章】

1）（1） 左辺 $= \overline{AC} \cdot \overline{B\overline{C}} = (\overline{A} + \overline{C}) \cdot (\overline{B} + \overline{\overline{C}})$

$= (\overline{A} + \overline{C})(\overline{B} + C) = \overline{A}\,\overline{B} + \overline{A}C + \overline{C}\,\overline{B}$

$= \overline{A}C + \overline{A}\,\overline{B}C + \overline{A}\,\overline{B}\,\overline{C} + \overline{B}\,\overline{C} = \overline{A}C + \overline{B}\,\overline{C} =$ 右辺

（2） 左辺 $= \overline{A + C} + \overline{B + \overline{C}} = \overline{A}\,\overline{C} + \overline{B}C$

右辺 $= \overline{A}\,\overline{B} + \overline{A}\,\overline{C} + C\overline{B} + C\overline{C} = \overline{A}\,\overline{B} + \overline{A}\,\overline{C} + \overline{B}C + 0$

$= \overline{A}\,\overline{C} + \overline{A}\,\overline{B}(\overline{C} + C) + \overline{B}\,\overline{C} = \overline{A}\,\overline{C} + \overline{A}\,\overline{B}\,\overline{C} + \overline{A}\,\overline{B}C + \overline{B}C$

$= \overline{A}\,\overline{C}(1 + \overline{B}) + \overline{B}C(\overline{A} + 1) = \overline{A}\,\overline{C} + \overline{B}C$

ゆえに　左辺＝右辺

2）（1） 左辺 $= \overline{A\overline{\overline{B}}} \cdot \overline{\overline{\overline{A}}B} = (\overline{A} + \overline{\overline{B}})(\overline{\overline{A}} + \overline{B})$

$= (\overline{A} + B)(A + \overline{B}) = \overline{A}A + \overline{A}\,\overline{B} + BA + B\overline{B}$

$= 0 + \overline{A}\,\overline{B} + AB + 0 = \overline{A}\,\overline{B} + AB =$ 右辺

（2） 左辺 $= (A + B)(B + C)(C + \overline{A})$

$$=\{(B+A)(B+C)\}\{(C+B)(C+\overline{A})\}=(B+AC)(C+\overline{A}B)$$
$$=BC+\overline{A}B+AC+0=AC+BC+\overline{A}B$$

右辺$=AC+A\overline{A}+BC+B\overline{A}=AC+0+BC+\overline{A}B=AC+BC+\overline{A}B$

ゆえに　左辺＝右辺

3）（1）

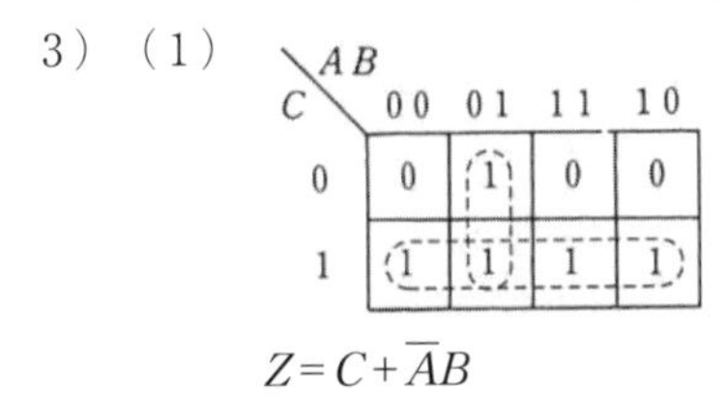

$Z=C+\overline{A}B$

（2）

CD \ AB	00	01	11	10
00	0	0	0	0
01	1	1	0	1
11	0	1	1	1
10	0	0	1	1

$Z=\overline{B}\,\overline{C}D+\overline{A}BD+AC$

4）（1）

C \ AB	00	01	11	10
0	0	1	0	0
1	1	1	1	1

$\overline{f}=A\overline{C}+\overline{B}\,\overline{C}$

$f=\overline{A\overline{C}+\overline{B}\,\overline{C}}=\overline{A\overline{C}}\cdot\overline{\overline{B}\,\overline{C}}$

$=(\overline{A}+C)\cdot(B+C)$

（2）

CD \ AB	00	01	11	10
00	0	0	1	1
01	0	0	0	1
11	1	1	1	0
10	1	1	1	1

$\overline{f}=A\overline{B}CD+B\overline{C}D+\overline{A}\,\overline{C}$

$f=(\overline{A}+B+\overline{C}+\overline{D})$

$\cdot(\overline{B}+C+\overline{D})\cdot(A+C)$

5）$Z=AB\overline{C}+A\overline{B}C+\overline{A}BC+ABC=AB+BC+CA$

6）$Z=ABC\overline{D}+AB\overline{C}D+A\overline{B}CD+\overline{A}BCD+ABCD$

$=ABC+ABD+ACD+BCD$

7）並列入力-並列出力形式：CPU 内の演算用レジスタおよび汎用レジスタ

並列入力-直列出力形式：コンピュータ内部から外部通信線への出力段

直列入力-並列出力形式：外部通信線からコンピュータ内部への入力段

直列入力-直列出力形式：ALU 内でのビットシフト

8）m 個のフリップフロップでは 2^m 個の状態が存在する。ゆえに，$2^{m-1}<n\leqq 2^m$ となるような整数 m が，必要となるフリップフロップの個数である。

9）**解図 3.1** のようになる。

10）**解表 3.1** のようになる。

11）半加算器の入力を A，B，出力を Sum，Carry とすると

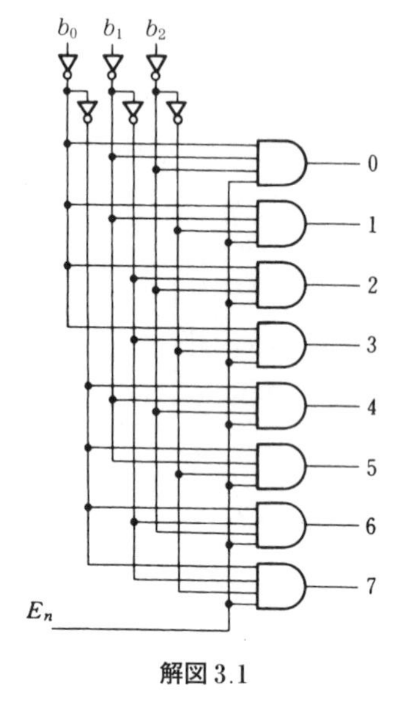

解図 3.1

解表 3.1　真理値表（負論理出力）

D	C	B	A	$\overline{a}$	$\overline{b}$	$\overline{c}$	$\overline{d}$	$\overline{e}$	$\overline{f}$	$\overline{g}$
0	0	0	0	0	0	0	0	0	0	1
0	0	0	1	1	0	0	1	1	1	1
0	0	1	0	0	0	1	0	0	1	0
0	0	1	1	0	0	0	0	1	1	0
0	1	0	0	1	0	0	1	1	0	0
0	1	0	1	0	1	0	0	1	0	0
0	1	1	0	0	1	0	0	0	0	0
0	1	1	1	0	0	0	1	1	1	1
1	0	0	0	0	0	0	0	0	0	0
1	0	0	1	0	0	0	0	1	0	0
1	0	1	0	0	0	0	1	0	0	0
1	0	1	1	1	1	0	0	0	0	0
1	1	0	0	1	1	1	0	0	1	0
1	1	0	1	1	0	0	0	0	1	0
1	1	1	0	0	1	1	0	0	0	0
1	1	1	1	0	1	1	1	0	0	0

$\mathrm{Sum} = A \oplus B$　　$\mathrm{Carry} = A \cdot B$　である。

一方，全加算器の入力を A，B，Z，出力を S（和），C（桁上げ）とすると，S は次式で与えられる。

$$S = A\overline{B}\,\overline{Z} + \overline{A}B\overline{Z} + \overline{A}\,\overline{B}Z + ABZ = Z(AB + \overline{A}\,\overline{B}) + \overline{Z}(A\overline{B} + \overline{A}B)$$
$$= Z \cdot \overline{(A \oplus B)} + \overline{Z}(A \oplus B)$$

この式は半加算器 1（入力 A，B）の出力 Sum と Z を 2 段目の半加算器 2 に入力して 2 段目の半加算器の Sum 出力として得られるものである。

また，C は次式で与えられる。

$$C = AB\overline{Z} + A\overline{B}Z + \overline{A}BZ + ABZ = AB + Z(A\overline{B} + \overline{A}B)$$

この式は A，B を入力とする半加算器 1 の Carry 出力と，半加算器 1 の Sum 出力および Z を入力とする半加算器 2 の Carry 出力の論理和（OR）をとればよいことを示す。

以上のことから，全加算器は 2 個の半加算器と 1 個の OR ゲートから構成することが可能である。

【4 章】

1） 0021 番地までちょうど完了した時点では，PC は 0022 となる。IR には，ちょうど実行されたばかりの命令が読み出されているので，1010 0027 となる。また，このときの命令は，アドレス A の中身を GR 1 に読み出してくるという内容であり，その実行が終わった直後であるので，MAR にはアドレス A

にあたる 0027，MDR にはそれを読み出した中身の 0032 となる。

2）$2^3 < 14 < 2^4$　ゆえに命令コード部（オペコード部）は 4 ビット必要。
$256 = 2^8$。1 ワード（12 ビット）は上位 4 ビットがオペコード，下位 8 ビットがオペランド部とする。
（1）MAR：8 ビット　MDR：12 ビット　*PC*：8 ビット
（2）オペランド部：8 ビット　オペコード部：4 ビット

3）（1）151　（2）100　（3）201

【5 章】

1）主記憶内での RAM，ROM の配置，その内容を示した図はメモリマップとよばれている。各コンピュータシステムによって若干配置は異なるが，多くの場合，ROM は 0 番地～，RAM は ROM のアドレスの後に設定される。ただし，機種によっては RAM を 0 番地からとして ROM による初期化後はすべて RAM しかアクセスできないものもある。

2）略

3）（1）3 000 回転 /min＝50 回転 /s。1/2 回転に必要な時間は 1/2÷50＝10 ms
（2）平均位置決定時間＝シーク時間＋平均回転待ち時間　10＋25＝35 ms
（3）800×19×13 000＝197 600 000 byte＝192 968.75 kB
＝188.44 MB　約 188 MB
（4）1 レコード 220 byte で 50 レコード分は 11 000 byte で 1 トラック必要となる。10 000 件では 200 トラック必要。ゆえに 200/19≒10.6。
11 シリンダ必要。

4）データを読み取るまでの平均時間は

平均時間＝シーク時間＋平均回転待ち時間＋データ転送時間

ここで

$$\text{平均回転待ち時間} = \frac{60}{5\,000} \times \frac{1}{2} = 0.006\ \text{s} = 6\ \text{ms}$$

$$\text{転送速度} = \frac{\text{1 トラックのバイト数}}{\text{ディスクが 1 回転する時間}} = \frac{30\,000\ \text{byte}}{12\ \text{ms}} = 2\,500\ \text{byte/ms}$$

$$\text{500 byte の転送時間} = \frac{500}{2\,500} = 0.2\ \text{ms}$$

ゆえに平均の読取り時間は 15＋6＋0.2＝21.2 ms

5）連続した領域に記録されていれば，磁気ヘッドのトラック移動，回転待ちが少なくなるので読取り時間が少なくなる。

6） CPUと主記憶では処理速度が異なるので，その間に入り速度のギャップを埋める。

7） 主記憶装置の容量制限から解放され，多くのデータが扱える。またはサイズの大きなプログラムの作成が可能となった。さらに種々の運用形態が可能となった。

8） 略

9） a. ケ　b. ア　c. オ　d. エ　e. ウ　f. ク　g. キ　h. カ　i. イ

10） FIFO方式　上に古いものを置いて考える。

1	3	2	1	4	5	2	3	4	5
1	1	1	1	3	2	2	4	4	4
	3	3	3	2	4	4	5	5	5
		2	2	4	5	5	3	3	3
				1回	2回		3回		

LRU方式　上に最近使用されていないものを置いて考える。

1	3	2	1	4	5	2	3	4	5
1	1	1	3	2	1	4	5	2	3
	3	3	2	1	4	5	2	3	4
		2	1	4	5	2	3	4	3
				1回	2回	3回	4回	5回	6回

a. 4　b. 1　c. 3　d. 3　e. 6

11） （1） SRAM（static random access memory）
（2） DRAM（dynamic random access memory）
（3） MaskROM（mask read only memory）
（4） PROM（programmable read only memory）
（5） キャッシュメモリ方式　（6） メモリインタリーブ
（7） ページング方式　（8） セグメント方式　（9） 仮想記憶方式

【6章】

1） ダイオードマトリクス回路を用いると**解図6.1**のようになる。

2） 液晶は，エステル系，ビフェニール系，フェニルシクロヘキサン，シクロヘキサン系，フェニルピリジミン系，ジオキサン系などの母材に，ポリエステル系，ポリビフェニール系，三環系，四環系，エタン系，ビフェニール系，などを混ぜて作る。

3） 応答速度とは，一般に，黒から白に変化させたときにどの程度の時間で応答

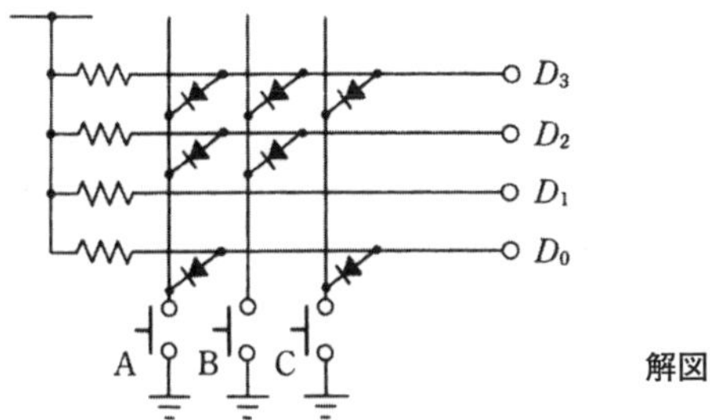

解図 6.1

するかを示したものである。ただし，液晶では中間階調における輝度変化の応答時間は遅くなるため，**解図 6.2** のように，いったん黒画素もしくは白画像を書き込んでから再表示することで応答速度を改善するオーバドライブ技術が用いられている。

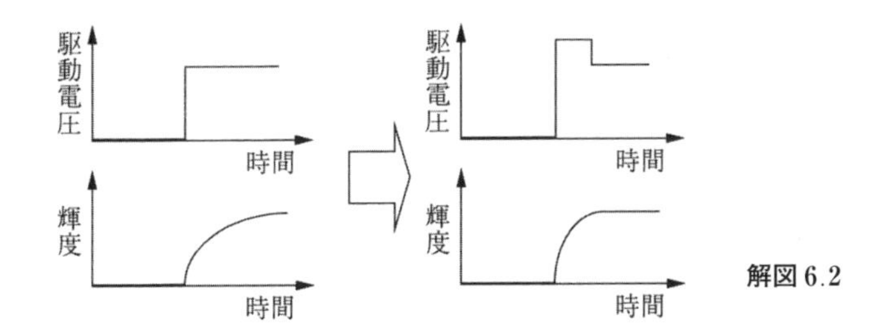

解図 6.2

4） 異なる色を混ぜ合わせることで，別の色を作り出すことを混色とよぶ。カラープリンタのように，色を混ぜ合わせることで輝度が低下し，例えば3色すべて混色すると黒になってしまうものを減法混色とよぶ。これに対し，ディスプレイのように複数の光源の色を混ぜ合わせると輝度が高くなり，白色光に近づいていくものを加法混色とよぶ。どちらもコンピュータの周辺装置にとっては重要な技術である。

【7 章】

1） 入出力機器は機械的な構造を含むことが多いため，コンピュータ本体とのデータ処理速度の不整合，故障時の対応などを考慮しなければならない。例えばマウスのクリック時やプリンタでの紙不足，CD-ROM ドライブへの CD-ROM の入れ忘れなどには，割込みのような特別の制御を必要とする。

2） CPU を介さずにデータを転送する DMA 転送において，CPU がメモリを使用していない空きのメモリサイクルに，DMA コントローラがデータ転送を実現することを指す。

3）　CPU とメモリ，拡張バスなどを相互に接続し，データの流れがスムーズになるように制御する LSI 群のことを指す。メモリの最大容量やマザーボードのクロックなどを決定する。

4）　機器どうしで非同期にデータ通信を行う際に，タイミングのずれなどを防止するために考え出された伝送手順で，本来のデータ信号のほかに，データ受入可能であることを示す信号，送信したデータが正当であることを示す信号などが用いられる。

5）　従来はパラレル方式が採用されていたが，転送速度を向上するためのクロック周波数の増加には限界があった。そこで，さらに高速化するために，シリアル方式が採用されるようになっており，それらは PCI Express，Serial ATA（SATA），Serial Attached SCSI（SAS）とよばれている。

【8 章】

1）～3）　略

4）

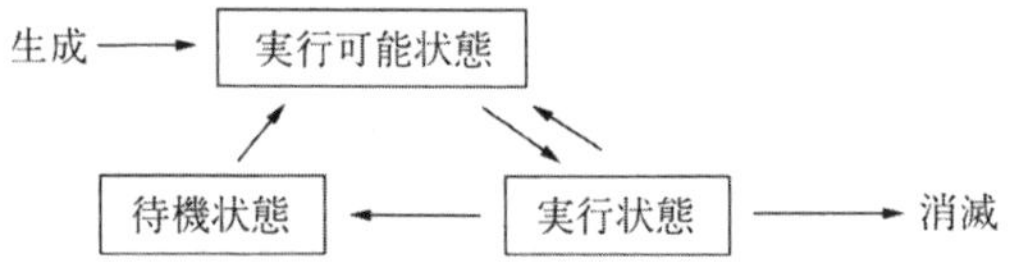

生成 → 実行可能状態

待機状態　実行状態 → 消滅

解図 8.1

（1）　実行状態　　：CPU の使用権があり，実行中である。

（2）　実行可能状態：実行可能であるが，待ち行列を作り，CPU の使用権を待っている状態。

（3）　待機状態　　：入出力の処理中，終了を待っており，終了すると実行可能状態となり，待ち行列に入る。

5），6）　略

【9 章】

1）　コンパイラ方式では，ソースプログラムを翻訳して事前に機械語プログラムを作成するので，インタプリタ方式に比べて実行速度が速い。一方，インタプリタ方式では，コンパイルのような作業を行う必要がないため，ソースプログラムが完成するとすぐに実行できる。

2）　手続き型言語は，処理手順でプログラムを組み立てていくのに対し，オブジェクト指向言語は，処理対象が持つデータや処理自体をひとまとめに扱いプログラムを組み立てる。

3）　Java のソースプログラムをコンパイルして作成されるファイルは，CPU がそのまま実行できる機械語ではなく，Java VM という仮想マシン上で動作する形式となる。この形式のファイルは，OS や CPU が異なっていても，Java

VM がインストールしてあれば同じファイルを実行することが可能である。そのため，世界中のさまざまな種類のコンピュータからアクセスすることが可能なインターネット上の WWW サーバにおいて，クライアントのウェブブラウザ上で動作させるネットワークアプリケーションを作成する際には，Java が利用されることが多い。

4） ライブラリは，高水準言語で提供されている高機能な関数（サブルーチン）の集まりである。ライブラリに用意されているさまざまな関数を活用することで，高水準言語では比較的簡単に高機能なプログラムを作成することが可能となっている。

【10 章】

1） WWW は world wide web の略称で，世界中をクモの巣（web）のようなネットワークで覆い，さまざまな情報をやり取りできるようにしたものである。

2） インターネットに接続することでさまざまな情報を共有できるばかりでなく，低料金で高速に情報交換できるメリットがある。しかし，物理的にコンピュータが接続されることで，情報のセキュリティレベルが低下し，データの改ざんなどの脅威にさらされることを覚悟しなければならない。

3） パケット通信方式は，データをパケットという小さな断片に分割して送受信する方法であり，データの宛先のアドレスなどをパケットに付加して宛先に向けて転送していく。回線交換型のように，通信している地点間の回線が占有されることがないため，ネットワーク資源を効率よく利用することが可能である。

4） 27 ビットがネットワークアドレスに使われているため，ホストのアドレスには 5 ビット使用可能である。すなわち，$2^5=32$ 個のアドレスが存在するが，ここで，10.1.1.0 はネットワークアドレス，10.1.1.31 はブロードキャストアドレスに使用され，さらにデフォルトゲートウェイとなるルータにも一つアドレスが必要なため，接続するコンピュータに提供できるアドレス数は最大で 29 個となる。

5） ハイパーテキスト（html：hypertext markup language で書かれたファイル）を閲覧するためのソフトウェアをブラウザとよぶ。テキスト，画像の表示，ハイパーリンク先へのリンクなど，さまざまな機能を持っている。

6） HTTP サービスを外部ネットワークに提供するために，TCP ポートの 80 番のみを外部に公開し，ほかのポートへのアクセスを禁止する。

7） 10.0.0.0～10.255.255.255，172.16.0.0～172.31.255.255，および 192.168.0.0～192.168.255.255。

8） 略

索　　引

著者略歴

半谷精一郎（はんがい　せいいちろう）
1975 年　東京理科大学工学部電気工学科卒業
1981 年　東京理科大学大学院博士課程修了（理工学研究科電気工学専攻），工学博士
1991 年　東京理科大学助教授
1996 年　スタンフォード大学客員研究員（1 年間）
2001 年　東京理科大学教授
2019 年　東京理科大学名誉教授

吉田　孝博（よしだ　たかひろ）
1999 年　東京理科大学工学部電気工学科卒業
2004 年　東京理科大学大学院博士課程修了（工学研究科電気工学専攻），博士（工学）
2004 年　東京理科大学助手
2007 年　東京理科大学助教
2012 年　東京理科大学講師
2016 年　東京理科大学准教授
2021 年　東京理科大学教授
現在に至る

長谷川幹雄（はせがわ　みきお）
1995 年　東京理科大学基礎工学部電子応用工学科卒業
2000 年　東京理科大学大学院博士後期課程修了（基礎工学研究科電子応用工学専攻），博士（工学）
2000 年　郵政省通信総合研究所（現，情報通信研究機構）
2007 年　東京理科大学講師
2010 年　東京理科大学准教授
2015 年　東京理科大学教授
現在に至る

改訂　コンピュータ概論
Introduction to Computer (Second Edition)

2008 年 5 月 30 日　初　版第 1 刷発行
2018 年 2 月 15 日　初　版第11刷発行
2019 年 4 月 25 日　改訂版第 1 刷発行
2024 年 1 月 20 日　改訂版第 6 刷発行

検印省略

著　者　半谷精一郎
　　　　長谷川幹雄
　　　　吉田孝博
発行者　株式会社　コロナ社
　　　　代表者　牛来真也
印刷所　新日本印刷株式会社
製本所　有限会社　愛千製本所

112-0011　東京都文京区千石 4-46-10
発行所　株式会社　**コロナ社**
CORONA PUBLISHING CO., LTD.
Tokyo Japan
振替 00140-8-14844・電話(03)3941-3131(代)
ホームページ　https://www.coronasha.co.jp

ISBN 978-4-339-02891-1　C3055　Printed in Japan　（松岡）